高职高专通信技术专业系列教材

现代通信系统导论

赵明忠　顾　斌　韩伟忠　编著

赵连城　主审

西安电子科技大学出版社

内 容 简 介

本书全面系统地介绍了目前广泛应用的各种典型的现代通信系统及系统中所使用的关键技术,阐述了各种通信系统的组成、功能、工作原理、体制和技术指标,并对相关的通信技术作了重点讲解。所介绍的典型通信系统包括程控交换系统、光纤通信系统、扩频通信系统、微波通信系统、卫星通信系统、移动通信系统等。在相应的系统中所介绍的关键通信技术包括波分复用技术、扩展频谱技术、数字调制技术、多址方式的信道分配技术、移动通信组网技术等。另外,本书对现代通信系统课程的典型实训内容也作了介绍。

本书在介绍现代通信系统及关键技术时,着重基本概念的阐述,避免了数学推导和高深理论,使得内容更加通俗易懂。

本书是为高职高专院校信息技术类专业的学生编写的教材,也可作为通信技术人员和管理人员的培训用书,并可作为一般工程技术人员的参考用书。

图书在版编目(CIP)数据

现代通信系统导论/赵明忠等编著. —西安:西安电子科技大学出版社,2005.2
(2023.8 重印)
ISBN 978 - 7 - 5606 - 1478 - 6

Ⅰ. 现… Ⅱ. 赵… Ⅲ. 通信系统—高等学校:技术学校—教材 Ⅳ. TN914

中国版本图书馆 CIP 数据核字(2004)第 131399 号

策 划 马乐惠 毛红兵
责任编辑 杨宗周 马乐惠
出版发行 西安电子科技大学出版社(西安市太白南路 2 号)
电 话 (029)88202421 88201467   邮 编 710071
网 址 www.xduph.com   电子邮箱 xdupfxb001@163.com
经 销 新华书店
印刷单位 陕西天意印务有限责任公司
版 次 2005 年 2 月第 1 版 2023 年 8 月第 7 次印刷
开 本 787 毫米×1092 毫米 1/16 印张 17
字 数 397 千字
印 数 18 201~20 200 册
定 价 34.00 元
ISBN 978 - 7 - 5606 - 1478 - 6/TN
XDUP 1749021 - 7

* * * 如有印装问题可调换 * * *

序

　　1999 年以来，随着高等教育大众化步伐的加快，高等职业教育呈现出快速发展的形势。党和国家高度重视高等职业教育的改革和发展，出台了一系列相关的法律、法规、文件等，规范、推动了高等职业教育健康有序的发展。同时，社会对高等职业技术教育的认识在不断加强，高等技术应用型人才及其培养的重要性也正在被越来越多的人所认同。目前，高等职业技术教育在学校数、招生数和毕业生数等方面均占据了高等教育的半壁江山，成为高等教育的重要组成部分，在我国社会主义现代化建设事业中发挥着极其重要的作用。

　　在高等职业教育大发展的同时，也有着许多亟待解决的问题。其中最主要的是按照高等职业教育培养目标的要求，培养一批具有"双师素质"的中青年骨干教师；编写出一批有特色的基础课和专业主干课教材；创建一批教学工作优秀学校、特色专业和实训基地。

　　为解决当前信息及机电类精品高职教材不足的问题，西安电子科技大学出版社与中国高等职业技术教育研究会分两轮联合策划、组织编写了"计算机、通信电子及机电类专业"系列高职高专教材共 100 余种。这些教材的选题是在全国范围内近 30 所高职高专院校中，对教学计划和课程设置进行充分调研的基础上策划产生的。教材的编写采取公开招标的形式，以吸收尽可能多的优秀作者参与投标和编写。在此基础上，召开系列教材专家编委会，评审教材编写大纲，并对中标大纲提出修改、完善意见，确定主编、主审人选。该系列教材着力把握高职高专"重在技术能力培养"的原则，结合目标定位，注重在新颖性、实用性、可读性三个方面能有所突破，体现高职教材的特点。第一轮教材共 36 种，已于 2001 年全部出齐，从使用情况看，比较适合高等职业院校的需要，普遍受到各学校的欢迎，一再重印，其中《互联网实用技术与网页制作》在短短两年多的时间里先后重印 6 次，并获教育部 2002 年普通高校优秀教材二等奖。第二轮教材预计在 2004 年全部出齐

　　教材建设是高等职业院校基本建设的主要工作之一，是教学内容改革的重要基础。为此，有关高职院校都十分重视教材建设，组织教师积极参加教材编写，为高职教材从无到有，从有到优、到特而辛勤工作。但高职教材的建设起步时间不长，还需要做艰苦的工作，我们殷切地希望广大从事高等职业教育的教师，在教书育人的同时，组织起来，共同努力，编写出一批高职教材的精品，为推出一批有特色的、高质量的高职教材作出积极的贡献。

中国高等职业技术教育研究会会长　李宗尧

IT 类专业高职高专系列教材编审专家委员会

前　言

　　本书是根据高职高专信息技术类专业"现代通信系统"课程教学的基本要求而编写的。书中重点讲述了目前广泛使用的各类通信系统和相关技术，在内容上力求实用性与先进性。

　　全书共八章。第一章介绍了通信系统和通信网的定义、分类、基本结构及发展趋势；第二章介绍了程控交换系统的软硬件组成、信令系统以及智能网的有关知识；第三章介绍了光纤通信系统的传输设备、传输介质、系统组成等内容；第四章介绍了扩频通信的基本概念以及直序扩频、跳频和混合扩频的基本原理、性能及应用；第五章介绍了微波通信系统的基本概念、系统组成、信道特点、相关调制方式等内容；第六章介绍了卫星通信系统的组成、多址连接方式、通信卫星的组成和卫星地面站等相关知识；第七章介绍了移动通信系统的基本概念、组网技术等内容，着重介绍了 GSM 系统、CDMA 系统和第三代移动通信系统；第八章为现代通信系统实训内容。

　　本书由南京林业大学赵明忠副教授担任主编，并担任了第一、四、五、六章的编写工作，第二、七、八章由南京信息职业技术学院顾斌高级工程师编写，第三章由金陵科技学院韩伟忠高级工程师编写。本书由赵连城教授担任主审。

　　在本书的编写过程中袁振东教授提出了许多宝贵意见，朱媛媛绘制了大量的插图和表格，作者在此表示衷心感谢。

　　由于作者水平有限，书中错误在所难免，敬请广大读者批评指正。

编　者
2004 年 12 月

目　　录

第一章　通信系统及通信网

1.1　通信系统概述

自从有了人类活动，就产生了通信。在人类的活动过程中需要相互传递信息，也就是将带有信息的信号通过某种方式由发送者传送给接收者，这种信息的传送过程就是通信。因此，所谓通信，就是由一个地方向另一个地方传递和交换信息。

自古以来，人们已经创造出了很多的通信方式，例如，古代的烽火台、旌旗；近代的灯光信号、旗语；现代的电报、电话、传真、电视等。所有通信都是将消息变成与之对应的信号来传递的，信号实际上就是消息的传载者。显然，现代通信以电信号来传递消息是最好的，它既传得快又准确可靠，而且几乎不受时间、地点、距离等方面的限制，因而获得了飞速的发展和广泛的应用。如今在自然科学中，"通信"一词几乎是"电通信"的同义词，我们课程所讲的通信就是指电通信。

当今世界已进入"信息时代"。信息已经成为现代社会，特别是 21 世纪最重要的战略资源。信息技术是当今社会乃至未来社会生产力的基本要素，是发展最活跃、应用最广泛的领域。信息产业已成为国民经济的支柱产业，在国民经济生产总值中占有越来越大的比例。为此，世界各国均将通信和信息技术及产业放在优先发展的地位，给予了很大的投资，而且在规模、增长率、普及程度和产值等方面都达到了空前的水平。

进入 20 世纪 90 年代，许多发达国家为保持其在 21 世纪科技、经济上的领先地位，在当时基础上大力发展信息技术和信息产业。1993 年美国克林顿政府提出了一项实施"永久改变美国人生活、工作、学习和相互交往方式"的国家信息基础设施（NII, National Information Infrastructure），即所谓的"信息高速公路"建设计划。它实际是一种能够为广大用户随时提供大量信息的，由通信网与计算机、数据库及日用电子产品构成的"完备"网络。美国提出该项计划是基于先进的技术基础，并借鉴了 20 世纪 60 年代汽车与州际高速公路发展所带来的巨大效益和"汽车文化"的经验。美国为此投资数千亿美元，推行 HPCC（高性能计算与通信）计划。各国也广为响应，制定各自的发展战略与策略，增加投资，并紧锣密鼓地付诸实施。如日本在 1993 年发表了"高度信息化计划"，提出面向 21 世纪的 VI&P 服务模式，计划建立日本的"全国超高速信息网"，实现"从物质、能源时代，向信息、知识时代转变"。

我国改革开放以来，对此也极为重视，在国家规划中将信息、材料与能源列为国民经济的三大基础产业，并已进入了规模投入、规模发展阶段。通信与信息技术和系统无论在研制、开发，还是生产、建设与应用方面，均取得了惊人的成就和飞速的发展。近些年，为适应 NII 的世界发展潮流,我国也根据自己的国情和现状制定规划,积极稳妥地进行各种通信干线与公用网、专用网及信息化工程的基础设施建设。

1.2 通信系统的定义及其组成

1.2.1 通信系统的定义

所谓通信系统,就是用电信号(或光信号)传递信息的系统,也叫电信系统。

1. 模拟通信系统和数字通信系统

人类的社会活动离不开信息的传递和交换。随着生产力的飞速发展,人们对获取信息的要求越来越高。现代电信中所有传递的信息有各种不同的形式,例如,符号、文字、语言、音乐、数据、图片、活动画面等等。然而,所有不同的消息都可以把它们归结成两类:一类称作离散消息,另一类称作连续消息。所谓"离散"或"连续"是指状态而言,离散消息是指消息的状态是离散可数的,例如,符号、数据等;连续消息是指消息的状态是连续的,例如,强弱连续变化的话音,亮度连续变化的图像等。连续消息又称作模拟消息。消息的传递是借助于电信号来实现的,消息和信号有着一一对应的关系。通常消息是寄托在电信号的某一参量上,如果电信号的参量携带着离散消息,则该参量必将是离散取值的,这样的信号就叫离散信号。我们把时间和状态都是离散的信号称作数字信号,例如,电报、数字、数据、监控指令等,它们不是时间的连续函数,而且其取值也仅为有限可数的离散值,故为数字信号。如果电信号的参量携带着连续消息,则该参量必为连续取值。随时间变化而连续取值的信号叫连续信号或模拟信号,例如,普通电话机输出的信号就是模拟信号。通常,根据系统中传递的信号不同,通信可分为两种,传输模拟信号的通信系统称为模拟通信系统,传递数字信号的通信系统称为数字通信系统。

目前,无论是模拟通信,还是数字通信,都是已经获得广泛应用的通信方式,尽管从通信的发展进程看低级的电报通信(可视为数字通信的一种方式)出现得最早,但在一个很长时期中,它却比模拟通信的发展要缓慢得多。在 20 世纪中叶以后,数字通信日益兴旺,尤其是微电子技术的飞速发展,大规模集成电路的出现,使得数字通信技术得到了迅速发展。数字通信能冲破传统的模拟通信,具有强大的生命力,出现了数字通信替代模拟通信的趋势,这是什么原因呢? 显然是数字通信有着它突出的优点。

2. 数字通信的优点

与模拟通信相比,数字通信系统更能适应人类对通信的更高要求。

(1) 数字信号便于存储、处理。正是这一优点才使得计算机技术迅速发展,特别是微型计算机。通信与计算机结合,发展了现代通信技术和现代信息技术,如 VCD 、DVD 视盘等。

(2) 数字通信的抗干扰能力强。因为数字通信系统传递的是数字信号,数字信号的取值是有限可数的,通常把这些取值用二进制数码表示,所以在有干扰的时候容易检测到,而且还可以进行码再生,从而避免了传输过程中的噪声积累。

（3）数字信号便于交换和传输。计算机与电话交换技术相结合，出现了数字程控交换。由于光电器件的采用，数字信号很容易转变为光脉冲信号，便于传输。

（4）可靠性高，传输过程中的差错可以设法控制。

（5）数字信号易于加密且保密性强。

（6）通用性和灵活性好。在数字通信中各种消息（电报、电话、图像和数据等）都可以变成统一的二进制数字信号，既便于计算机对其进行处理，也便于接口和复接。因而可将数字传输技术和数字交换技术结合起来，方便地实现各种业务的处理和交换，从而形成综合业务数字网（ISDN，Integrated Services Digital Network）。

3. 数字通信的缺点

事物总是一分为二的，数字通信的许多优点都是用比模拟通信占据更宽的系统频带换得的。以电话为例，一路模拟电话通常只占 4 kHz 带宽，但一路数字电话却要占用 64 kHz 带宽。因此，数字通信的频带利用率不高，在系统频带紧张的场合，数字通信占用带宽的缺点显得十分突出。然而，随着社会生产力的不断发展，有待传输的信息量急剧增加，对通信的可靠性和保密性要求越来越高，尤其是计算机的发展和通信技术的结合对社会的发展产生着深刻的影响，因而，实际中往往宁可牺牲系统带宽也要采用数字通信。当然，近年来已采用了一些压缩编码及有效的调制方法使数字电话及数字图像的带宽降低了很多，其次，在新建的微波及光纤通信系统中，由于系统的带宽富裕，因此占用带宽已不再是突出的问题了，所以在这些系统中，数字通信已几乎是惟一的选择。

1.2.2　通信系统的组成

构成通信系统的最基本的模型如图 1-1 所示，其基本组成包括：信源、变换器、信道、噪声源、反变换器及信宿几个部分。

图 1-1　通信系统构成模型

信源是指发出信息的信息源。在人与人之间通信的情况下，信源是指发出信息的人；在机器与机器之间通信的情况下，信源是发出信息的机器，如计算机或其他机器。不同的信源会构成不同形式的通信系统，如对应语声形式信源的是电话通信系统，对应文字形式信源的是电报通信系统和传真通信系统等。

变换器的作用是将信源发出的信息变换成适合在信道中传输的信号。对应不同的信源和不同的通信系统，变换器有不同的组成和变换功能。例如，在模拟电话通信系统中，变换器包括送话器和载波机（主要由放大器、滤波器、调制器等组成），其中送话器将人发出的语声信号变换为电信号；载波机的作用是将送话器输出的话音信号（频率范围为0.3~3.4 kHz）经过频率搬移、频分复用处理后，变换成适合于在模拟信道上传输的信号。而对于数字电话通信系统，变换器则包括送话器和模/数变换器等。模/数变换器的作用是将送话器输出的模拟话音信号经过模/数变换并时分复用等处理后，变换成适合于在数字信道中传输的信号。

信道是信号的传输媒介。信道按传输介质的种类可以分为有线信道和无线信道。在有线信道中电磁信号(或光信号)被约束在某种传输线(架空明线、电缆、光缆等)上传输;在无线信道中电磁信号沿空间(大气层、对流层、电离层等)传输。无线媒介可以利用的频段从中、长波到激光,有较宽的频段。在不同的频段,利用不同性能的设备和配置方法,可以组成不同的通信系统。信道如果按传输信号的形式又可以分为模拟信道和数字信道。

反变换器的功能是变换器的逆变换。变换器把不同形式的信息处理成适合在信道上传输的信号,通常这种信号不能被信息接收者直接接收,需要用反变换器把从信道上接收的信号变换为接收者可以接收的信息。反变换器的作用与变换器正好相反,起着还原的作用。

信宿是信息传送的终点,也就是信息接收者。它可以与信源相对应构成人－人通信或机－机通信;也可以与信源不一致,构成人－机通信或机－人通信。

噪声源是系统内各种干扰影响的等效结果。系统的噪声来自各个部分,从发出和接收信息的周围环境、各种设备的电子器件,到信道所受到的外部电磁场干扰,都会对信号形成噪声影响。为了便于分析问题,将系统内所存在的干扰均折合到信道中,用噪声源来表示。在通信系统中,信号通过媒介一般要经过长距离传输。传输损耗将使进入接收设备的信号十分微弱,极易受到噪声(对于通常考虑的热噪声,它总是存在的,除非环境温度达到绝对温度的零度,即－273℃)的干扰。

图1－1所示的系统是单向的传输系统。广播、无线寻呼系统等都是单向的通信系统。但一般来说,作为信息交流的通信系统通常是双向的,比如电话,此时通信的两端都设置有收/发信设备。当然,传输媒介也应当是能双向传输的。

作为通信系统,信息的传输是必不可少的,但是作为完整的通信网来说,信息在多用户之间的交换也必不可少。

对于信息源和收信者均为计算机的通信系统,通常是由通信系统的收/发设备(接口)和传输媒介将众多的计算机、终端设备连接起来,并配以相应的网络软件,使计算机与终端之间按一定的规程交换信息,共享网络资源,这就是计算机通信网,我们将在1.6节进行讨论。

1.2.3　数字通信基本质量指标

设计或评价一个通信系统时将涉及到通信系统的质量指标。通信系统最重要的质量指标是有效性和可靠性。

1. 传输速率

传输速率是衡量通信系统传输能力的质量指标,它反映了系统的有效性,常用的有以下三种指标:

(1)信号速率r_s。携带消息的信号单元称为码元,单位时间(1 s)内传输的码元数称为信号速率,又称码元传输速率,单位为波特(Baud)。注意,此处传输的码元通常是多元数码,也可以是二元数码。

(2)信息速率r_b。在单位时间(1 s)内传输的平均信息量称为信息速率,单位是比特/秒,或bit/s,或b/s,简称为比特率。

注意，信号速率 r_s 和信息速率 r_b 具有不同的定义，不要混淆。两者在数量上存在着下列关系：对于等概的 M 元数码而言，有 $r_b = r_s \cdot lbM(\text{bit/s})$，当 $M = 2$ 时，两者在数量上相等。

(3) 消息速率 r_m。消息速率表示单位时间(1 s)内传输的消息数。按照消息的单位不同，有各种不同的含义，例如当消息的单位是字时，则 r_m 表示每秒传输的字数。

以上三种定义中，通常以比特率为衡量标准。消息速率使用的比较少。

对于通频带受限制的信道简称为频带受限信道，常用"频带利用率"来衡量传输系统的有效性。它是指单位频带(1 Hz)内所能实现的信息速率，单位是比特/(秒·赫兹)或 bit/(s·Hz)。当信道的通频带宽度确定以后，能实现的信息速率越高，说明频带利用率越高，常以此作为比较各种调制方式的一项指标。

2. 传输差错率

传输差错率是指衡量通信系统传输质量的一种主要指标，通常有两种定义：

(1) 码元差错率 P_{eB} 定义为发生差错的码元数与传输码元总数之比，有时简称误码率。

(2) 比特差错率 P_{eb} 定义为传错的比特数与总比特数之比，简称误比特率。用二元码传输时 $P_{eB} = P_{eb}$；而用 M 元码传输时，两者不等。

1.3 通信系统的分类

通信系统的分类方法很多，通常采用按传输信号特征分类，或按传输媒介及系统的构造特点来分类。

1. 按传输信号的特征来分类

以信道上传送的是数字信号还是模拟信号，可将通信分为数字通信系统和模拟通信系统。数字通信系统和模拟通信系统的定义我们在前面已经讨论过。

2. 按照传输媒介和系统组成特点分类

实用通信系统都是针对特定的传输媒介，并遵循有关的国际标准组成的。实用的通信系统有以下 5 类：

(1) 短波通信系统。该系统工作在 2～30 MHz 的短波波段，传输带宽窄，系统容量小。因为电离层对电波的反射，信号可以传送的距离很远，但由于传播特性会随着时间变化，因此短波系统主要用于特殊的业务和军事通信中。

(2) 微波中继通信系统。采用微波波段(2～12 GHz)进行通信，传输带宽宽，系统容量大。由于微波的视距传播特性，需要相隔几十千米设置一个中继站，以达到长距离通信的目的。

(3) 卫星通信系统。卫星通信是一种宇宙无线电通信形式，它是在地面微波中继通信和空间技术的基础上发展起来的，是地面微波中继通信的继承和发展，也可以说是微波中继通信的一种特殊形式。卫星通信利用人造卫星作为中继站转发无线电波，在两个或多个地面站之间进行通信。

卫星通信覆盖区域大、通信距离远，利用三颗同步卫星即可实现全球通信。卫星通信具有多址连接能力，只要在卫星覆盖区域内，所有地面站都能利用此卫星进行相互间的通信。因此，卫星通信对国际通信或远程通信具有重要的意义。在国际通信中，卫星通信承担了三分之一以上的通信业务，并提供了几乎世界上所有的远洋电视。如今，卫星通信成了人类信息社会活动中不可缺少的基本手段。

（4）光纤通信。光纤通信是以光波为载频，以光纤为传输媒介的通信方式，其应用规模之大、范围之广、涉及学科之多，是以往任何一种通信方式所未有的。光纤极宽的频带和极小的损耗，使通信系统的容量提高了几个数量级。光纤通信已成为通信领域中最为活跃的技术，它的发展超出人们的预料。

现在，光纤通信的新技术仍在不断涌现，诸如频分复用系统、光放大器、相干光通信和光孤子通信的发展，预示着光纤通信技术的强大生命力和广阔的应用前景，它将对未来的信息社会发挥巨大的作用。

（5）移动通信系统。随着社会和经济的发展，仅限于办公室、住宅等固定地点之间的通信已经不能满足需要，所以逐渐产生了移动通信的要求。移动通信是以移动体为对象的通信，包括汽车、火车、飞机、轮船等移动体对固定地点之间的通信或移动体之间的通信。移动通信的使用虽然比较早，但是公用移动通信系统却是近20年才开始发展起来的，这是由于进入20世纪90年代后，大规模集成电路、微处理器和程控交换机的广泛应用，解决了许多以前难以解决的问题，使公用移动通信得到了十分迅速的发展。目前的蜂窝公用系统和专用调度系统已经发展成无线、有线融为一体，移动、固定用户互联的通信网。

1.4　通信网概述

1. 通信网的概念

物理结构上的网可以看成是线的集合，在自然界经常看到的蜘蛛网、鱼网、网兜都是用线编织而成的。在日常生活中，亲身经历过的运输网、交通网和铁路网、航空网、公路网以及邮政运输网等，它们都可以分解为线的集合。

通信网的定义可以描述为是由一定数量的节点(包括终端设备和交换设备)相互有机地组合在一起，以实现两个或多个规定节点间信息传输的通信体系。

也就是说，通信网是由相互依存、相互制约的许多要素组成的有机整体，用以完成规定的功能。通信网的功能就是要适应用户呼叫的需要，以用户满意的程度传输网内任意两个或多个用户之间的信息。

2. 通信系统和通信网

从以上通信系统和通信网的描述中，已经明显地突出了两种概念及它们之间的密切关系。用通信系统来构架，通信网即为通信系统的集，或者说是各种通信系统的综合，通信网是各种通信系统综合应用的产物。通信网来源于通信系统又高于通信系统，但是不论网的种类、功能、技术如何复杂，从物理上的硬件设施分析，通信系统是各种网不可缺少的物质基础，这是一种自然发展规律，没有线就不能成网，因此，通信网是通信系统发展的必然结果。

通信系统可以独立地存在，然而一个通信网是通信系统的扩充，是多节点各通信系统的综合，通信网不能离开系统而单独存在。前面已经讲述的经常使用的通信系统就可构成各种各样的通信网。

1.5　通信网的结构及组成

1.5.1　通信网的构成要素

从通信网的定义可以看出，通信网在硬件设备方面的构成要素是终端设备(传输链路和交换设备)。为了使全网协调合理地工作，还要有各种规定，诸如信令方案、各种协议、网络结构、路由方案、编号方案、资费制度与质量标准等，这些均属于软件，即一个完整的通信网除了包括硬件以外，还要有相应的软件。下面重点介绍构成通信网的硬件设备。

1. 终端设备

终端设备是用户与通信网之间的接口设备，它包括图 1-1 所示的信源、信宿与变换器、反变换器的一部分。终端设备的功能有三个：

(1) 将待传送的信息和在传输链路上传送的信号进行相互转换。在发送端，将信源产生的信息转换成适合于在传输链路上传送的信号，而在接收端则完成相反的变换。

(2) 将信号与传输链路相匹配，这将由信号处理设备完成。

(3) 信令的产生和识别，即用来产生和识别网内所需的信令，以完成一系列控制作用。

2. 传输链路

传输链路是信息的传输通道，是连接网络节点的媒介。它一般包括图 1-1 中的信道与变换器、反变换器的一部分。

信道有狭义信道和广义信道之分，狭义信道是单纯的传输媒介(比如一条电缆)；广义信道除了传输媒介以外，还包括相应的变换设备。由此可见，我们这里所说的传输链路指的是广义信道。传输链路可以分为不同的类型，其各有不同的实现方式和适用范围，这些将在以后的学习中给予详细介绍。

3. 交换设备

交换设备是构成通信网的核心要素。它的基本功能是完成接入交换节点链路的汇集、转接接续和分配，实现一个呼叫终端(用户)和它所要求的另一个或多个用户终端之间的路由选择的连接。

交换设备的交换方式可以分为两大类：电路交换方式和存储转发交换方式。

1.5.2　通信网的物理拓扑结构

图 1-2 是一个由两级交换中心组成的通信网硬件示意图，端局至汇接局的传输设备

一般称为中继电路。端局至终端用户的传输设备称为用户线路。端局用户既可通过端局交换设备与本局范围内的用户相互接续，也可通过端局和汇接局交换设备与本地区任一端局的用户完成接续。一般将这种类型的网称为汇接式的星形网。目前，通信网的基本结构有6种形式，它们各有特点，各有应用场合。

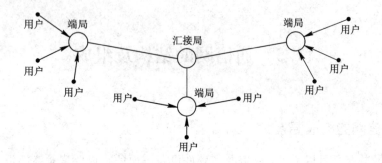

图 1-2　通信网的基本形式

1. 网形网

节点数较多时需要的传输链路数将很大。网形网是一种经济性较差的网络结构，但这种网络的冗余度较大，如图 1-3所示，因此，从网络的接续质量和网络的稳定性来看，这种网络又是有利的。

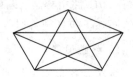

图 1-3　网形网

2. 星形网

节点数较多时星形网较网形网节省大量的传输链路，但这种网络需要设置转接中心，因而要增加一定量的费用。一般是当传输链路费用高于转接交换设备费用时才采用这种网络结构。这种星形网结构，当转接交换设备的转接能力不足或设备发生故障时，将会对网络的接续质量和稳定性产生影响。星形网如图 1-4 所示。

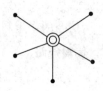

图 1-4　星形网

3. 环形网

它的特点是结构简单，实现容易，而且由于可以采用自愈环对网络进行自动保护，因此其稳定性比较高，其形状如图 1-5 所示。

另外，还有一种叫线形网的网络结构，如图 1-6 所示，它与环形网不同的是首尾不相连。线形网常用于同步数字系列(SDH，Synchronous Digital Hierarchy)传输网中。

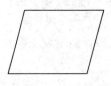

图 1-5　环形网

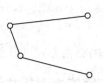

图 1-6　线形网

4. 总线形网

总线形网是所有节点都连接在一个公共传输通道——总线上的网络结构，形状如图 1-7 所示。这种网络结构需要的传输链路少，增减节点比较方便，但稳定性较差，网络范围也受到限制。

5. 复合形网

复合形网是由以上网组合而成的，如网形网和星形网复合而成的市话网。这种以星形网为基础并在通信量较大区间构成的网形网结构兼取了上述两种网络的优点，比较经济合理且有一定的可靠性，其形状如图 1-8 所示。在这种网络设计中要考虑使转接交换设备和传输链路总费用之和最小。

图 1-7　总线形网　　　　　　　　图 1-8　复合形网

1.5.3　现代通信网的构成

一个完整的现代通信网除了有传递各种用户信息的业务网之外，还需要有若干支撑网，以使网络更好地运行。现代通信网的构成示意图如图 1-9 所示。

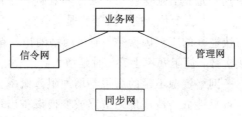

图 1-9　现代通信网的构成示意图

1. 业务网

业务网也就是用户信息网，它是现代通信网的主体，是向用户提供诸如电话、电报、传真、数据、图像等各种电信业务的网络。

业务网按其功能又可分为用户接入网、交换网和传输网三个部分。近些年来，国际电信联盟(ITU-T)已正式采用了用户接入网的概念。这是一个适用于各种业务和技术、有严格规定的网络概念。

用户接入网是电信业务网的组成部分，负责将电信业务透明地传送到用户，即用户通过接入网的传输，能灵活地接入到不同的电信业务节点上。业务网位置关系如图 1-10 所示。

图 1-10　业务网结构

2. 支撑网

支撑网是使业务网正常运行，增强网络功能，提供全网服务质量以满足用户要求的网络。在各个支撑网中传送相应的控制、监测信号。支撑网包括信令网、同步网和管理网。

（1）信令网。在采用公共信道信令系统之后，除原有的用户业务之外，还有一个寄生、并存的起支撑作用的专门传送信令的网络——信令网。信令网的功能是实现网络节点间（包括交换局、网络管理中心等）信令的传输和转接。

（2）同步网。实现数字传输后，在数字交换局之间、数字交换局和传输设备之间均需要实现信号时钟的同步。同步网的功能就是实现这些设备之间的信号时钟同步。

（3）管理网。管理网是为提高全网质量和充分利用网络设备而设置的。网络管理是实时或近实时地监视电信网络（即业务网）的运行，必要时采取控制措施，以达到在任何情况下，最大限度地使用网络中一切可以利用的设备，使尽可能多的通信得以实现。

1.5.4 通信网的质量要求

为了使通信网能快速且有效可靠地传递信息，充分发挥其作用，对通信网一般提出三个要求：接通的任意性与快速性；信号传输的透明性与传输质量的一致性；网络的可靠性与经济合理性。

1. 接通的任意性与快速性

接通的任意性与快速性是指网内的一个用户应能快速地接通网内任一其他用户。如果有些用户不能与其他一些用户通信，则这些用户必定不在同一个网内，而如果不能快速地接通，有时会使要传送的信息失去价值，这种接通将是无效的。

影响接通的任意性与快速性的主要因素是：通信网络的拓扑结构——如果网络的拓扑结构不合理则会增加转接次数，使阻塞率上升、时延增大。

通信网的网络资源——网络资源不足的后果是增加阻塞概率。

通信网的可靠性——可靠性低会造成传输链路或变换设备出现故障，甚至丧失其应有的功能。

2. 信号传输的透明性与传输质量的一致性

透明性是指在规定业务范围内的信息都可以在网内传输，对用户不加任何限制。传输质量的一致性是指网内任何两个用户通信时，应具有相同或相仿的传输质量，而与用户之间的距离无关。通信网的传输质量直接影响通信的效果，不符合传输质量要求的通信网有时是没有意义的，因此要制定传输质量标准并进行合理分配，使网中的各部分均满足传输质量指标的要求。

3. 网络的可靠性与经济合理性

可靠性对通信网是至关重要的，一个可靠性不高的网会经常出现故障乃至中断通信，这样的网是不能用的。但绝对可靠的网是不存在的。所谓可靠是指在概率的意义上，使平均故障间隔时间（两个相邻故障间时间的平均值）达到要求。可靠性必须与经济合理性结合起来。提高可靠性往往要增加投资，但造价太高又不易实现，因此应根据实际需要在可靠性与经济性之间取得折衷和平衡。

以上是对通信网的基本要求，除此之外，人们还会对通信网提出一些其他要求，而且对于不同业务的通信网，对上述各项要求的侧重点是有差别的，例如，对电话通信网是从以下三个方面提出要求：

（1）接续质量。电话通信网的接续质量是指用户通话被接续的速度和难易程度，通常用接续损失（呼损）和接续时延来度量。

（2）传输质量。用户接收到的话音信号的清楚、逼真程度，可以用响度、清晰度和逼真度来衡量。

（3）稳定质量。这方面是指通信网的可靠性，其指标主要有失效率（设备或系统工作 t 时间后，单位时间发生故障的概率）、平均故障间隔时间、平均修复时间（发生故障时进行修复的平均时长）等等。

1.6 现代通信网分类

1.6.1 通信网的分类

现代通信网的分类有很多种，按照功能、作用、性质及其服务范围等，可以分为各种不同的网络。其分类如表 1－1 所示。

表 1－1 通信网的分类

按营运方式划分	按业务范围划分	按使用范围划分
国内公用通信网	电话网	市内电话网 农村电话网 本地电话网 长途电话网
	电报网	公众电报网 用户电报网
	数据网	本地数据网 全国性数据网
	传真网	本地传真网 地区性传真网 全国性传真网
	移动通信网	本地移动通信网 漫游移动通信网
	综合业务数字网	本地 ISDN 全国 ISDN
国内公用通信网	电话网 公众电报网 用户电报网 数据、传真网 综合业务数字网	（1）各网均由两端的国内网络部分和国际电路组成 （2）电报网、数据传真网均具有自动存储转发功能

（1）按照通信网完成的功能可分为公用网、专用网、支撑网。其中公用网又可划分为电话网、数据网、图像网、移动网等。

（2）按照传输的信号可分为数字网和模拟网。现在的长途网、市话网、数据网都是数字网，广播电视中有线电视（CATV，Cable Television）与用户终端接入仍是属于模拟通信的范畴。

（3）按照组网的方式可以分为移动通信网、卫星通信网等。

通信网还有很多其他的分类方法，如按照交换方式来划分，有电路交换、报文交换、分组交换、ATM 交换等通信网；按照服务对象划分，有民用网和军用网等等。

专用网的分类就更多了，如各个部门行业，按其自身信息技术的需要而建设的网，如气象网、邮政综合计算机网、各银行组建的金融网、大型企业控制网等等。不论以上网络如何组成，都是几种通信系统的实际应用。如气象网主要是由卫星通信系统、光纤通信系统等组成。又如金融网，虽然其终端为计算机，实质是计算机网络，其组成还是以上的通信系统。

1.6.2 电话网

电话通信网是最早发展起来的，一般覆盖面积广，是其他通信网的基础，其主要是为话音业务的传送、转接而设置的网络。电话网在世界上一般主要以 SDH 系统干线传输和中继传输为主，以数字程控交换机（交换局）为话音信号的转接点而设置等级结构。等级结构的设置与很多因素有关，如数字传输技术、服务质量、经济性与可行性等方面的考虑。我国的电话网可分为长途电话网、市话网、本地网和接入网。

电话通信网又分为本地网和长途网，它们有自己的结构和特征。

1. 本地通信网

本地网是指某一城市及周边的郊区县所组成的通信网络，负责其管辖范围内用户的话务。根据城市大小及发展情况又可以分为市内电话和农村电话网，其特点是用户多，密度大，交换局的数目一般比较多。局间连接多以网形网方式。大城市需要设置汇接局，形成等级网，汇接局与它所属的端局是星形连接，而汇接局间采用网形网连接，如图 1-11 所示。

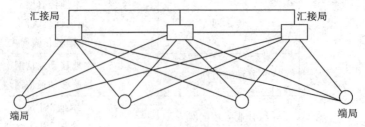

图 1-11 本地通信网的构成示意图

2. 长途电话网

长途电话是由长途交换中心、长途线路和长途中继线构成的，其功能是疏通本地网之间的电话业务。一般长途线路比较长，但话务量比本地网要少，根据此情况，一般采用等级网。长途网设置一、二、三、四级长途交换中心，分别用 C_1，C_2，C_3 和 C_4 表示。

一级交换中心相当于大区交换中心，现在主要设置在我国的八大城市(北京、沈阳、西安、成都、武汉、南京、上海、广州)；二级交换中心是以省、市为交换中心；三级交换中心相当于地区长途交换中心；四级交换中心为县长途交换中心。各交换中心之间都设置有传输链路，这些传输链路直接与长途汇接局相连。由传输链路组成的是国家一级干线、二级干线及长途中继线。四级长途网络如图 1-12 所示。

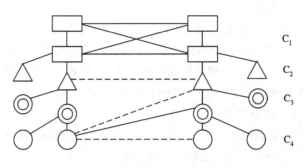

图 1-12　长途电话三级网结构

1.6.3　数据网

随着计算机与通信技术的发展和结合，数据通信作为一种新的通信业务迅速发展，数据通信网或计算机网已成为发展最迅速、应用最广泛的电信领域之一。以 Internet 为代表的计算机网络在世界范围内的普及与应用，已经并正在改变着我们的工作、学习和生活方式。

1. 数据通信网与计算机网络

数据通信通常是指计算机与计算机或计算机与终端之间利用通信线路进行信息传输和交换的通信方式，包括数据的传输和数据在传输前后的处理。数据通信是继电报、电话通信之后发展起来的一种新的通信形式，是计算机与通信技术紧密结合的产物。所谓数据通信是指按照一定协议(或规程)完成由数字、字母、符号等表示的具有离散形式信息的传输与交换的一种通信方式。此处的"协议"(有时也称规程)是指为了能有效和可靠地进行通信而制定的通信双方必须共同遵守的一组规则。数据用户通过数据通信可使用远地计算机通过数据通信进行远距离实时数据采集或对某一系统进行远距离实时控制。

计算机通信是指计算机与计算机之间或计算机与终端设备之间为共享硬件、软件和数据资源而协同工作，以实现数据信息传递的通信方式。严格地说，计算机通信与数据通信是有区别的。数据通信着重研究数据信息的可靠和有效传输，计算机通信除了完成数据传输以外，还要在数据传输的每一阶段分析所传数据信息的含义，并做出相应的处理。可以说，计算机通信的主要目的是为了实现资源共享，数据通信的主要任务则是为了数据信息的传递。因此，数据通信是计算机通信的基础，数据通信网可看成是计算机网络的一个组成部分。然而，随着技术的发展，数据通信与计算机通信的界线已越来越模糊，两者的功能也相互渗透而难以严格区分，因此在不引起误解的情况下，人们有时将计算机通信和数据通信、计算机网络和数据网相互混用。不过在大多数情况下，数据通信网指的是计算机网络中的通信子网，即是指由通信部门负责建设的公共数据通信网。

2. 计算机网络的分类

1) 按网络的交换方式分类

计算机网络的类型很多，从不同的角度出发，有不同的分类方法。如按网络中是否有交换设备，可以将其分为交换型网络和广播型网络。

交换型数据网按网络中的数据交换方式，又可以将网络分为电路交换、报文交换、分组交换与混合交换 4 种类型。

广播型网络就其基本构成而言，没有交换设备(虽然扩展的网络可由通过交换设备连接的基本网络组成)，各站共用一个传输介质，每个站只有一个输入/输出(I/O)端口，一个站发送的数据可以被若干个站(一般是网络内的所有站)接收。由于所有站共用同一传输介质，因此广播型网络需要解决介质访问控制问题。

2) 按网络的拓扑结构分类

按网络的拓扑结构通常可将计算机网络分为网形网、星形网等各种类型。网络的拓扑结构在前面的章节已经作了讲述，这里就不再详述。

3) 按网络的覆盖范围分类

按网络的覆盖范围可将网络分为局域网、城域网和广域网等 3 种类型。

局域网(LAN，Local Area Network)是计算机通信的一种形式，也称为计算机局部网络。它由微型计算机、终端及各种外围设备通过高速通信线路相连(速率通常在 10 Mb/s 以上)而成，在地理上局限在较小的区域内。这里的较小区域可以是一座建筑物、一个校园、一个工厂或者一个社区。

城域网(MAN，Metropolitan Area Network)的作用范围在广域网和局域网之间，其大小通常是覆盖一个地区或一个城市，在地理范围上从几十千米到上百千米，故又称为城市网。城域网的传输速率比局域网更高。

广域网(WAN，Wide Area Network)作用范围通常为几十到几千千米。广域网有时也称为远程网。广域网可以把众多的 MAN、LAN 连接起来，甚至可将全球的 MAN、LAN 连接起来。

3. 计算机网络体系结构及协议

1) 网络协议

计算机网络是各类终端通过通信线路连接起来的一个复杂的系统。在这个系统中，由于计算机型号不一、终端类型各异，并且连接方式、同步方式、通信方式、线路类型等都有可能不一样，这就给网络通信带来了一定的困难。要做到各设备之间有条不紊地交换数据，所有设备必须遵守共同的规则，这些规则明确地规定了数据交换时的格式和时序。这些为进行网络中数据交换而建立的规律、标准或约定称为网络协议。

网络协议主要由三个要素组成：语法、语义和时序。

语法是指数据与控制信息的结构和格式；语义表明需要发出何种控制信息，以及完成的动作和做出的响应；时序是对事件实现顺序的详细说明。

网络协议是计算机网络中不可缺少的部分，对复杂的网络协议最好的组织方式是层次结构。下面通过例子来说明，设甲、乙两人要通过电话讨论一些网络问题，这一问题可以分三个层次：最高层是认识层，即双方必须都具备网络知识才能听懂所谈的内容。其次是语言层，它不涉及对方谈话的内容，只考虑双方的语言，即双方的语言相同，则能听懂对方的话，若不同，如一个说汉语一个说日语，那么可以翻译成双方都能听懂的第三国语言，如英语。第三层是传输层，它的任务是把语言信号转换成电信号传给对方后再还原成语言信号，这一层不管语言是哪国语言，更不管谈话的内容。从这个例子可以看出，由于每一个层次实现一种相对独立的功能，因此能把一个复杂的问题分解为几个容易解决的子问题。网络分层后，每层都有其对应的同层协议，整个网络协议就是由每层协议共同组成的。

网络协议有多种，下面简单介绍一下传输控制协议/互连网协议(TCP/IP, Transmission Control Protocol / Internet Protocol)。

TCP/IP 协议是美国国防部在 20 世纪 70 年代研制的，主要用于连接异种机系统。TCP/IP 为远程广域网而设计，是一个协议族，而 TCP 和 IP 是这一协议族中两个极其重要的协议。TCP 意为传输控制协议，TCP 协议为通信端点和通信设施之间定义了一种传输信息的可靠方法。它具有差错恢复、流量控制和可靠管理的特性。IP 意为网络互连协议，IP 协议提供了一种不可靠的无连接的报文分组传输服务，需要 TCP 协议和其他协议来保证它的传输正确性。TCP/IP 协议是 UNIX 主机联网使用的缺省协议，在 Windows 的高版本中都可以支持此协议，目前较流行的 Internet 上使用的就是此种协议。

2) 网络体系结构及 OSI 参考模型

如前所述，网络协议是由各层的协议共同组成的，因此，每层协议应与网络的具体层次相关。把计算机网络层次结构模型和各层协议的集合称为计算机网络体系结构。标准化委员会和各主要制造商制定了多个被普遍接受的网络体系结构。这些网络体系结构的共同之处是它们都采取了分层的技术，但各层次的划分、功能的分配及采用的技术术语各不相同。随着信息技术的发展，不同厂家、不同型号的计算机之间的连网及网络的互连成为迫切需要解决的问题，开放系统互连(OSI, Open System Interconnection)就是在这一背景下制定的。

国际标准化组织(ISO, International Standards Organization)于 1979 年底公布了开放系统互连参考模型 OSI/RM。同时，国际电报电话咨询委员会(CCITT, International Telegraph and Telephone Consultative Committee) 认定采纳了这一标准。这一标准定义了网络互连的七层框架模型，并在此框架下进一步详细地规定了每一层的功能，以实现开放系统环境中的互连性、互操作性和应用的可移植性。

OSI 参考模型由七个层次组成，如图 1 - 13 所示。

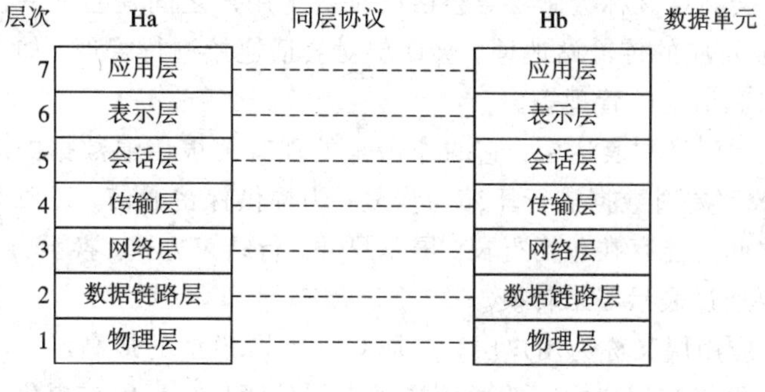

层次	Ha	同层协议	Hb	数据单元
7	应用层	---------	应用层	
6	表示层	---------	表示层	
5	会话层	---------	会话层	
4	传输层	---------	传输层	
3	网络层	---------	网络层	
2	数据链路层	---------	数据链路层	
1	物理层	---------	物理层	

图 1 - 13　OSI 参考模型结构

这七层中每层都有一个特殊的网络功能,例如,最顶层是使用者运行的应用程序,而最底层(物理层)负责数据位的传输,每一层的工作情况只与它的上一层和下一层有关。如果从功能的角度来观察 OSI 的整个七层结构,大体上可分为低层(包括物理层、数据链路层、网络层)及高层(包括传输层、会话层、表示层、应用层)两部分。

下面来看一下 OSI 环境中的数据流动情况。设系统的用户 A 要向系统的用户 B 传输数据,在系统 Ha 中,用户 A 的数据先送入应用层,应用层加上若干比特的控制信息组成表示层的数据单元,表示层接收到这个数据单元后,加上本层控制信息组成会话层的数据单元,并送给会话层。依此类推,传输层的数据服务单元称为报文,网络层的数据单元称为报文分组或分组,数据链路层的数据单元称为帧,物理层是以比特方式传输,其数据单元为比特,所以不用加控制信息。当比特流通过传输介质到达目的节点时,再从物理层依次上传。各层对各层的控制信息进行处理,把相应的控制信息"剥去",最后送给用户 B。这个过程虽然很复杂,但是对于用户 A 和 B 来说,OSI 环境中数据流的复杂处理过程是透明的,好像是直接把数据从用户 A 传到了用户 B,这就是开放系统在网络通信过程中最本质的作用。

下面简单叙述一下 OSI 参考模型各层的功能。

(1)物理层。此层负责在物理连接上传输数据,它会按照传输介质的电气及机械特性的不同而有不同的格式。它涉及通信方式(单工、半双工、全双工),规定了设备之间连接头的尺寸和接头数,以及每根连线的用途等。

(2)数据链路层。此层的功能是建立、维持和释放网络实体之间的数据链路。这种数据链路应该是一条无差错的信道,并且要把数据封装成帧,各帧按顺序传输。为了保证传输的正确性,要进行应答、差错控制、流量控制及顺序控制。

(3)网络层。此层是通信子网中的最高层。它把上层传来的数据转换成报文分组,在通信子网的节点之间交换传输,并且要负责由一个节点到另一个节点的路径选择。路径的选择既可以用静态路由来实现,也可以根据网络的负载情况,用动态路由来实现。此外,当要传输的分组跨越一个网络的边界时,网络层还要负责对分组的长度、寻址方式、通信协议进行转换。

(4)传输层。传输层负责两节点之间的连接,建立一条无差错的点到点通信信道,管理数据传输服务。它使用多路复用或分流的方式优化网络的传输性能。当传输层出现故障时,它还能查明故障原因,并对故障进行恢复,以保证数据能准确无误地传输。

(5)会话层。会话层又称会晤层。会话就是两个用户之间建立的一次连接,会话层能把会话地址转换成对应的传输站地址。会话层对会话连接进行管理,如会话连接的恢复和释放,会话的同步和活动的管理等。

(6)表示层。此层又称表达层,它的作用是处理有关被传输数据的表示问题。为提高系统之间的通信效率要对数据进行压缩与恢复;为提供保密通信,还要对数据进行加密与解密。实际终端之间可能存在包括行长、屏幕尺寸、行结束方式、换页方式、字符集等方面的差异,这些都要通过表示层来转换。

(7)应用层。应用层又称为用户层,它是 OSI 参考模型的最高层,它负责两个应用进程之间的通信,为网络和用户之间的通信提供专用的程序,为用户提供各种服务,是直接面向用户的。应用层的内容完全取决于用户,用户可以自行决定要完成什么功能和使用什么协议,该层包括网络应用程序,例如电子邮件、远程登录、事务处理、文件传输及分布式数据库管理等。

1.6.4 有线电视网络

有线电视系统是通过有线线路在电视中心和用户终端之间传送图像、声音信息的闭路电视系统。CATV 的信号传输方式及运行方式均和一般的电视广播有所不同,但为了保持和普通电视机兼容,CATV 保留了无线广播电视制式和信号调制方式。有线电视网络可分为广播型和双向交互型两大类。

有线电视系统的雏形是共用天线电视系统或电缆电视系统,就是在有利位置架设高质量的天线,经有源或无源分配网络,将接收到的电视信号送给众多的电视接收机,解决在难以接收电视信号的环境下收看电视的问题。目前,有线电视广播系统已远远超出上述共用天线的含义,由于光缆的采用和双向传输技术,以及由卫星和微波通信线路提供节目等,有线电视系统正在向多频道、多目的、大规模组网化方向发展。这种发展打破了闭路与开路、电视与电信服务的界线。这类综合服务包括付费电视、视频点播系统(VOD,Video on Demand)、电子购物、电子邮件、电子银行、数据传输等。

有线电视之所以发展迅速,是因为它有以下一些优点:

(1) 改善微弱信号的接收效果。

(2) 有效地抑制了干扰,消除了重影,可获得良好的收视质量。

(3) 不占用空间频率资源,节目容量大。CATV 信道带宽达 40 MHz,可传几十路电视节目和其他数据,可提供多种服务。

(4) 进行双向传输,便于对特定的用户提供特别的节目以及特殊的信息服务。

1. 广播式有线电视网络

CATV 系统共由三部分组成:前端放大器(信源)、电缆分配网络(信道)和用户终端(信宿)。

前端放大器实际上是 CATV 网络的中心,主要产生各种电视节目信号,有接收和转播来自无线、微波或卫星的电视信号,有来自摄像机、录像机、CD-ROM 或电影电视等自办的节目。CATV 中心将所有的这些节目信号转换到 CATV 电缆工作的频带内,然后由混合器加以混合,再由电缆分配网络传输到各处的用户终端中。

电缆分配器由传输线、分配器和分支线组成。CATV 中的电缆一般采用 75 Ω 的同轴电缆。对远距离干线传输和宽带系统,光缆将逐步取代同轴电缆。为了补偿电缆传输的损耗,在电缆分配网络中,每隔一定的距离就要设置一个放大器,如干线放大器、分配放大器、分支放大器等。

最普通的用户终端就是家用电视机。在某些加密的 CATV 系统中,除电视机外还有解密器,如果是双向 CATV 系统则还需要增加上行通信的发射机和接收机,如果 CATV 系统中具有 VOD 功能,则用户端还需要设置 VOD 解码器。

2. 双向有线电视网络

在双向有线电视系统中,一般采用频率分割的方式传送,经同一电缆,用不同的频段分别传送上、下行信号。频带的主要部分 70～450 MHz 用于传送从电视中心到用户的下行视频信号，10～50 MHz 较低的频段作为用户向中心传递信息的上行线路。

为了实现终端之间的双向通信，需要在中心设置频率变换器。它将来自终端的上行信号变换为下行信号，传送给其他终端。因为双向有线电视系统是一个多终端共用传输线路的系统，为了避免终端之间的竞争，需要进行通信控制。通信控制首先是通过分配不同的信道来实现的，但在众多的终端共用一个频道时，则需要以时分的方式进行。

在时分通信中控制的方法有三种。第一种是查询方式，即中心按顺序对每个终端查询有无数据送出。第二种是载波侦听多路访问/冲突检测方式（CSMA/CD，Carrier Sense Multi-Access/Collision Detection），即不断地检测线路上有无载波，只有在线路空闲状态下允许传送数据，若检测到正在传送数据，则待下次检测出空闲再准予传输。第三种为令牌控制方式，在这种方式中，中心巡回地把令牌分配于网络内各个终端，在同一时刻，只允许拥有令牌的终端传送数据。对于以中心为主导、信息量较少的双向数据通信系统（如用户管理系统），宜采用巡回查询方式；对于各终端需要给予同等通信机会的情况，CSMA/CD 方式或令牌控制方式更为适合。

3. 电视网和电信网络的融合

在电信网中，目前长途干线网、局间中继网大部分已经采用了光纤数字传输体系，如准同步数字系列（PDH，Pseudo-synchronous Digital Hierarchy）和同步数字系列（SDH）。也就是说，在主干道上已经实现了数字化和宽带化。但是，在以双绞线为主的用户线路段都仍停留在窄带通信的水平，这对以宽带通信为主的多媒体通信来说是一个严重的瓶颈问题。我们再看在 CATV 网中，千家万户的用户接入线部分都是同轴电缆，因而具有宽带信息传输的功能，因此将电信网和 CATV 网有机地结合起来，利用各自的优势形成一种综合的宽带通信系统，这是一种既经济又实用的建设宽带网的好方法。在这样的系统中，可以设想，利用电信光缆数字网作远距离信息传输，将 CATV 网改造成局部通信中心和用户接入系统。实际上，这样的系统就是光纤同轴混合网络（HFC，Hybrid Fiber Coax）。在 HFC 中，可以开展电话、数据、模拟或数字图像传输业务，可较好地实现宽带与交互性的统一，从而在 HFC 方式工作的 CATV 网上实现多媒体通信的功能。

1.6.5　接入网

1. 接入网的产生

从电话端局的交换机到用户终端设备之间的用户环路自电话发明以来就已经存在，其基本配置形式在大约一百多年的时间并没有发生重大变化。图 1-14 给出了典型的用户环路结构，各个线缆由不同规格的铜线电缆组成，其中馈线电缆（主干电缆）一般为 3～5 km（很少超过 10 km），配线电缆一般为数百米，引入线则只有数十米左右。

进入 20 世纪 80 年代后，为了满足社会对信息的需求，相应地出现了多种非话音业务，如数据、可视图文、电子信箱、会议电视等。新业务的出现促进了电信网的发展，传统电话网的本地用户环路已经不能满足要求。因此，为了适应新业务发展的需要，用户环路也要向数字化、宽带化等方向发展，并且要求用户环路能灵活、可靠、易于管理等。

近几年来各种用户环路新技术的开发与应用发展较快，复用设备、数字交叉连接设备、用户环路传输系统，如光环路传输等的引入，也都增强了用户环路的功能和能力。这

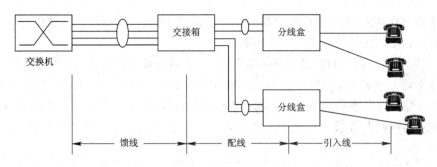

图 1 - 14   传统电话网用户环路结构示例

些技术的引入增强了传统的用户环路的功能，也使之变得更加复杂。用户环路渐渐失去了原来点到点的线路特征。基于电信网的这种发展趋势，国际电信联盟（ITU - T）正式提出了用户接入网（AN，Access Network）的概念。

从以上的描述可以看出接入网是由传统的用户环路发展而来的，是用户环路的升级，是电信网的一部分。接入网在电信网中的位置如图 1 - 10 所示。接入网是电信网的组成部分，负责将电信业务透明地传送到用户，即用户通过接入网的传输，能够灵活地接入到不同的电信业务节点上。接入网处于电信网的末端，是本地交换机与用户之间的连接部分。它包括本地交换机与用户终端设备之间的所有设备与线路，通常由用户线传输系统、复用设备、交叉连接设备等部分组成。

引入接入网的目的就是为通过有限种类的接口，利用多种传输媒介，灵活地支持各种不同类型的接入业务。

2. 接入网的定义与定界

接入网（AN）的定义是：它由业务节点接口（SNI，Service Network Interface）和用户网络接口（UNI，Use Network Interface）间的一系列传送实体（如线路设备、传输设备）构成，是为传送电信业务而提供所需传送承载能力的实施系统，也可以说它是业务节点（SN，Service Network）与用户网络接口间的传送、接入手段的总称。这里的 SN 指本地交换机、提供无连接数据业务的服务器（CLS）、各种数据库或光盘库、有线电视前端机（HED）、提供数字视频点播和租用线业务的 SN 等，也可以是上述几种业务节点的组合。图 1 - 15 是接入网的物理模型，图中 CPN 为用户驻地网，比如是专用小交换机、局域网等，但多数情况下，它只是一个用户终端设备。

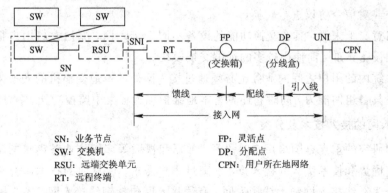

SN：业务节点   FP：灵活点
SW：交换机   DP：分配点
RSU：远端交换单元   CPN：用户所在地网络
RT：远程终端

图 1 - 15   接入网的物理模型

在电信网中接入网的定界(划定接入网的范围)如图 1 - 16 所示。图中 Q3 是国际通用的管理接口。接入网的各个接口功能如下:

用户/网络接口(UNI)在接入网的用户侧,支持各种业务的接入,如模拟电话接入,窄带综合业务数字网络(N - ISDN, Narrowband-Integrated Services Digital Network) 业务接入,宽带综合业务数字网络(B - ISDN, Broadband-Integrated Services Digital Network) 业务接入,租用线业务接入。对于不同的业务,采用不同的接入方式,对应不同的接口类型。

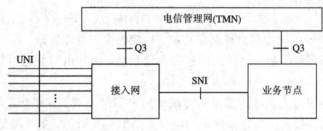

图 1 - 16 接入网的定界

业务节点接口(SNI)在接入网的业务侧,对不同的用户业务,提供对应的业务节点接口,使业务能与交换机相连。交换机的用户接口分模拟接口(Z 接口)和数字接口(V 接口),V 接口经历了由 V1 接口到 V5 接口的发展过程。V5 接口又分为 V5.1 和 V5.2 接口。

Q3 接口是电信管理网(TMN, Telecommunication Management Network)与电信网各部分相连的标准接口。作为电信网的一部分,接入网的管理也必须符合 TMN 的策略。接入网是通过 Q3 与 TMN 相连来实施 TMN 对接入网的管理与协调,从而提供用户所需的接入类型及承载能力。

接入网包括用户线传输系统、复用设备、数字交叉连接设备及用户/网络接口设备。它的主要作用是将来自用户/网络接口的信息数据及控制信号进行复用/分接、和/或交叉连接,将它们送到业务节点。通过接入网与业务节点的协调以及通过 Q 接口的管理还可以对接入网的网络资源进行指配安排。

接入网属于传输范畴,不参与业务节点的呼叫控制与连接控制,不带交换功能,也不为业务节点或用户驻地网选择和区分业务提供者(终端或业务)。在正常情况下,它可以不知道正在传送的业务和呼叫状态,不解释也不中止传令,也不提供任何通知音,只是透明地转移信令或对信令协议进行转换。

从严格意义上来说,具有交换功能的设备不同于接入网,哪怕它离用户很近,也不能算是接入网设备,如目前使用较多的远端交换模块。

接入系统内的用户之间的业务也必须通过接入网外的本地交换机的交换来实现。接入设备本身还具备组网能力,同时它还具备本地维护和远程集中监控功能。

3. 接入网的接入技术及分类

接入网研究的重点是围绕用户对语音、数据和视频等多媒体业务需求的不断增长,提供具有经济优势和技术优势的接入技术,满足用户需求。就目前的技术研究现状而言,接入网主要分为有线接入网和无线接入网,有线接入网包括铜线接入网、光纤接入网和混合光纤/同轴电缆接入网;无线接入网包括固定无线接入网和移动接入网。各种方式的具体实现技术多种多样,特色各异。有线接入主要采取如下措施:一是在原有铜质导线的基础上通过采用先进的数字信号处理技术来提高双绞铜线的传输容量,提供多种业务的接入;二是以光纤为主,实现光纤到路边、光纤到大楼和光纤到家庭等多种形式的接入;三是在原有 CATV 基础上,以光纤为主干传输,经同轴电缆分配给用户的光纤/同轴混合接入。无线接入技术主要采取固定接入和移动接入两种形式,涉及微波一点多址、蜂窝和卫星等多种技术。另外有线和无线相结合的综合接入方式也在研究之列。表 1－2 列出了目前接入网的各种接入技术。

表 1－2　接入网的接入技术分类表

接入网	有线接入网	铜线接入网	数字线对增容(DPG)
			高比特率数字用户线(HDSL)
			非对称数字用户线(ADSL)
			甚高速率数字用户线(VDSL)
		光纤接入网	光纤到路边(FTTC)
			光纤到大楼(FTTB)
			光纤到家(FTTH)
		混合光纤/同轴电缆接入网	
	无线接入网	固定无线接入网	微波一点多址(DRMA)
			固定蜂窝、固定无绳
			直播卫星(DBS)
			多点多路分配业务(MMDS)
			本地多点分配业务(LMDS)
			甚小型天线地球站(VSAT)
		移动接入网	蜂窝移动通信
			无绳通信
			卫星移动通信
			无线寻呼
			集群调度
	综合接入网	FTTC＋HFC	
		有线＋无线	

1.6.6　综合业务数字网(ISDN)

1. ISDN 基本概念

综合业务数字网(ISDN,Integrated Services Digital Network)是在电话综合数字网(IDN)基础上发展起来的一种电信网络形态。它提供端对端的数字链接,用来支持话音、非话音在内的综合数字业务,并通过标准化多用途用户的接入的网络。它又分为窄带综合业务数字网(N-ISDN)和宽带综合业务数字网(B-ISDN)两类。

2. 窄带综合业务数字网(N-ISDN)

N-ISDN 主要采用两种标准的用户/网络接口：基本速率接口（BRI，Basic Rate Interface）和基群速率接口（PRI，Primary Rate Interface），两者的差别在于所支持的 B 信道个数不同。在 ISDN 中，B 信道主要用于传送数字化的话音、数据等用户信息流，传输速率为 64 kb/s。D 信道用来传送、建立、接收和控制通话的信令信息或分组交换的数据信息，传输速率为 16 kb/s 或 64 kb/s。基本速率接口有 2 个能独立工作的 B 信道和 1 个 D 信道（2B＋D），传输速率为 144 kb/s。它把原来只能传送一路电话的功能扩展为能同时传送两个 64 kb/s 通路和一个 16 kb/s 分组数据通路，最多可接 8 个不同终端。这一功能改变了原来一对电话线只能接一部话机或其他模拟终端的传统状况。基群速率接口除了 B 信道和 D 信道外，又增加了 H 信道，传输速率可达 2 Mb/s。

3. 宽带综合业务数字网(B-ISDN)

宽带综合业务数字网（B-ISDN）的用户传输速率一般大于 2 Mb/s。它能满足用户更多的通信业务，如高清晰度电视（HDTV）、会议电视、可视电话、视频点播、远程教育、远程医疗、高速数据传输等。

宽带综合业务数字网（B-ISDN）是基于宽带 ATM 交换为基础构建的现代信息网络。现在大、中城市都已建立了 ATM 网，它实现了端到端多媒体数字业务的传输与交换。其特点主要表现为：网络本身和业务无关，它可以为不同的业务分配不同的带宽，并可以实现与其他网络互联互通。

1.7　现代通信网的发展

人类已经进入信息社会，高度发达的信息社会要求高质量的信息服务。要求通信网能提供多种多样的通信业务，并通过通信网传输、交换和处理大量的信息。现代通信网在这种需求的推动下，正加速采用现代通信技术、宽带传输媒介以及计算机技术向数字化、宽带化、综合化、智能化及个人化方向发展。

1. 数字化

数字化就是在通信网中全面使用数字技术，包括数字传输、数字交换和数字终端等。由于数字通信具有容量大、质量好、可靠性高等优点，已成为了通信网的发展方向之一。可以说通信技术的数字化是其他四个"化"的基础。实现数字传输与数字交换的综合的通信网叫作综合数字网（IDN，Integrated Digital Network）。在 IDN 中，交换局与交换局之间实现了数字化。世界各国都在建设本国的综合数字网，也就是说，实现数字化是通信网发展的第一步。

2. 宽带化

宽带化主要是指现代数字通信宽带化。人们日益增长的物质文化需要，如高速数据、高速文件、可视电话、会议电视等促进了新的宽带业务的发展。因此，通信网发展的第二步是组建窄带综合业务数字网（N-ISDN）和宽带综合业务数字网（B-ISDN）。目前，ISDN

已经在 IDN 的基础上脱颖而出，在世界很多国家以崭新的面貌运行。ISDN 不仅以迅速、准确、经济、可取的方式提供目前各种通信网络中现有的业务，而且将通信和数据处理结合起来，开创了很多新业务，展现了强大的生命力。在研究试验 ISDN 的同时，宽带 ISDN 也得到迅速发展。B-ISDN 能够提供高于 PCM 一次群速率的传输信道，能够适应全部现有的和将来可能出现的业务，从速率最低的遥控遥测（几比特/秒）到高清晰度电视 HDTV（100～150 Mb/s），以同样的方式在网中传输和交换，共享网络资源。B-ISDN 被世界各国公认为通信网的发展方向，它最终构成为一种全球性的通信网络。ISDN 与 B-ISDN 的出现对于各国政治、经济、军事、文化以及人们的生活都将产生深远的影响。目前，宽带网（B-ISDN）已经商用化，随着包交换、光交换技术的发展，将会出现下一代全宽带网。

3. 智能化

智能化是伴随着用户需求的日益增加而产生的。智能网是在现有交换与传播的基础网络结构上，为快速、方便、经济地提供电信新业务而设置的一种附加网络结构。建立智能网(IN)的基本思想是改变传统的网络结构，提供一种开放式的功能控制结构，使网络运营者和业务提供者自行开辟新业务，实现按每个用户的需要提供服务。智能网的概念自20世纪80年代提出以来，其技术的演进和标准化的实施使其迅速发展。国外电信网络广泛采用了智能网技术，以一种全新的方式完成电信业务的创建、维护和提供，取得了显著的经济效益。国内骨干网上的智能网完成了一期建设，已开始提供新业务。智能网提高了网络对业务的应变能力，是目前电信业务发展的方向。

4. 个人化

个人通信是21世纪通信的主要目标，是21世纪全球通信发展的重点。个人通信被认为是一种理想的通信方式，其基本概念是实现在任何地点、任何时间，向任何人传送任何信息的理想通信，其基本特征是把信息传送到个人。实现个人通信的通信网就是个人通信网。现有的实际通信系统和网络，离实现理想的个人通信相差甚远，但某些系统的功能和服务方式已体现出个人通信的最基本特征：把信息传送到个人，成为个人通信的早期系统。随着通信网络智能化的发展，通信终端技术、移动卫星通信技术及数字蜂窝移动通信技术、数字无绳通信技术最终将使通信个人化成为现实。

目前，数字移动通信发展得很快，第三代数字移动通信，特别是卫星移动系统的发展，可被认为是"迈向个人通信的第一步"。最终实现个人在任何地方和任何时间都可进行个人的业务信息的交流，如可视电话、多媒体及高清晰度电视等。

5. 网络全球化

近年来，Internet 覆盖面已经遍及五大洲，它已成为全球范围的公共网。根据统计，进入互联网的用户数量以每季度 20% 的速度增加，以 200% 的年增长率扩大。世界上许多著名的大公司都争先恐后地推出以互联网为中心的战略。特别是美国推出的 NII 和全球信息基础设施(GII, Global Information Infrastructure)战略更引人注目，世界各国为 21 世纪信息基础设施纷纷投入巨资，建设本国的基础设施结构。现在，科学家又开发出了新一代的网络技术 TINA/TIMNA，它是随着计算机软件技术发展而开发的一种标准化的软件结构网络技术。由于采取了博采众长以及创新的开发战略，它在结构和功能上全面超过现有的各种网络。它能真正实现窄带与宽带网，固定与移动网，网管与通信网，公众网和企业网等的融合，又能实现突破地区、国界限制的世界服务，使"世界越来越小，成为网络地球村"，即所谓的"数字地球"。

习　　题

1. 简述通信系统的最基本的构成模型。
2. 通信系统和通信网的关系是什么？
3. 通信网的构成要素有哪些？它们的功能分别是什么？
4. 通信网的基本结构有哪几种？各自的特点是什么？
5. 现代通信网的构成包括哪几部分？
6. 通信网的未来发展方向是什么？
7. 数字通信的特点有哪些？
8. 通信系统按照传输媒介和系统组成特点分类，可分为哪些类？
9. 数字通信与模拟通信的主要区别是什么？请分别举例说明在日常生活中的信息服务各属于哪种通信类型。
10. 什么是通信网？
11. 常用的网络拓扑结构有哪些？各有什么特点？
12. 在 OSI 网络体系结构的参考模型中共分几层？各层功能是什么？
13. 什么是接入网？怎么界定？

第二章 程控交换系统

2.1 电话交换简介

2.1.1 交换技术的发展

自从 1875 年美国人贝尔发明电话以后的一百多年来，电话通信得到了巨大的发展和广泛的应用，现在用一部电话就可以打往世界各地。但是，在电话发展之初却没有这么方便。最初的电话通信只能在固定的两部电话机之间进行，如图 2-1 所示。这种固定的两部电话机之间的通话显然不能满足人们对社会交往的需要，人们希望有选择地与多个其他用户通话，如果有多个用户时，为保证任意两个用户间都能通话，很自然我们会想到每两个用户用一对线路连起来。我们考虑 5 个用户连接的情况，所用线路需要 10 条；我们再来考虑 N 个用户连接时，所用线路需要 $N(N-1)/2$ 条。因此当用户数增

图 2-1 电话机间的固定连接

加时所需的线对数迅速增加，想想看，要是对每个用户来说，家中需接入 $N-1$ 对线，打电话前还需将自己话机和被叫线连起来，那就太麻烦了。于是人们想出了一个好办法，在用户分布的密集中心，安装一个设备，也就是建立了一个电话交换站，所有电话机都与这个交换站相连，如图 2-2 所示。站里有个人工转接台，转接台的作用是把任意两部电话机接通。当某一方需要呼叫另一方时，先通知转接台的话务员，告诉话务员需要与谁通话，话务员根据他的请求把他与对方的电话线接通。由此可以看出，该设备可根据发话者的要求，完成与另外一个用户之间交换信息的任务，所以这种设备就叫作电话交换机。实际的交换机是相当复杂的，但有了电话交换设备，N 个用户，只需 N 对线就可以满足要求，使线路的费用大大降低。尽管增加了交换机的费用，但它将为 N 个用户服务，利用率很高。

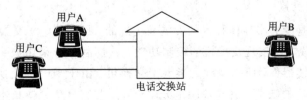

图 2-2 电话机与电话交换站的连接

1. 人工交换阶段

上述需要话务员中转电话的电话交换站就是早期的电话交换，属于人工交换，它所依靠的是话务员的大脑和手。1878年，美国人设计并制造了第一台磁石人工电话交换机。以后为了克服交换机容量限制及需要话务员操作和用户使用不便的问题，又采用了供电式电话交换机。磁石和供电式电话交换机都是靠话务员操作，用塞绳把主、被叫用户的电话线路接通来完成交换工作的，因此，它们被统称为人工交换机。人工交换机的优点是设备简单、安装方便、成本低；缺点是接线速度慢、容易出差错、占用劳力多且劳动效率低。难以做到大容量。如果能用机器来代替话务员的工作，那就大大提高了电话交换的工作效率，并且能大大增加交换机的容量，适应人们对电话普及的要求，这就引出了自动电话交换机。

2. 机电式自动交换

自动交换机是靠主叫用户发送号码控制自行选线接通被叫用户，而无需话务员的帮助。由史端乔发明并以其名字命名的第一部自动电话交换机于1892年在美国投入使用，它标志着电话交换技术开始走向自动化。后来德国西门子公司对史端乔交换机进行了改进，生产出西门子自动交换机，并在许多国家得到推广与应用，史端乔和西门子交换机的选线设备都是采用步进制选择器，工作时靠用户拨号发送脉冲直接控制选择器进行选线，所以它们被称为步进制交换机，也称为直接控制式交换机。步进制交换机的优点是技术简单，其缺点是接续速度慢、杂音大、故障率高，且路由选择不灵活，因而不能用于长途交换。

1926年，瑞典研制成功并开通了纵横制交换机。"纵横"一词是来源于采用交叉的纵棒和横棒来选择接点，从而完成电话通路的接续。纵横制交换机有两个主要特点：一是接线器接点采用压接方式，而不是滑动接触，故接点磨耗小、接触可靠、杂音小、通话质量好、维护工作量小；二是采用公共控制方式，把控制部分和话路部分分开，控制工作由标志器和记发器完成，可灵活地进行路由选择，易于组网。纵横交换机的缺点是当其标志器发生故障时影响面较大，与后来出现的程控交换机相比速度慢且功能比较单一，不够灵活。

无论是步进制交换机，还是纵横制交换机，它们的主要部件都是采用具有机械动作性能的电磁器件构成的，故都属于机电式交换机。它们的入线和出线的连接都是通过机械触点，触点的磨损是不可避免的，时间一长难免接触不良，这是机械式交换机固有的缺点。随着电子技术的发展，人们开始改进交换机。从硬件结构上来说，交换机可分成话音通路部分和接续控制两大部分，对交换机的改造也要从这两部分入手。

3. 电子式自动交换

电子式交换机是随着半导体技术的发展而出现的，早期的电子交换机采用布线逻辑控制方式，即通过布线方法实现交换机的控制功能，其控制部分采用数字逻辑电路，话路部分仍采用机电式接续器件，所以也称为半电子交换机。由于半电子交换机体积较大，且未能克服布控交换方式的缺点，更改性能十分困难，因此它只是交换技术由机电式向电子式演变过程中的过渡性产物，所以并未得到广泛应用，就被后来出现的存储程序控制（SPC，Store Program Control）交换机（简称程控交换机）所代替。

4. 程控交换机

1946 年世界上第一台存储程序控制的电子计算机在美国诞生，对电话交换技术产生了深远的影响，这一新技术的问世，使得有可能在电话交换领域引入"存储程序控制"这一全新的概念。所谓存储程序控制就是把交换控制、维护管理等功能预先编成程序，存储在电子计算机的存储器中，当交换机工作时，时刻监视交换对象及维护管理设备的工作状态及要求，对每种状态变化和要求实时地做出响应，自动执行有关程序，以完成各种任务，实现预定的功能。

到目前为止，程控交换机技术在发展过程中大致经历了四代。

第一代程控交换机主要产生于 20 世纪 60 年代，交换机的控制部分基本上是采用大型专用计算机进行集中控制，话路部分仍采用电磁元器件构成交换网络，因此属于空分模拟交换方式。当时人们也曾试图用电子元件取代电磁器件，但多次努力终未获成功，原因是由于电子元件的落差系数（开路时与短路时电阻的比值称为落差系数，例如晶体管的截止可认为是开路，饱和可认为是短路）低而会导致严重的串话，所以，为了提高接续速度，只能采用动作速度较快的铁簧、笛簧等小型继电器组成交换网络，因此，交换网络与控制设备的工作速度很不协调，计算机的潜力未能得到正常发挥。在第一代程控交换机中，由美国贝尔公司研究成功并于 1965 年投入使用的 NolESS 是世界上第一台程控交换机，它的成功标志着电话交换技术的发展产生了一个飞跃，跨入了一个新的发展时期。

第二代程控交换机出现于 20 世纪 70 年代。由于 20 世纪 60 年代 PCM（Pulse Code Modulation，脉冲编码调制）技术成功地运用于传输系统，对提高传输质量和线路利用率都带来了明显的好处，一些国家开始了数字交换设备的研制工作。1970 年，由法国研制的世界上第一部程控数字交换机投入运营，开创了将数字技术应用于交换的先例。第二代程控交换机一般由用户级和选组级组成，分别由用户处理机和中央处理机控制，由于当时集成电路技术与价格的限制，用户级仍采用了模拟交换方式，即用户先经空分接线器集中后用群路编译码方式进行模数转换，再经 PCM 链路连至选组级交换网络，选组级采用时分数字交换网络，故这种交换机也被称为混合型交换机。由于选组级采用了数字交换网络，故可方便地与 PCM 中继线配合，作为长途交换机使用更能体现其优越性。

第三代程控交换机产生于 20 世纪 80 年代初，由于微电子与计算机技术的进步，大规模集成电路和微型计算机价格大幅度下降，使得在程控数字交换机中引入了分散控制方式。这种交换机的用户级和选组级都采用了数字交换网络和模块化结构，每个模块都设有独立的微机进行控制，甚至在用户电路板和中继电路板上也采用了称为板上控制器的单片微机。由于采用模块化结构和分散控制，使得交换机便于安装、便于更改性能或增加新业务，出现故障时影响面小。第三代程控交换机可进行话音和数据的电路交换，且可直接与PCM 传输设备配合组建数字通信网。

第四代程控交换机产生于 20 世纪 80 年代末，在一部程控数字交换机上既可进行电路交换，又可实现分组数据交换，能为用户提供 2B＋D 的基本数字接口，实现在一对用户线上同时进行话音和数据的传输；可组成宽带综合业务数字网，开放宽带非话业务，如传输活动图像和可视电话等；具有 ITU－T 建议的 X.25 分组交换接口，可与公用数据网相连。第四代程控交换机仍处在不断完善阶段。

2.1.2　电话交换网的组成

随着社会经济的发展，人们不仅需要进行本地电话交换，而且需要与世界各地进行通话联系，这样，就要考虑如何把各地的电话连接起来，也就是如何组建电话网。

如果现在想打一个国际长途电话，那么只要按照被叫号码拨够足够的位数，就能与国外的某个用户通话。这样的通话由于距离很远，只经过一个交换机是不可能接通的，一定要经过多个交换机才能完成。图2-3是一次国际通话的连接示意图，用户连接在本地的某一台交换机上，这个交换机叫作"端局"。端局将用户的国际呼叫连接到"汇接局"，汇接局的作用是将不同端局来的呼叫集中后送到"长途局"。长途局与长途线路相连，它的任务是将呼叫送到长途线上。经过几个长途局中转后，这个呼叫就被送到"国际局"，国际局是对外的出入口，国际局通过国际电路与对方国家的国际局连通，呼叫被接到对方的国际局以后，再经过对方国家的长途局、汇接局、端局到达被叫用户。

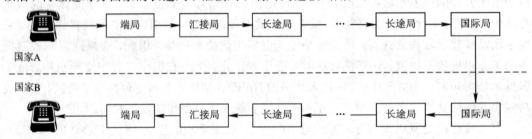

图2-3　国际通话举例

交换局和交换局之间的连接电路称为"中继线"。由各类交换局和中继线构成电话交换网。最大的交换网是公用电话交换网，它是由电信部门经营，向全社会开放的通信网。此外，还有一些专用电话交换网，这些电话网是由一些特殊部门管理的（如公安、铁路、电力等部门），只为本部门服务，不对外经营。由于公用电话网很大，网络组成比较复杂，因此人们又把公用电话网划分为三个部分：

(1) 本地电话网（也称市话网）；

(2) 国内长途电话网；

(3) 国际长途电话网。

下面，我们来看一看本地电话网的组成，图2-4是本地电话网组成的一个例子。为方便说明，接下来所说的"网"是指覆盖一个城市或一个地区的电话网，网内各用户之间的通话不必经过长途局。本地网内仅有端局和汇接局，端局是直接连接用户的交换局，汇接局不直接连接用户，它只连接交换局（如端局、长途局）。在本地网中，由于端局数量比较多，如果在每个端局与其他端局之间都建立直达中继线，也叫"直达路由"，那么中继线的数量就会很多，敷设中继线的投资就会很大。如果某两个端局之间用户通话的次数不多，这两个端局间中继线的利用率就不会高。因此，在本地网中各端局之间不一定都有直达中继线，仅在两个端局之间的通话量比较大或两个端局之间的距离比较短时可能会有。当端局之间没有直达中继线时，端局和端局之间的连接是靠汇接局来建立的，这叫"迂回路由"。如图2-4所示，两个端局之间可能直接连接，也可能通过一个汇接局或多个汇接局建立连接；每个汇接局之间都有直达中继线。

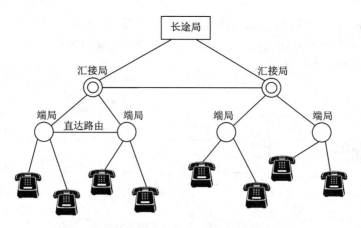

图 2-4　本地电话网组成示意图

2.1.3　用户交换机与公用电话网的连接

　　交换机按用途可分为局用交换机和用户交换机两类。局用交换机用于电话局所辖区域内用户电话的交换与局间电话的交换，一般端局和汇接局内采用的都是局用交换机。它有两种接口：一种是用户接口，通过用户线直接与用户电话机连接，所传送的信号一般是基带信号；另一种是中继接口，通过局间的中继线路与其他交换机相连接，所传送的信号一般是多路复用信号，属于频带信号。用户交换机也称为小交换机（PBX，Private Branch eXchange），用于单位内部电话交换以及内部电话与公共电话网的连接，它实际上是公共电话网的一种终端，可用用户线与局用交换机连接，也可以用中继线与局用交换机连接。小交换机与局用交换机之间的连接方式有多种，最常见的是半自动中继方式和全自动中继方式。

1. 半自动中继方式

　　在半自动中继方式下，小交换机的用户呼出时，信号不经过话务台，而是直接通过用户线传到市话端局。用户听到两次拨号音，第一次是用户交换机送出的拨号音，第二次是市话端局送出的拨号音，听到第二次拨号音后即可开始拨号。公用网用户呼入时，信号从市话端局经过用户线传到小交换机的话务台，话务员接听后再转接到分机用户。图 2-5 是半自动中继方式连接的示意图，这种中继方式，适合容量较小的小交换机的入网。

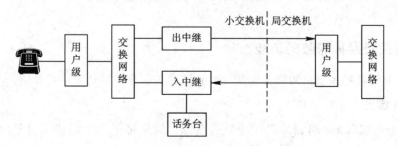

图 2-5　半自动中继方式

2. 全自动中继方式

　　在全自动中继方式下，小交换机不设话务台。公用网用户呼入时，通过两局之间的中继线直接与分机用户接通；呼出时，分机用户可直接拨号，只听一次拨号音。中继方式如图 2-6 所示，中继电路从小交换机的中继接口连到市话端局的中继接口。这种入网方式适用于较大容量的小交换机。

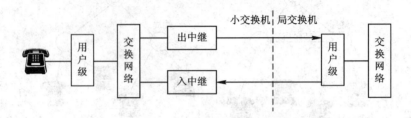

图 2-6 全自动中继方式

3. 出中继与入中继

在如图 2-5 和图 2-6 所示的中继方式连接图中，可以看到小交换机与市话端局的中继电路分为入中继和出中继两种，实际上是规定了中继电路的呼叫方向；具体地说就是：入中继电路上的通话都是由公用网用户向小交换机的分机用户发起呼叫的通话。换句话说，也就是此时公用网用户为通话的主叫方；出中继电路上的通话是小交换机的分机用户向公用网用户发起呼叫的通话，小交换机的分机用户为主叫方；还有双向中继电路，其通话的呼叫方向是双向的。规定中继电路的呼叫方向，是为了简化设备对中继电路的管理。

4. 中继电路的数量

小交换机和公用网之间的话路数就是中继电路的数量。一个小交换机根据其分机用户的数量能够确定中继电路的数量。如何确定这个数量呢？首先要承认这样一个事实，就是所有分机用户不可能在同一个时间内都与公用网上的用户通话，同一时间内只能保证部分分机用户与公用网用户通话。基于这个事实，两局之间的话路数量必然小于分机用户的数量。在这个前提下，话路数量配置太多，将会造成不必要的浪费；话路数量太少，有可能造成分机用户经常打不出去或外部用户打不进来。出现打不出去或打不进来的情况，称作"呼损"，也就是呼叫失败。工程设计中常用"呼损率"来衡量呼损情况，它是一个百分比，是呼叫失败次数与总呼叫次数之比。在确定两局之间的话路数量时，既要考虑减少呼损率，又要考虑提高电路利用率。一般分机用户呼出的呼损率不应大于 1%，公用网呼入的呼损率不应大于 0.5%。

2.1.4 程控交换机的服务功能

程控交换机具有多项新的服务功能，本节仅对其部分主要功能进行介绍。

1. 系统功能

(1) 服务等级限制。可设立若干个服务等级，规定每个等级的使用权限（呼叫范围）。其重要程度或申请状况纳入相应的等级。

(2) 灵活编号。程控交换机的编号方案非常灵活，可采用等位或不等位编号，改变号码非常方便。

(3) 截接服务。如果交换系统在接线过程中遇到空号、久叫不应或系统阻塞等原因而不能接通被叫时，则由交换系统截住这些呼叫，并以适当方式向主叫用户指示未能接通被叫用户的原因，以避免无意义的重复呼叫，提高接通率。

（4）自动路由选择。如果交换系统到目的地的路由有多条的话，可自动选择最佳路由，选择原则是先选直达路由，再选迂回路由。

（5）话务量自动控制。可根据局内呼叫、出局呼叫、入局呼叫的次数及话务量施行控制。当话务量过高时，可自动限制一部分服务等级较低的用户的呼叫。

（6）自动故障处理。可自动检测硬件和软件故障，进行故障的定位与诊断，隔离故障设备，进行主备用设备的切换和部分软件故障的恢复处理。

2. 用户功能

除了自动电话呼叫（地区、长途）功能之外，程控数字交换机还提供大量新的用户服务功能。

（1）寻线组。事先将某些用户编成一组，并规定好寻线的方式和次序。此后，当组内一个用户忙或缺席时，若有电话呼叫此用户，则系统会将呼叫自动转移到组内的另一用户。

寻线组有线性（固定）寻线和循环（轮流）寻线两种方式。线性寻线组每次都是从规定的第一个号码开始寻线，循环寻线组每次寻线的第一个号码按一定顺序轮换。

寻线组方式也称号码连选。

（2）呼叫代答。把某些用户（如一个办公室或一个部门的用户）编成一个代接组，给定一个代码，则该组内任一分机响铃时，组内其他用户可按此代码代接电话，从而实现呼叫代答功能。

（3）接入到录音通知。当用户需要经常查询某种信息时，可采用录音通知予以答复。例如报时、天气预报、交换局改号、拨入空号等经常采用录音通知形式。

（4）缩位拨号。电话号码有时位数较多，特别是当拨叫长途电话时，号码位数有时长达十多位，既费时，又容易出错。利用缩位拨号性能，主叫用户在呼叫经常联系的用户时，可以使用1～2位缩位代码代替原来的多位电话号码进行拨叫，交换机收到缩位代码后，根据缩位号码对照表把缩位代码译成完整的被叫用户号码，并完成接续。缩位拨号在地区、长途电话呼叫中均可使用。

缩位拨号的使用有两种情况，一是由个人设定，即用户对个人使用频繁的电话号码，可自行设定代码，由系统确认即可使用；二是由系统设定，在交换机系统中对一些使用频繁的电话号码，可由系统存储及指定缩位代码，形成一个共同的快速呼叫号码表，为整个系统的所有分机公用，以提高系统内部的呼叫速度。

（5）热线服务。热线服务也叫免拨号接通，用户摘机后无需拨号即可接通预先指定的被叫用户（热线目标）。热线可分为两种，一种是立即热线，另一种是延时热线。立即热线是主叫用户摘机后立即接通预先指定的被叫，但该用户不能呼叫热线目标之外的其他用户，一般多用于企事业单位的生产调度或报警。延时热线是当主叫用户摘机后在规定时间内（几秒）不拨号，即可接通预先指定的被叫，只要用户在指定时间内拨出第一位号码，然后再续拨其余号码，仍可呼叫其他用户。

（6）叫醒服务。叫醒服务又称闹钟服务。这项服务是在指定的时间由交换系统向用户振铃，以提醒用户按时办理事先计划好的工作，不致因睡眠或其他事而耽误重要的工作。用户需要叫醒服务时，要先向交换系统进行登记，预定响铃时间，预定时间一到，交换系统向用户振铃，用户摘机应答后，此次服务自动取消；若用户在规定时间内不摘机，则停止振铃，经过一段时间后，再次振铃，这时不管用户应答与否，此次服务在规定时间内也自动取消。在预定的响铃时间之前，用户可以取消或改变叫醒时间。如果在指定的叫醒时间，用户正在打电话，则这次叫醒服务也会自动取消。

(7) 呼叫转移。呼叫转移可分为：

① 跟随转移。当用户有事外出，为了避免耽误接听电话，可以事先向交换机登记临时去处的电话号码，当有人打来电话时，交换机自动把呼叫转接到临时去处的电话机上，这一性能给用户作为被叫提供了很大方便。

② 遇忙转移。当被叫用户忙时，交换机可自动改呼另一个或多个事先指定的电话中的一个，对主叫来讲，相当于具有分机连选功能。

③ 无应答转移。当经过一段时间响铃之后，若被叫无人应答，则交换机将来电自动转到下一个指定分机，或多个指定分机中的一个。这也相当于主叫具有分机连选功能。

第②、③项大大方便了主叫用户，提高了系统的接通率，这对于以呼叫某一单位联系工作为目的，而非呼叫具体人的情况十分方便。

(8) 呼叫等待。当用户 A 和用户 B 正在通话时，若又有用户 C 呼叫 A，则 A 可听到呼叫等待音，C 可以听到回铃音，此时用户 A 可有三种选择：① 结束原通话，接收新呼叫；② 保留原通话，接收新呼叫；③ 拒绝新呼叫。用户通过拍叉簧或按特殊键即可完成上述各种选择。

(9) 自动回叫。自动回叫是当主叫用户呼叫被叫用户而未能实现通话目的后的一项补救措施，它免除了主叫用户再次重复拨号的麻烦。自动回叫分两种：

① 遇忙回叫。遇忙回叫是当主叫用户呼叫被叫用户遇忙时，则主叫用户可拍叉簧，按下自动回叫特殊号码，然后挂机等待回叫。被叫进行了一次通话并挂机后，交换系统自动向主叫用户振铃，主叫摘机后，被叫方铃响，被叫摘机即可实现双方通话。

② 无应答回叫。在一次呼叫过程中被叫长时间响铃而无人应答时，若主叫使用了自动回叫功能，即可挂机等待回叫，当被叫返回原处，且进行了一次通话并挂机之后，交换系统向主叫振铃，主叫摘机后，交换机自动呼出被叫，即可实现通话目的。

(10) 免打扰。如果用户由于会议、学习或休息等某种原因而不希望有来话呼叫干扰时可使用免打扰功能。

用户可由拨打特殊代码的方式向交换机登记免打扰功能，此后用户不会受铃声干扰。如有电话呼入，可由交换机提供录音留言或由话务员代答。

具有免打扰功能的分机，仍可随时向外呼叫，且可随时取消免打扰服务而转入正常状态，以便能直接受理来话。

(11) 交替通话。两个用户在通话时，如其中一方需要向第三方询问或商讨某些问题时，可拍叉簧并拨出第三方用户进行商谈，而原来的通话方听音乐保留，与第三方商谈完毕后，通过拍叉簧仍可回到原来的通话中。通过拍叉簧可多次实现通话对象的转换，交替通话也称轮询或电话咨询。

(12) 插入。服务等级高的用户可强行插入两个服务等级较低的用户的通话，插入时三方均可听到通知音。

(13) 会议电话。当需要三方以上的人商讨问题或参加会议时可采用会议电话功能来实现。会议电话按照接入方式可分为两种：

① 主动式。参加会议的各方在预定的时间同时拨某一指定号码，由交换机自动汇接加入会议。

② 渐进式。由主持会议的一方将其他与会者逐一拨号叫出，或由话务员代为组织汇接加入会议。一部交换机可同时召开会议的组数和每组可同时参加会议的分机数量随交换机而不同。

（14）缺席用户服务。根据用户要求，若用户不在时有电话呼入，则由交换机的自动录音设备或话务员代为记录，以获得必要的留言，用户事后可向交换机或话务员查询。

（15）电话跟踪。用户可向话局申请电话跟踪功能。电话跟踪功能可分为追查恶意呼叫和自动跟踪两种。当申请了追查恶意呼叫功能的被叫用户遇到恶意电话捣乱时，可拨预定的特殊代码，则此次通话的主、被叫号码及通话时间在话局的维护管理终端及相关设备上显示并记录下来。自动跟踪功能是指被叫用户不必拨特殊代码，而每次呼叫该用户的主叫号码及时间等信息均在话局有关设备上自动记录下来，以便于检查。火警和公安报警电话通常就采用自动跟踪功能。

（16）话音邮政。话音邮政是一种新型的话音通信服务业务，它是在系统中设置一个大容量的数字化话音存储器，就像邮局处理信件那样，可对主叫用户的话音信息进行存储、编辑、转发与存档，完成话音信号的非实时性传递。

话音邮政功能是给每个有权用户分配一个小的"信箱"，每个信箱都有其专用的号码。由于受存储器容量的限制，每个信箱规定了一定的时间（即存储容量），采用记新抹旧的方式。话音邮政功能是在呼叫遇到被叫忙或久叫不应时使用，此时可由交换系统对主叫用户进行语音辅导，以指导主叫用户正确使用话音邮政功能，并将主叫用户的话音信息存储到被叫用户的"信箱"，被叫用户可随时拨特定密码开启自己的"信箱"。话音邮政功能与一般录音电话等留言系统的功能相比，具有保密性强等优点。

2.1.5 程控数字交换机的优越性

程控数字交换机的优越性可从四个方面来进行说明。

1. 服务方面的优越性

（1）接续速度快。程控数字交换机的交换网络由大规模集成电路组成，可以与控制设备很好地配合，故接续速度快，这一优点在长途呼叫时非常重要，可以大大节省用户拨号后的等待时间。

（2）接通率高。程控数字交换机的交换网络可以做成无阻塞或阻塞率极小的交换网络，具有容量大、链路多、组群方式灵活等特点，可以适应话务的较大波动，因而呼叫接通率高。

（3）通话质量高。数字交换和数字传输的结合，免除了交换与传输设备之间的信号交换，有助于降低串、杂音，减少失真等，提高了通话质量。

（4）易于加密。程控数字交换机交换的是二进制的数字信号，而数字信号易于加密，因而程控交换机便于提供保密措施，这一点在军事、机要通信中尤为重要。

（5）业务范围宽。程控数字交换机除可提供话音业务外，还可提供数据、传真等非话音业务。

（6）提供多种新的用户服务功能。由于采用了存储程序控制，程控数字交换机可提供缩位拨号、热线、自动叫醒等多种新的用户服务功能，这些功能已经在上节给予了介绍。

2. 维护管理方面的优越性

（1）智能化控制。程控数字交换机的维护管理系统的智能化程度很高，能够对交换设备的运行状态进行监测、记录、统计，并能对故障进行分析、诊断、告警以及进行设备的切换或自动恢复。当话务出现波动时，能够自动进行话务控制和路由调整，以充分发挥交换设备的作用，提高服务水平与设备使用效率。

（2）便于集中维护管理。由于程控数字交换机采用了大规模集成电路，具有很高的可靠性，故维护工作量很小。在安装程控数字交换机较多的地区或干线上可设立维护管理中心来集中监测各交换机运行状况，处理故障，进行网络调整和话务管理等工作，这样做可节省人力，减少维护人员。

（3）便于统计和记录业务数据。程控数字交换机能够很方便地对话务量进行统计和记录，对设备运行中的各种故障能够自动进行记录，可根据需要输出话务量与故障统计结果。

（4）便于处理日常业务。对电话的拆、装、移等日常业务，以及增改服务功能和更改用户等级、号码、类别等工作，只需更改软件中的有关数据即可，故非常方便。另外，程控数字交换机具有多种计费功能可供选择。

3. 网络组织方面的优越性

（1）适配能力强。程控数字交换机一般有多种接口形式，既可与数字交换机相接，又可与模拟交换机相接，能和各种制式的交换机配合，故适配能力很强。

（2）宜于采用公共信道信号。公共信道信号方式对于增加信号种类，提高信号处理速度，开放新的业务及提高网络可靠性和加强网络管理有着明显的优点。故在组建通信网时，公共信道信号是优先考虑选用的信号方式。程控数字交换机由于具有高速工作的处理机，因此最宜于采用公共信道信号方式。

（3）便于组建综合业务数字网。数字交换和数字传输的紧密结合，组成了综合数字网。随着数字网的不断扩大，网络智能化程度的提高，以及各种新业务的广泛应用，为综合数字网过渡到综合业务数字网提供了便利。

4. 安装建设方面的优越性

（1）容量范围宽。程控数字交换机由于采用模块化结构，因此具有易于扩充的特点。一般程控交换机容量范围很宽，可在数百线至数万线或数十万线范围内供选择。

（2）体积小、重量轻。程控数字交换机因采用了大规模集成电路而体积很小、重量轻，大大节省了机房占用面积，降低了机房对基建的要求。

（3）组建方便。由于采用了模块化结构，因此程控数字交换机安装极为方便，通常设备在出厂前进行过预装配和运行测试，故在现场的安装非常简便。

程控数字交换机与模拟交换机相比，其不足之处是与相邻的数字交换机必须保持严格的同步，信号的实际占用带宽要比模拟信号带宽高很多倍。

2.2 数字交换网络

对于模拟信号来说,话音电路的交换就是物理电路之间的交换,也就是说在交换网络的入端和出端两条电路之间建立一个实际的连接即可。在程控交换机中,为便于传输与处理,常将多条话路信号复用在一起(一般是在一条传输线上复用30条话路),然后再送入交换网络。对于采用时分复用的数字信号来说,话音电路之间的交换就不那么简单了,因为在一条物理电路上顺序地传送着多路话音信号,每路信号都要占用一个时隙。要想对每路信号进行交换,就不能简单地将实际电路交叉连接起来,而是要对每一时隙进行交换。所以说,在数字交换网络中对话音电路的交换实际上是对时隙的交换。

2.2.1 时隙交换的基本概念

从话音模拟信号转换成数字信号的过程中可知,为确保接收端能将离散的数字信号还原成连续的模拟信号,取样频率需采用 8000 Hz,即每隔 125 μs 取样一次,因此,就 PCM 的时分通信而言,是把 125 μs 时间分成许多小段落,每一路占一段时间,这时间称为"时隙"。显然,路数越多,每路的时隙越小。通常安排有 24 路、32 路等,我国采用 CCITT (International Telegraph and Telephone Consultative Committee,国际电报电话咨询委员会)建议的 PCM30/32 制式为标准化的时分制多路传输系统的一次群。

所谓"时隙交换"是指在交换网络的一侧,某条电路上的某个时隙内的 8 bit 信号,通过交换网络的交换,转移到交换网络的另一侧的某条电路上的某个时隙的位置。这种交换动作在每一帧都重复进行,从而实现话音电路的交换。图 2-7 是一个时隙交换的例子,该例是对三条 PCM 电路进行时隙交换的交换网络。通过这个交换网络,PCM3 的 TS5→PCM1 的 TS19。由于通话是双向进行的,因此同时应有 PCM1 的 TS19→PCM3 的 TS5。

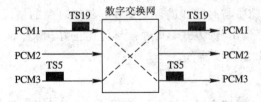

图 2-7 时隙交换示意图

时隙交换的过程可以分成两步。第一步是在一条电路的任意两个时隙之间进行的交换,如图 2-8 所示。图中的例子是将 TS3 与 TS5 交换,这种时隙交换是在同一条电路内完成的,不存在电路与电路之间的交换,故称为"时分交换"。第二步是在两条电路上的相同时隙之间进行的交换,如图 2-9 所示。图中的例子是两条电路上的 TS2 时隙之间的交换,这种交换的特点是只完成两电路对应时隙之间的交换,故称为"空分交换"。时分交换和空分交换的组合就能完成任意两个电路上的任意两个时隙之间的交换。

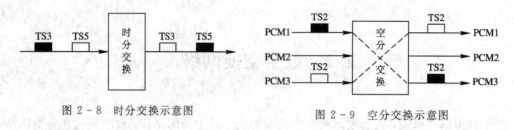

图 2-8　时分交换示意图

图 2-9　空分交换示意图

1. 时分交换

32 路 PCM 系统中的各路信号都是按照各个时隙的位置，在系统中顺序传送的。TS0 后面传送的是 TS1，TS1 后面传送的是 TS2，…，TS31 后面的传送又是 TS0 等等，如此反复，连续传送。时隙内容的交换实际上是对某一时隙信号的延时传送，用图 2-10 来解释。

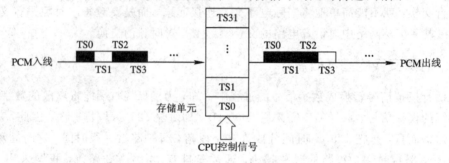

图 2-10　时分交换原理图

图 2-10 中方框是一个能够完成时分交换的原理示意图，实际上就是一个存储器。PCM 信号从左侧进入，经过时分交换后从右侧出来，出来后仍为 PCM 信号，只是时隙的内容有所变化。时分交换的原理可以简单概括为"顺序存入，控制读出"。具体来说，就是将输入的 PCM 信号各个时隙内的数码按顺序存入各个存储单元，如 TS0 的 8 个数码存入单元 0，TS1 的 8 个数码存入单元 1，以此类推，最后将 32 个时隙的内容分别存入 32 个存储单元中。然后，由 CPU 控制，按特定顺序（由呼叫的去向来定）读出各个单元内容，如首先读单元 2，然后读单元 3，…如此下去，这样便完成了时分交换过程。本例中，时隙 0 与时隙 2 进行了交换，时隙 1 与时隙 3 进行了交换，其他时隙的情况不再详述。时分交换也可采用"控制存入，顺序读出"的方式，其过程与前述正好相反。能完成时分交换的电路称为"时分接线器"或称"T 型接线器"。

2. 空分交换

时分接线器很灵活，能够完成系统内任意时隙内容的交换，但是它不能实现多条 PCM 电路之间的交换，因此交换容量受到限制。在交换容量要求比较大的情况下，单独使用时分接线器就不行了，而空分交换则解决了这一问题。空分交换的作用是将一条电路上的某一时隙的内容搬移到另一条电路的对应时隙上去。

图 2-11 是空分交换的示意图。图中画出了两条 PCM 电路，图的左侧是输入电路，称作入线；图的右侧是输出电路，称作出线。PCM 信号从入线进来后，可以有选择地输出到任意一条出线上去。图中画出的交叉连接点是空分交换电路的示意，实际是由数字集成电路实现的，交叉点的闭合或断开是由 CPU 控制信号决定的。由于电路上传送的信号是时分复用信号，因此交叉点闭合或断开的时间必须与所传送信号的时隙相同步。也就是说当

一个时隙到来时，根据接续要求，某些交叉点应该闭合；当下一个时隙到来时，根据接续要求，另一些交叉点应该闭合。可以想像，交叉点的开关速度应是非常快的，只有用数字集成电路才能完成。图 2-11 所示的例子是 TS10 这个时刻交叉点的状态，接续的结果是入线 1 的 TS10→出线 2 的 TS10 的时隙中传送；入线 2 的 TS10→出线 1 的 TS10 中传送。完成空分交换的电路，称为"空分接线器"或"S 型接线器"。图 2-11 是一个 2×2 的 S 型接线器，即 2 条入线和 2 条出线进行交换。

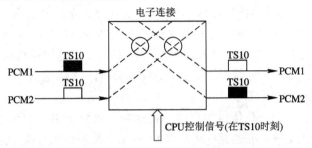

图 2-11　空分交换原理

2.2.2　多级组合交换网络

对于小型交换机来说，交换网络往往由一级 T 型接线器组成就可以了，对于大型交换机则肯定是不够的。这时可以采用多级组合方案，其中 T-S-T 组合是最常用的。

图 2-12 是一个 T-S-T 交换网络的结构图。图中有三条输入 PCM 线和三条输出 PCM 线，HW1～HW6 为内部 PCM 线，每条 PCM 线有 32 个时隙。该交换网络分为三级，第一和第三级是时分交换，第二级是空分交换，因此简称为 T-S-T 交换网络。

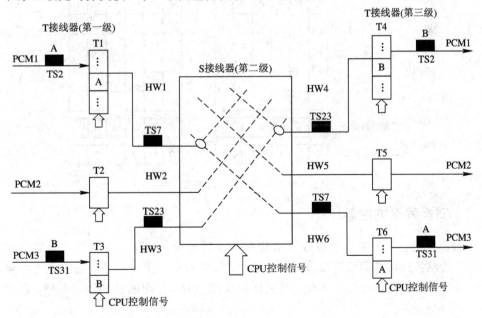

图 2-12　T-S-T 交换网络

各级交换的作用是这样的：第一级负责输入 PCM 线的时隙交换；第二级负责 PCM 线之间的空间交换；第三级负责输出 PCM 线的时隙交换。因为有三条输入 PCM 线和三条输出 PCM 线，所以第一级和第三级应各有三个 T 型接线器，而负责 PCM 线交换的第二级应为 3×3 的 S 型接线器。T 型接线器中的话音存储器有 32 个单元。

为便于控制，这里的两级 T 型接线器的工作方式不同，第一级中的 T 型接线器采用"顺序存入，控制读出"方式；而第三级中的 T 型接线器则采用"控制存入，顺序读出"方式。

下面讨论图 2-12 中的工作过程。设话音信号 A 占用 PCM1 线的时隙 TS2，话音信号 B 占用 PCM3 线的时隙 TS31。则 A→B 方向的接续过程如下：首先，CPU 在 T1 接线器中找到一条空闲路由，即交换网络中的一个空闲内部时隙，现假设选到 TS7，这时，CPU 向 T1 发出控制信号，使其将 PCM1 线上的 TS2 内容交换到 HW1 线的 TS7 中。然后，CPU 控制 S 接线器，使其在 TS7 时将 HW1 线和 HW6 线接通。这样就把话音信号 A 送到第三级的 T6 接线器。在 CPU 的控制下，T6 接线器将 HW6 线的 TS7 交换到 PCM3 线的 TS31，从而完成整个交换过程。

以上讨论的仅仅是 A→B 传送信息的单向通路，而两个用户通话必须建立双向通路，因此还必须建立一条 B→A 的通路。从原则上讲，B→A 通路仍可按上述过程建立，另选一条空闲路由即可。但是这要求 CPU 选两次、控制两次，能否选一次就解决问题呢？我们发现，每次通话总是要选两条单向通路，不可能只选一条。因此，若是将这两条通路确定一个有机的联系，使 CPU 选一次是有可能的。如在图 2-13 中，两个方向所选的通路号相差半帧，也就是 16 个时隙。具体说就是 A→B 方向选中 TS7 时，则 B→A 方向相应就选 TS23。当然也可以采用其他联系方式。B→A 方向的接续过程和 A→B 方向一样，区别只是具体时隙号、单元号不同而已。

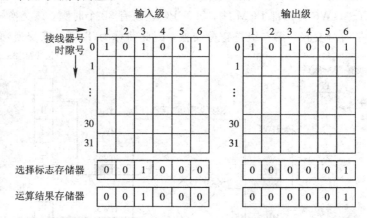

图 2-13　忙闲状态表

2.2.3　交换网络的控制

交换网络的控制一般包括接收要求建立接续的地址，寻找通过单级或多级网络的通路，建立通路接续以及最后释放该通路。这里，接收地址、建立和释放通路主要由硬件实现，而寻找通路则主要由软件实现。有关硬件实现部分，在前面已经做了介绍，现在介绍通路选择的方法。

通路选择，就是根据在交换网络输入端和输出端确定的位置，即根据需要建立接续的双方地址，在交换网络中选择一条空闲的通路，使指定位置的输入端和输出端连接起来。显然，对于单级交换网络，通路选择是一件很简单的事情，只要选到一个空闲的出端，通路也就确定了。因为，在单级交换网络中，每个输入端和每个输出端与每个用户（包括中继线和信号终端）之间都存在着一种固定对应的关系。但是，对于多级交换网络，通路选择将成为一件比较复杂的工作。

对于多级网络，通路选择经常采用"端到端条件选择法"。它是在指定的输入端和指定的输出端之间对各级交换网络所有的通路进行全面的考虑，即不但要考虑在某级是否有通路，而且还要考虑该级的这条通路能否和后面几级网络的通路连接在一起，构成一条从指定输入端到指定输出端的完整通路。只有满足这两个条件的所有通路才符合要求，其后，可从中选择一条使用。这种方法在当前的程控交换机已广泛使用。

为进行通路选择，必须知道各级交换网络中各条通路的忙闲状态，为此，可采用存储器映射技术，将每条通路的忙闲状态存储在网络状态存储器中，以组成一个交换网络的忙闲状态表。忙闲状态表可有不同的结构及不同的查寻方法。下面，以 TST 网络为例，具体说明忙闲状态表的构成及如何利用忙闲状态表选择一条通路。

对 TST 网络而言，通路的选择过程就是在 S 级寻找一个空闲的内部时隙，这意味着，内部时隙必须在第一级 T 接线器的输出端和第三级 T 接线器的输入端都是空的，而这两级 T 接线器每一个时隙的忙闲状态都存储在各自相应的忙闲状态表之中。因此，通路选择就是检查相应的忙闲状态表，并寻找符合条件的内部时隙这样一个简单过程。

图 2-13 是按级构成的忙闲状态表，其行号表示时隙序号，列号表示 T 接线器的序号。如果有 6 个接线器，每个接线器有 32 个时隙，则网络状态存储器应有 32 个存储单元，每个单元有 6 位。由表可见，在每个时隙，每个接线器的忙闲状态都可映射到该表之中，其中，0 表示忙，1 表示空闲。例如，表中第一行表示 1、3、6 这几个接线器在 TS0 时隙空闲。

通过忙闲状态表可以了解每个 T 接线器在各个时隙期间的忙闲状态，然而选择一条通路仅仅只需涉及一个输入侧 T 接线器和一个输出侧 T 接线器。为从多个 T 接线器中选择一个，可分别设置输入侧和输出侧选择标志，以确定所需要的 T 接线器。该选择标志的字长和忙闲状态表的字长相同，也是 6 位，每位表示一个对应的 T 接线器。在这个选择标志字中，除了需要连接的 T 接线器所对应的位置 1 外，其他所有的位置为 0。

有了忙闲状态表和选择标志字，就可进行通路选择操作，这只需将忙闲状态表的每个单元和选择标志字进行"与"运算。如果两侧 T 接线器相应时隙均空闲，则运算结果为 1，运算结果可存于结果字中。这样通过结果字就可选择 S 级的通路，亦即选择了整个 TST 网络的通路。例如，图 2-13 表示 S 级的 3 号输入 T 接线器和 6 号输出 T 接线器在 0 号时隙进行接续，这种方法称为标志法。

2.3 程控交换机硬件组成

2.3.1 程控交换机的硬件基本结构

程控交换机是指用计算机来控制的交换系统，它由硬件和软件两大部分组成。这里所说的基本组成只是它的硬件结构。图 2-14 是程控交换系统的基本组成框图，它的硬件部分可以分为话路系统和控制系统两个子系统。整个系统的控制软件都存放在控制系统的存储器中。

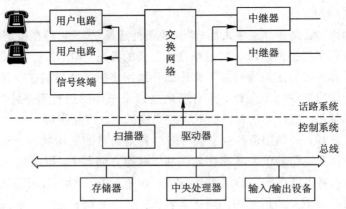

图 2 - 14　程控交换机的基本组成

1. 话路系统

　　它由交换网络、用户电路、中继器和信号终端等几部分组成。交换网络的作用是为话音信号提供接续通路并完成交换过程。用户电路是交换机与用户线之间的接口电路，它的作用有两个：一是把模拟话音信号转变为数字信号并传送给交换网络；二是把用户线上的其他大电流或高电压信号(如铃流等)和交换网络隔离开来，以免损坏交换网络。中继器是交换网络和中继线之间的接口，中继器除具有与用户电路类似的功能外，还具有码型变换、时钟提取、同步设置等功能。信号终端负责发送和接收各种信号，如向用户发送拨号音、接收被叫号码等。

2. 控制系统

　　控制系统的功能包括两个方面：一方面是对呼叫进行处理；另一方面是对整个交换机的运行进行管理、监测和维护。控制系统的硬件由扫描器、驱动器、中央处理器、存储器、输入/输出系统等几部分构成。扫描器是用来收集用户线和中继线信息的(如忙闲状态)，用户电路与中继器状态的变化通过扫描器送到中央处理器中。驱动器是在中央处理器的控制下，使交换网络中的通路建立或释放。中央处理器也叫 CPU，它可以是普通计算机中使用的 CPU 芯片，也可以是交换机专用的 CPU 芯片。存储器负责存储交换机的工作程序和实时数据。输入/输出设备包括键盘、打印机、显示器等；从键盘可以输入各种指令，进行运行维护和管理等；打印机可以根据指令或定时打印系统数据。

　　控制系统是整个交换机的核心，负责存储各种控制程序，发布各种控制命令，指挥呼叫处理的全部过程，同时完成各种管理功能。由于控制系统担负如此重要的任务，为保证其完全可靠地工作，提出了集中控制和分散控制两种工作方式。

　　所谓集中控制是指整个交换机的所有控制功能，包括呼叫处理、障碍处理、自动诊断和维护管理等各种功能，都集中由一部处理器来完成，这样的处理器称为中央处理器，即 CPU。基于安全可靠的考虑，一般需要两片以上 CPU 共同工作，采取主备用方式。

　　分散控制是指多台处理器按照一定的分工，相互协同工作，完成全部交换的控制功能，如有的处理器负责扫描，有的负责话路接续。多台处理器之间的分工方式有功能分担方式、负荷分担方式和容量分担方式三种。

2.3.2 用户电路

一般用户的电话机所产生的话音信号都是模拟信号，而程控交换机所进行的时隙交换必须是数字信号，因此，程控交换机必须将用户电话机发出的模拟话音信号转换成数字信号，还要对用户电话机进行馈电、振铃和调试等。这些必不可少的功能均需在进入数字交换网络以前得到解决。因此，程控交换机必须为每个用户提供一个专用的接口电路——用户电路，用它来解决这些问题。

1. 用户电路的功能

用户电路的功能可以简称为 BORSCHT 功能，这是一个缩写，每个字母代表的具体内容是：B(Battery feed)表示向用户馈送电源；O(Over voltage protection)表示过压保护；R(Ringing)表示振铃；S(Supervision)表示监视；C(Code&filter)表示编译码及滤波；H(Hybrid)表示二/四线转换；T(Test)表示测试。

(1) 馈电功能。馈电是采用集中供电方式的交换机必须具备的一项功能，它为每一个用户提供通话所需的电源。现在装配使用的程控交换机的系统工作电压多为 48 V，给用户线馈电的电压也为 48 V。为了防止用户间经电源而发生串话，馈电电路对话音信号应呈现高阻抗，对直流应呈现低阻抗。因为馈电电流影响送话器工作特性，所以为了使电话机送话特性达到最佳，馈电电路应能把馈电电流限制在一定范围内，既保证用户通话质量，又能降低线路上的损耗。一般公用交换机要求包括话机电阻在内的环路电阻小于 2000 Ω，对少数远距离用户的馈电也可采取提高馈电电压的做法。

(2) 过压保护功能。程控交换机采用了大量集成电路，它们的耐压一般都很低，当受到高电压冲击时，极易损坏，因此，除了进行必要的电压隔离(例如隔离供给用户的 48 V 直流电，不让其进入交换机内部)之外，更重要的是防止高压进入交换机内部，这些高压主要来自雷电袭击及电力设施的干扰，通常的做法是设立保护电路。

保护电路的第一级通常设在总配线架(MDF, Main Distributing Frame)上。总配线架主要有两项功能：一是实现内(交换机侧)、外(外线侧)线的交换，便于调配与测试；二是提供保护设备。总配线架上的保护设备也称保安器，它通常包括热线圈、放电管和熔丝。当回路电压达到或超过放电管的工作电压时，放电管即开始放电，以引导高压入地，对局内设备起到保护作用，一旦高压消失，放电管可恢复到正常的静止状态。热线圈是用户回路中长时间通过电流时受热而产生动作的保护设备，当其动作时，使电流泄入大地，并启动总配线架上的告警电路，通知维护人员进行处理。熔丝提供过电流时的保护，以将内外线隔断。

第二级保护电路通常设在用户电路中，它一般由压敏电阻或热敏电阻、稳压二极管或二极管桥等电子元件组成。图 2-15 是一个由四只二极管组成的桥型钳位保护电路，二极管 $V_{D1} \sim V_{D4}$ 平时都受到电源电压所加的反偏电压而处于截止状态。当外线侧电压的绝对值不大于 48 V 时，各二极管维持在截止状态。当外线电压绝对值大于 48 V 时，二极管导通，进入交换机侧的电压被钳位在 48 V 以内，因此起到了保护作用。若图中 R 采用热敏电阻，则当电流增大时电阻值也随之增大，会更好地起到降压保护作用。

(3) 振铃控制功能。由于铃流电压较高(我国规定振铃信号为 25～50 Hz，90±15 V 的交流电压），因此不允许进入交换网络，发送铃流的任务也由用户电路完成。

振铃控制电路的工作原理如图 2-16 所示。

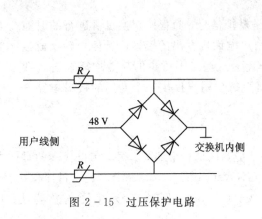

图 2-15 过压保护电路

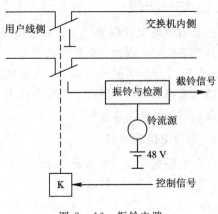

图 2-16 振铃电路

当需要对用户振铃时，由控制系统送出控制信号，启动该用户电路的振铃继电器 K 工作，继电器 K 吸动后将铃流经用户线送给用户，如果用户在送铃流时摘机应答，振铃电路内的检测电路会立即发现，随即送出截铃信号，通知控制系统，控制系统使振铃继电器 K 释放，停止振铃。

随着半导体集成电路的发展，一些厂家生产的程控交换机已经采用高压半导体开关电路来完成振铃控制功能，从而取消了振铃继电器。

（4）监视功能。程控交换机采用运算放大器监视 a、b 线状态的变化，如图 2-17 所示。当用户话机为挂机状态时，环路中没有直流电流，在检测电阻上的电压为 0，跨接的运算放大器输出为"1"信号，将该信号送往扫描电路或扫描存储器。一旦用户摘机则检测电阻上会产生电压，使运算放大器的输出为"0"信号，以表示用户摘机。

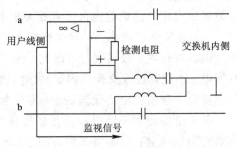

图 2-17 监视电路

用户若用脉冲话机，则其拨号所发的脉冲号码，也由用户直流环路的通断次数及通断间距比来表示。CPU 按一定规则检测直流环路的这种状态变化，就可判别用户拨号所发的脉冲号码数字。这种脉冲收号器主要由软件程序实现，故也称为软收号器。对于双音多频（DTMF，Dual Tone Multiple Frequency）话机，用户所拨号码不是由直流脉冲表示，而是由双音多频信号组成的。此时，收号器要使用专用集成电路组件，这种收号器也称为硬收号器。

（5）编译码功能。编译码与滤波电路是模拟用户接口电路的重要组成部分，它主要完成信号的数模转换及滤波任务。

把模拟信号转换为数字信号的过程称为编码，把数字信号转换为模拟信号的过程称为译码。编译码合称为 CODEC（Coder-DECoder）。

一般话音信号的主要频带为 300～3400 Hz，为了不对滤波器提出过高要求和留有余量，ITU-T 建议话音信号取样频率为 8 kHz，比奈奎斯特取样定理规定的最低要求高一些。为防止产生混叠失真和低频干扰，所以在进行编码之前，要对模拟话音信号进行限带处理，使其经过 300～3400 Hz 带通滤波器，滤除高、低频成分。对译码器输出的 PAM 阶梯信号需要经过低通滤波器滤波，以平滑信号的波形，使其恢复为原来的话音信号。

完成话音信号编译码的方法有两种：一种是群路编译码；另一种是单路编译码。

群路编译码的优点是电路总体积小，价格低；缺点是容易产生路间串话，故这种方式多在早期的程控交换机与 PCM 数字传输设备中使用。

单路编译码是在集成电路器件价格大幅度下降的情况下才被采用的，其优点是各路间不会产生相互干扰，近年来生产的程控交换机和 PCM 数字传输设备基本都采用单路编译码器。

(6) 二/四线转换功能。数字交换是四线单向交换，而用户线上的模拟话音信号是按二线双向传送。因此，要在用户电路中设置二/四线转换器，以便将二线双向传送变换为四线单向传送方式，其作用如图 2-18 所示。二/四线转换电路也称混合电路，实现这一功能可采用传统的混合线圈，也可采用集成电路。由以上介绍可知，二/四线转换器必须在编译码电路以前，也就是说，对话音信号先进行二/四线转换，再进行编译码，最后接入数字交换网络。

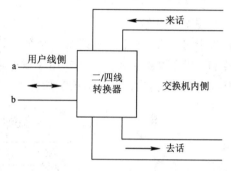

图 2-18 二/四线转换示意图

(7) 测试功能。交换机在运行过程中，可能会出现各种使用户不能完成正常通信的故障，这些故障可能是局内设备的故障，也可能是用户线或用户终端等局外设备的故障，为了判明故障位置以便及时修复，每个用户电路与用户线连接的接口处都设置一测试入口。测量时，由测量台控制，接通相应的测试继电器的接点或电子开关，可把用户内、外线分开，分别进行测试，测试结果可在操作台的屏幕上显示。除了可由维护人员人工控制进行测试外，程控交换机还可利用软件控制自动进行测试。

测试功能的工作原理如图 2-19 所示。

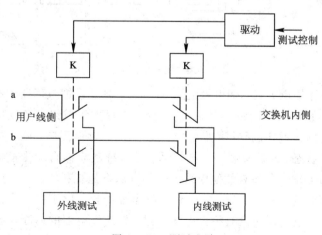

图 2-19 测试电路

在实际应用中，用户电路的各项功能基本上可用集成电路实现，目前比较常用的方法是，测试与振铃开关采用高压集成器件或微型继电器。过压保护电路采用集成或二极管桥型钳位电路，馈电、监视、混合功能用一个称为用户线接口电路（SLIC，Subscriber Line Interface Circuit）的集成电路片实现。编译码与滤波功能单独由一片称为 COFI 的集成电路片完成。在用户电路的集成化程度和控制方面，各种程控交换机也不尽相同。如有些程控交换机一块用户电路板上有 8 个用户电路，目前多数交换机一块用户电路板上有 16 个用户电路。有些交换机每块用户电路板上均设有称为板上控制器的微处理机，有些则为若干块用户电路板共设一个微处理机。

2. 用户电路的整体结构

图 2-20 给出的是 SOPHO iS3000 系列程控交换机的用户电路方框图。该机的一块用户板上可有 16 个用户电路及一个公共控制电路，所有用户电路都由这个公共控制电路来控制。用户电路主要由两块专用集成电路组件组成，一块是用户接口电路（SLIC），另一块是编译码器和滤波器（CODEC/filter）。

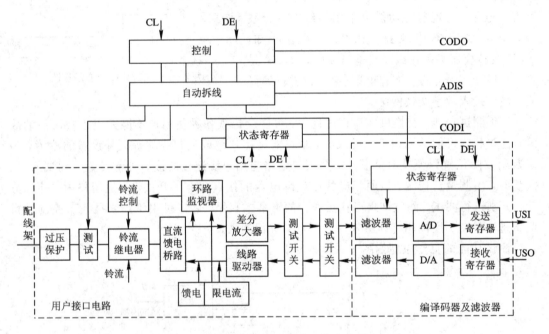

图 2-20 用户电路方框图

该电路采用恒流馈电方式，馈电电流为 32 mA 左右。在馈电回路中有一个限流器，作用有两个：其一是在用户线意外短路时进行限流，以保护集成组件免受损坏；其二是当用户话机在规定时间内久不挂机（或摘机后久不拨号）时，封锁用户，停止向用户馈电，使该用户暂时处于死机状态，此后只要用户挂好话机，系统就立即自动恢复对其馈电。这个措施对延长元器件的工作寿命和有效使用系统公共资源都是有利的。

对每个用户话机的振铃，单独由一个铃流继电器控制。由于铃流电压很高，为保护继电器的触点，使其在通断瞬间没有很大电流通过，铃流继电器的通断还要受一个铃流同步信号的控制。同步信号的作用是确保在铃流信号的过零点时刻驱动铃流继电器，该信号必须从铃流信号中提取。

对用户状态的监视功能是由环路监视器和直流馈电桥路共同实现的。环路监视器检测直流馈电桥路中电阻两端的电压变化，通过这个电压的变化描述用户摘挂机状态，并检测用户所拨的号码数字。环路监视器还输出一个信号到铃流控制器，如果用户在振铃时摘机，则通过这个信号立即断开铃流继电器而使用户停止振铃。限流器也受环路监视器的控制，若在规定时间内用户不拨号或者不挂机，则停止向用户馈电。

混合电路由线路驱动器、直流馈电桥路和差分放大器组成。

编译码器是一块集成电路，它包括滤波器、A/D 和 D/A 变换器、发送寄存器以及接收寄存器。在发送方向，模拟信号先通过增益调整及滤波，然后进行抽样保持，并由 A/D 变换器对抽样信号进行编码，所得的 8 位数据以并行方式存入发送寄存器。当该用户被用户选择器选中时，发送寄存器就将所存储的 8 位并行数据转换成 64 kb/s 的串行数据，并将该数据插入指定给该用户使用的时隙中，然后通过用户信息数据线传送到交换网络进行交换。数据接收过程与发送过程相反。在指定给该用户使用的时隙期间，接收寄存器从交换网络来的串行数据中读取该用户信息，将其转换成并行数据，然后通过 D/A 变换及滤波形成模拟信号，并经增益调整后送给用户。

为了对用户电路进行控制，在每个用户电路中还分别有一个由多位寄存器组成的控制寄存器和状态寄存器。

2.3.3 中继器

市话交换机之间是由中继线连接的。中继线分为模拟中继线(传递模拟信号)和数字中继线(传递数字信号)两种。

模拟中继器是交换机与模拟中继线之间的接口设备。它的主要功能与模拟用户电路相似，如忙闲控制、信号发送与接收、过压保护、发送与接收电平的调节、各种传输参数的分配、提供调试接口、完成话音信号的 A/D 和 D/A 转换。

数字中继接口电路是程控数字交换机和数字中继线之间的接口电路。由于数字交换机和数字中继线上传输的信号皆为数字形式，故数字中继接口电路不需要 A/D 转换功能，但是由于交换机内部和中继线上传输的码型、速率等往往存在差异、数字信号的传输与处理需要严格的同步等问题，因此数字中继接口电路应具有信号的转换、配合、同步等功能。

1. 极性变换

PCM 信号在数字中继线上传输时，要求传输波形不含直流成分，所以要求线路上传输的信号的波形应是正负脉冲交替出现的双极性码。在数字中继接口中，设有极性码的变换电路，在发送支路，将 NRZ/HDB3 变换电路送来的 HDB3$_+$ 和 HDB3$_-$ 信号变为适合线路传输的双极性码，接收方向则进行相反的操作。

2. 时钟提取

从输入 PCM 码流中提取对端局的时钟信号，作为本局接收的基准时钟，使本端与发端保持同步，以便正确判别对方送来的数据，这实际上是频率或位同步。时钟提取可用锁相环、晶体滤波等方法实现。时钟提取也称时钟恢复。

3. 码型变换

由通信原理课程可知，对传输码型的要求是便于提取时钟、频谱中不存在直流分量、占用频带窄和高低频能量分布少、具有一定的抗干扰能力和有较好的传输效率，在电缆PCM传输系统中常采用满足上述要求的三阶高密度双极性的HDB3（High Density Bipolar）码或AMI（Alternative Mark Inversion，传号交替取反），特别是HDB3码得到了更广泛的应用。实现交换机内部信号码型NRZ（Non-Return-to-Zero，单极性不归零码）和中继线传输信号码型HDB3之间变换的电路称为码型变换电路。

为了保证收发端的同步工作，每个接收端都要从接收的PCM码流中提取定时信号。提取定时信号的方法一般是用调谐放大器加上整形电路，如果输入的PCM码流中出现多个"0"码相连，则谐振电路会因较长时间无信号激励而不能正常工作，致使接收的定时信号出现抖动，严重时甚至会导致定时信号提取电路无法正常工作，从而影响PCM码流信号的接收。为防止上述现象发生，所以需要对发往对端的PCM信号进行变换，使连"0"码的个数不超过某个值，并能在接收端识别出这种变换，进行必要的逆变换工作，以恢复原来的连"0"码。30/32系统的PCM一次群多采用HDB3码作为线路传输码型，使线路上的连"0"码个数不超过3个，而交换机内部交换处理的数字信号是不归零（NRZ）码，所以，在数字中继接口中应进行HDB3与NRZ之间的变换。鉴于这个原因，在数字中继接口中，有时将码型变换称为连零抑制。

4. 帧同步和复帧同步

不解决同步问题就无法实现正常的码型变换，通过时钟提取可以解决位同步问题，使收、发双方协调工作，但还必须使收端的帧和复帧的时序与发端的时序对应起来，这就是帧同步和复帧同步。就像我们在校正手表时，既要使秒针对齐，也要使分针和时针对齐一样。

（1）帧同步。在PCM传输系统中，帧同步的目的是为了使收发两端自TS0起的各路对齐以便发端发送的各路信号能被收端各路正确地接收。在PCM30/32系统的帧结构中，为了实现帧同步，发端在偶帧的TS0比特1至比特7发送帧同步码组"0011011"，收端据此进行识别，以达到帧同步目的。为了避免对偶发性干扰引起误判，规定连续4次收不到正确的帧同步信号即可认为系统处于帧失步状态，随即应进行告警处理和调整。从第一次收到错误的帧同步信号到判为系统失步这段时间称为前方保护时间，因2帧才发送一次帧同步信号，故前方保护时间为750 μs。当系统经过调整之后，为了确认系统是否真的恢复了同步状态，规定在失步状态下，连续两次收到帧同步信号，才认为系统重新处于同步状态，这段时间称为后方保护时间，其时间为250 μs。

（2）复帧同步。复帧同步是为了解决各路标志信号的对齐问题，随路信号在一个复帧的TS16中都有各自的确切位置，如果复帧不同步，标志信号就会错路。帧同步之后、复帧不一定同步，因此，为了保证通信的正常进行，复帧同步也是十分必要的，其目的就是使收发两端自F0时的各帧对齐，使标志信号不致错路。复帧同步码安排在F0的TS16的$bit_0 \sim bit_3$码型为"0000"，收端的复帧同步检测电路用于检测复帧同步信号，当连续两次收不到复帧同步信号或一个复帧中所有TS16均为"0"码则判为失步，故前方保护时间为2 ms。系统失步后经过调整，一旦收到第一个正确的复帧同步信号，且前一帧TS16中的数据不全为 0，才判为复帧同步的恢复，故后方保护时间也是 2 ms。

（3）帧定位。因为程控数字交换机需要一个统一的时钟来控制各部分协调地工作，而来自数字中继线的 PCM 码流的相位与本局时钟相位不一定相同，两局时钟之间的频率也可能偶尔存在微小偏差。为了进行局间交换，必须将输入 PCM 码流同步到本局时钟上来，这就是帧定位的任务。帧定位也称帧调整。

帧定位的原理如图 2-21 所示。它是利用一个弹性存储器作为缓冲器，使输入的 PCM 码流在存储器内延迟（暂存）一下，以完成帧调整功能，最大延迟时间不超过 $125\ \mu s$。为了保证一帧中每一时隙的内容正确地写到规定的存储器内，弹性存储器的写入受输入 PCM 码流的帧同步信号控制，读出则受本交换机的帧同步信号控制，使输出的 PCM 码流与交换机的基准帧信号保持同步。

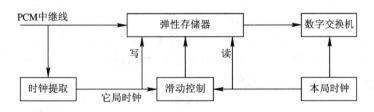

图 2-21　帧定位原理图

弹性存储器有写入和读出两个指针，分别用于指示写入和读出地址（单元号码）。

从图 2-21 可以看出，帧定位的过程实际上是一个数据速率调整的过程，也就是把输入数据调整到本系统的时钟速率上来。但是，当外部时钟的频率与系统的内部时钟频率相差较多时，就会出现滑动现象。当外部时钟频率高于内部时钟频率时，由于写指针移动较快，那么经过一段时间后写指针就会赶上并超过读指针，一些尚未读出的数据就会被新的数据覆盖，造成信息丢失，这种现象称为"滑动"。当外部时钟频率低于内部时钟频率时，读指针将会在某一时刻赶上并超过写指针，使某些数据被重复读出，这也称为"滑动"现象。

滑动的检测可以通过写入地址计数器和读出地址计数器这两个计数器中的数值来判断。如果这两个数值差小于或等于某个定值，就可认为是一次滑动。

综合前面所述，数字中继器的功能方框图如图 2-22 所示。

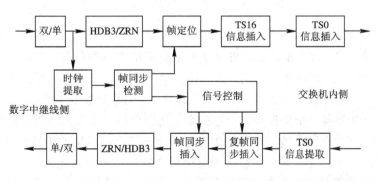

图 2-22　数字中继器功能框图

2.4　程控交换机的软件系统

程控交换机是存储程序控制的交换机，也就是通过运行处理器中的程序，控制整个话路的接续。因此，软件在程控交换机中具有极其重要的作用。程控交换机的软件非常复杂，大型机软件可达几十万条指令，即使用户交换机也得有几万条指令。程控交换机软件和其他计算机应用软件的基本工作原理是一样的，但它要针对电话交换的特点需采取一些特殊的措施。

2.4.1　软件系统的结构

如图 2-23 所示，程控交换机的软件系统从总体上可分为运行软件和支持软件两大部分。运行软件是指交换系统进行呼叫处理、管理和维护等工作所需的程序和数据，是在线运行的；支持软件是指编译程序、模拟程序和连接编辑程序等，它是在编写和调试程序时为了提高效率而使用的程序，是脱机运行的。

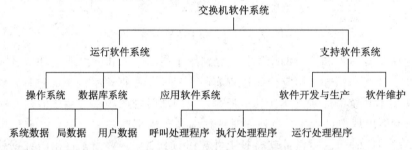

图 2-23　软件系统的构成

根据功能不同，运行软件系统又可分为操作系统、数据库系统和应用软件系统等三个子系统。

操作系统的功能与普通计算机的操作系统类似，它是交换机硬件与应用软件之间的接口，其作用是任务调度、资源分配、交互协调、故障检测和处理等；数据库系统对软件系统中的大量数据进行集中管理，实现各部分软件对数据的共享访问，并提供数据保护等功能；应用软件是直接和交换处理及维护有关的程序，其作用是进行呼叫处理、设备维护和运行管理。

数据库系统又可分为系统数据、局数据和用户数据。系统数据是仅与交换机系统有关的数据，通用性较强，即不论该交换机装在哪个局都是相同的数据，是由厂家根据设备数量、交换网络的组成、存储器的地址分配、各种信号等有关情况在出厂前编写的。局数据是与各交换局设备配置情况等具体条件有关的数据，它反映出交换局在电话网中的地位（或级别）、本交换局与其他交换局的中继关系、交换局的设备安装条件。局数据内容随不同交换局而异，它的设计牵涉到电话网中与本局直接连接的各局的中继关系，应做到与各相关局在相关数据上完全一致，以避免各交换局之间中继关系发生矛盾（如两个交换局之间在同一中继线路上的信号方式或设备数量不一致等）。局数据不经常改动，只在安装工程或扩容工程时改动。用户数据是交换局内反映用户情况的数据，它为每个用户所特有，如用户号码、业务类别、话机类型、呼叫权限、新业务种类等。用户数据经常要进行改动。

应用软件系统通常包括呼叫处理程序、执行管理程序和运行维护程序三部分。其中呼叫处理程序主要用来完成交换机的呼叫处理功能，并控制交换接续。执行管理程序的主要作用包括三个方面，一是协助实现交换机软、硬件系统的更新；二是进行计费管理；三是监督交换机的工作情况，确保交换机的服务质量。运行维护程序是实现交换机的故障检测、诊断和恢复功能，以保证交换机的可靠工作。

2.4.2　对软件系统的要求

软件结构的设计应以长期可靠、便于管理（扩充、修改和维护）和易于学习掌握为原则。交换机软件都采用模块化设计，将一个系统的功能分割成许多分功能和子功能，每一功能块用一段程序实现（即程序模块），总体近似为系统的设计功能。同时采用"数据抽象"的方法，用程序模块中隐含数据结构的方法，来减少模块中数据改动时产生的影响。当程序模块需要数据时，可按一定的格式从数据库得到，并不需要知道数据在系统数据库里是如何存储的。由于每个模块是相对独立的，因此它就可以单独地被理解、编制、调试和修改。一个模块的错误也不易向其他模块扩散，因此程序具有较高的可维护性和较高的可靠性，也大大节省了研制时间。采用模块化以后，可使整个程序结构层次清晰，修改、调用、增加或删除变得更为方便。因为一个交换机软件从设计制作到投入使用，可能要修改多次。采用模块化方式后，对程序进行修改时，只是增删一些模块，或者只局限于对某几个模块的修改。采用模块化结构还可大大提高程序的通用化程度，从而提高程序设计的速度。因为只要掌握一些具有不同功能的模块，就可根据不同的需要挑选有关的模块，装配出不同用途、不同容量和不同性能的各种交换机软件。除特殊性能外，一般不需要再重新编制新的程序。模块化结构还使程序的维护变得简单。

当然，采用模块化设计也有其不利一面，由于层次多，负责各种程序之间收、发、交换信息的管理程序也就增加了，调用时保护现场和恢复现场也要增加一些程序。因此，总的程序数量增加很多，开发工作量也就增加，增加的程序也使总的执行时间增加，但是这些不足之处可以通过采用高速处理器及大容量存储器克服。

程控交换机软件系统的基本任务是控制交换机运行，而交换机的基本目的是建立和释放呼叫。因此对交换机软件系统有以下特殊要求。

1. 运行时间快、占用存储空间小

程控交换机对实时处理的要求比较严格，首先在时空关系上，强调以"时"为主，因为一个程控电话交换系统必须满足话务处理能力和服务等级的技术要求，一是打得通，要求呼损不超过 0.1%；二是接得快，等待拨号音超过 3 秒的呼叫不超过 0.1%。这样的要求意味着不仅每秒钟内要处理一定数量的呼叫，相应的呼叫处理程序都要在一秒钟运行多次，而且其中有些程序的运行时间间隔还不能大于规定值。例如对于拨号脉冲的识别，计数程序必须每隔 8 ms 执行一次。这就要求不仅在软件上对程序的运行时间与占用的存储空间要统筹兼顾，而且在软、硬件分工上也要全面考虑。在软件方面，对于经常调用的程序，其运行时间应尽量减少，而不常用的程序，则尽量少占存储空间。在软、硬件分工方面，尽量用软件，但对于那些非常频繁而又要占用很多机时的操作，则使用硬件通过布线逻辑来实现。

2. 以多道程序运行的方式工作

这是由电话交换的特点确定的，因为程控交换机中的处理器是以多道程序运行方式工作的，同时会出现大量的(占用户总数的 20％)呼叫或通话，而又不可能用一个连续的处理序列来建立一个呼叫。若要采用多道程序运行，软件中的操作系统就必须科学地进行任务调度，以需要为基础分配处理器时间，即采用动态的按需分配方式。采用中断技术保证优先权高的任务优先执行，使对多个呼叫进行处理的多个程序都能按照轻重缓急要求分别执行。

3. 保证系统不中断

这就要求软件具有很强的应变能力，在出现软、硬件故障时，应立即做出反应，采取有效措施，检测故障、隔离故障设备并启动备用资源，使呼叫能够继续下去。为了不使呼叫业务中断，维护和测试工作也必须在线进行，可以稍微降低一点服务的等级和处理能力，但绝对不允许间断。

4. 通用性能好

电话交换系统由于功能和容量的不同而种类繁多，加上电话交换软件又非常复杂，因此给电话交换软件的生产与管理带来了极大的困难。而对大量功能不同和容量各异的交换机，给它们单独编制一套软件将花费非常大的人力，这是很不经济的，所以要求交换机软件功能相同的尽量通用化，采用通用程序。

2.4.3 程序控制基本原理

交换机的核心问题是如何接通电话通路，因此呼叫处理也是人们所关心的事情。一台交换机，或者具体地说一台计算机是如何处理每一次呼叫呢？

1. 一个呼叫的处理过程

首先，我们从宏观来看交换机是如何处理一个呼叫的。一开始，用户没有摘机，处于空闲状态，交换机周期性地对用户进行扫描，检测用户线的状态，待用户摘机呼叫时交换机就开始了呼叫处理。

(1) 主叫用户摘机呼叫。交换机检测到用户 A 状态改变；检查用户表，弄清该用户是什么类别、什么话机。

(2) 送拨号音，准备收号。交换机寻找一个空闲收号器以及该收号器和主叫用户之间的空闲路由；寻找一条空闲的主叫用户和信号终端之间的路由，向主叫用户送拨号音；监视收号器的输入信号，准备收号。

(3) 收号。由收号器接收用户所拨号码；收到第一位号以后，停送拨号音；按位存储收到的号码；对已收到的号首进行预译处理，决定还应收多少位和呼叫类别。

(4) 号码分析。检查所拨号码是否合法；测试被叫用户是否空闲。

(5) 预占路由。预占一条通往被叫用户 B 的路由；同时选择一条向主叫用户送回铃音的路由。

(6) 振铃。向被叫用户送铃流；向主叫用户送回铃音；监视主、被叫用户线状态。

(7) 通话。被叫用户摘机应答，交换机检测到后，停送铃流和回铃音；建立主、被叫用户间的通话路由，开始通话；启动计费设备，开始计费；监视主、被叫用户状态。

（8）挂机。交换机检测到一方挂机以后，复原通话路由；停止计费；向另一方送忙音；待另一方挂机后，一切复原。

2. 用状态迁移图表示呼叫迁移过程

从上面的介绍可以看出，整个呼叫处理过程就是交换机监视、识别输入信号（如用户线状态、拨号号码等），然后进行分析、执行任务和输出命令（如振铃、送信号音等），接着再进行监视、识别输入信号，再分析、执行……如此循环下去。

由于在不同情况下，出现的请求以及处理的方法各不相同，因此一个呼叫处理过程是相当复杂的。例如，识别到挂机信号，但这挂机是在用户听拨号音时中途挂机，还是在收号阶段中途挂机，或是振铃阶段中途挂机，处理方法各不相同，为了对这些复杂功能用简单的方法来说明，需采用"规范描述语言（SDL，Standard Description Language）"（也叫状态迁移图）来表示整个呼叫处理过程。

首先，可把整个接续过程分为若干阶段，每一阶段用一个稳定状态来标志，各个稳定状态之间由执行的各种处理来连接，如图 2 - 24 所示。此时，我们把接续过程分为空闲、听拨号音、收号、振铃、通话和听忙音六种稳定状态。

例如，用户摘机，从"空闲"状态转移到"听拨号音"状态，它们之间需要经过"主叫摘机识别"、"查主叫类别、选收号器"、"接收号器、送拨号音"等各种处理。又如，"振铃"状态和"通话"状态之间可由"被叫摘机检测"、"停铃流"、"停回铃音"、"路由驱动"等处理来连接。

在一个稳定状态下，如果没有输入信号，即没有处理请求，则交换机是不会去理睬的。如在"空闲"状态，只有当交换机检测到摘机信号以后才开始处理，并进行状态转移。

同样，输入信号在不同状态时进行不同处理，并转移至不同的新状态。如同样检测到摘机信号，在"空闲"状态下，认为是主叫摘机呼叫，要寻找空闲收号器并送拨号音，转向"等待收号"状态；而在"振铃"状态，则被认为是被叫摘机应答，进行"通话接续"处理，并转向"通话"状态。

在同一状态下，不同输入信号处理也不同，如在"振铃"状态下，收到主叫挂机信号，则要做"中途挂机"处理；收到被叫摘机信号，则要做"通话接续"处理。前者转向"空闲"状态，后者转向"通话"状态。在同一状态下，输入同样信号，也可能因不同情况得出不同结果，如在"空闲"状态下，主叫用户摘机，要进行"接收号器"处理。如果遇到无空闲收号器，或者无空闲路由，则就要进行"送忙音"处理，转向"听忙音"状态。若能找到，则就要转向"听拨号音"状态。

因此，用这种稳定状态转移的办法可以比较简明地反映交换系统呼叫处理中各种可能的状态、各种处理要求以及各种可能结果等一系列复杂过程。图 2 - 24 中并未画出全部过程，如在分析号码过程中还可能遇到出局呼叫等情况，读者可以自己阅读有关参考文献，这里不再详细讨论。

2.4.4 呼叫处理软件

由图 2 - 24 的描述看，一个呼叫处理过程可以概括为三部分，即输入处理、输出处理和内部处理。

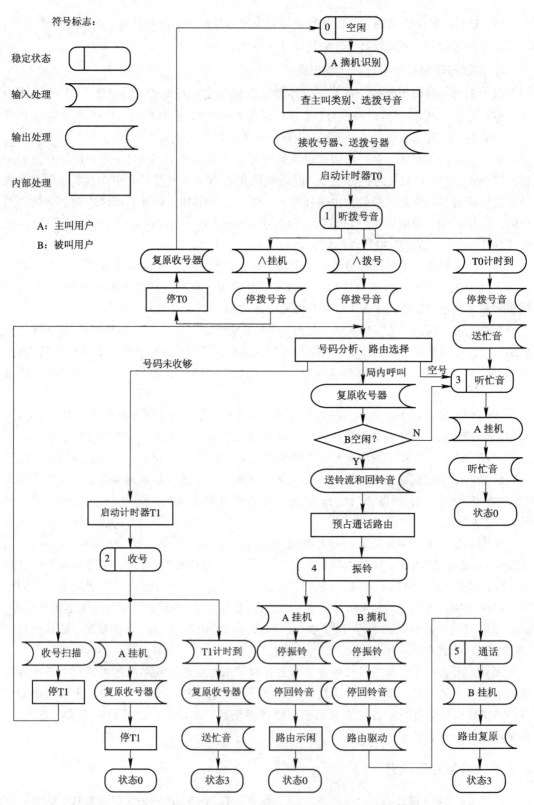

符号标志：

稳定状态

输入处理

输出处理

内部处理

A：主叫用户
B：被叫用户

0 空闲

A 摘机识别

查主叫类别、选拨号音

接收号器、送拨号器

启动计时器T0

1 听拨号音

复原收号器　∧挂机　∧拨号　T0计时到

停T0　停拨号音　停拨号音　停拨号音

送忙音

号码分析、路由选择

号码未收够　局内呼叫　空号　3 听忙音

复原收号器　A 挂机

B空闲？　N　听忙音

Y　状态0

送铃流和回铃音

预占通话路由

启动计时器T1

2 收号　4 振铃

A 挂机　B 摘机

收号扫描　A 挂机　T1计时到　停振铃　停振铃　5 通话

停T1　复原收号器　复原收号器　停回铃音　停回铃音　B 挂机

停T1　送忙音　路由示闲　路由驱动　路由复原

状态0　状态3　状态0　状态3

图 2 - 24　呼叫过程的状态迁移图

1. 输入处理

收集话路的设备状态变化和有关信息称作输入处理。各种扫描程序都属于输入处理，例如用户状态扫描、拨号脉冲扫描、中继占用扫描等。通过扫描发现外部事件，所采集的信息是接续的依据。

应当根据程控交换系统的结构和性能，划分各种扫描程序，并按外部信息的变化速度、处理器的负荷能力和服务指标，确定各种扫描程序的执行周期。输入处理一般是在中断中执行，主要任务是发现事件而不是处理事件，因此扫描程序执行的时间应尽量缩短。为提高效率，通常用汇编语言编写；还广泛采用群处理方式，即每次输入一群用户或设备的信息，数量相当于处理器的一个字长，从而可对一群用户同时进行逻辑运算。

扫描与硬件有关，就软件的层次而言，扫描程序是接近硬件的低层软件，必须能够有效地读取硬件状态信息。在程控交换机中，有待处理器读取的外部信息，通常由硬件以一定周期不断地送往特定的扫描存储区，再由软件周期性地读取。硬件写入的周期应小于软件的读取周期。

2. 输出处理

输出处理完成话路设备的驱动，如接通或释放交换网络中的通路，启动或释放某话路设备中的继电器或改变控制电位，以执行振铃、发码等功能。

输出处理与输入处理一样，也是与硬件有关的低层软件。输出处理与输入处理都要针对一定的硬件设备，可合称为设备处理。扫描是处理器的输入信息，驱动是处理器的输出信息。因此，扫描和驱动是处理器在呼叫处理过程中与硬件联系的两种基本方式。

3. 内部处理

内部处理是与硬件无直接关系的高一层软件，如数字分析、路由选择、通路选择等，预选阶段中有一部分任务也属于内部处理。实际上，为实现呼叫建立过程的主要处理任务都在内部处理中完成。内部处理程序的级别低于输入处理，可以允许稍有延迟。内部处理程序的一个共同特点是通过查表来进行一系列的分析和判断，也可称为分析处理。例如，预选阶段通过查表获得主叫类别，以确定不同的处理任务。数字分析也要通过查表确定呼叫去向，以区分不同的接续任务。内部处理程序可用高级语言编写。呼叫的处理过程，其实就是输入处理、内部处理、输出处理的不断循环。例如，从"空闲"状态到"听拨号音"状态，输入处理是"用户状态扫描"；内部处理是"查明主叫类别，选择空闲收号器"；输出处理是"连接收号器，送出信号音"。再看从用户拨号状态(即"收号"状态)到"振铃"状态，输入处理是"收号扫描"，内部处理是"号码分析，路由选择"，输出处理是"送铃流和回铃音"。简言之，就是输入处理发现呼叫请求，通过内部处理做出判断由输出处理来完成对请求的回答。

2.5　交换机的信令系统

信令是通信网中两个节点之间的一种对话信号，它用来控制通信信道的连接和传递有关管理的信息。传递信令的有关节点可能是交换局，也可能是用户终端。信令是电路交换

(例如电话交换)采用的一种控制方式。它可以指导终端设备、交换系统及传输系统协同运行，在指定的终端之间建立临时的通信信道，且维护网络本身正常运行。信令系统是通信网的重要组成部分，是通信网的神经系统。

2.5.1 信令的概念

在电话通信网中，为了实现主叫用户与被叫用户之间的接续，在用户与交换机之间以及交换机与交换机之间必须传递适当的控制信号。交换机根据收到的信号作出相应的反应并完成一定的交换动作。这里说的控制信号，不能直接用来控制对方交换设备的动作，只是作为向对方发出的命令，要求对方根据命令执行交换动作。故常把电话网中的接续控制信号称为信令。但就信令的内容或形式而言仍可称为信号。通信网中的这些信令所遵守的协议称为信令方式；每个交换局为完成特定信令方式的传递与控制所实现的功能实体称为信令系统。

下面以两个电话用户通过两个交换机进行电话接续为例，说明信令传递的基本概念（如图 2－25 所示）。

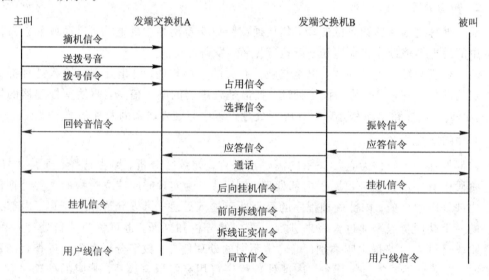

图 2－25　电话接续基本信令流程

当主叫用户摘机时，向交换机 A 送出启呼信号，通知交换机做好准备（如连接 DTMF 接收器等）。当交换机 A 做好准备后立即向主叫用户送出拨号音，表示准备就绪，并通知主叫用户可开始拨号。主叫用户听到拨号音后开始拨号，将拨号信息（号码）送给交换机 A，命令交换机 A 按号码选择局向。交换机 A 对收到的号码进行分析，选择通向交换机 B 的中继路由，并从中选择一条空闲的中继线，在该中继线上向交换机 B 送出占用信号，通知对方交换机做好准备。与此同时，主叫用户继续拨号，交换机 A 则将被叫用户号码从该占用的中继线上送向交换机 B。交换机 B 根据收到的被叫用户号码，测试被叫用户忙闲状态，若被叫用户空闲则向被叫用户振铃，同时向主叫用户送回铃音。当被叫用户闻铃摘机应答时，此应答信号送给交换机 B，并由交换机 B 转送给交换机 A，双方交换机接通通话电路，主被叫双方即可通话，同时开始计费。

双方用户通话期间，线路上传送的是话音信号而不能传送信令。

通话完毕，若被叫用户先挂机，则交换机 B 向交换机 A 送反向挂机信号，交换机 A 收到此信号即用忙音通知主叫用户挂机。主叫用户挂机后，交换机 A 即行拆线(切断通话电路)，并把正向拆线信号送给交换机 B，通知其拆线。交换机 B 收到正向拆线信号后，即进行拆线，拆线后再回送一个拆线证实信号给交换机 A。交换机 A 收到拆线证实信号后，确认对方已完成拆线工作，于是使该中继线示闲，允许该中继线为其他用户接续服务。

从以上一次电话接续过程中信令传递情况的简要介绍可知，信令的基本功能可分为两大类：一类是用来表示线路或设备状态的，称为状态表示功能；另一类用来选择中继路由和被叫用户的，称为选择功能。

在状态表示功能中有表示主、被叫摘/挂机的信号，用来指示用户线的状态；有中继线上的占用、应答、挂机、拆线等信号用来表示中继线的状态；还有表示交换机接续状态的各种信号音(如拨号音、忙音、回铃音等)。

选择信号主要是根据主叫用户送出的被叫用户地址信息，交换机进行路由选择和选接被叫用户。选择信号中除了主叫发出的地址信息外，在局间呼叫时，还包括其他能使交换过程得以顺利进行的信号，如请发码、请重发、号码收到等信号。

信令除了上述状态表示和选择功能外，在用程控交换机构成的电话网中，还可以提供网络管理功能。

2.5.2　信令的分类

1. 用户线信令和局间信令

信令按其工作区域不同可分为用户线信令和局间信令两种。

用户线信令是通信终端(如电话机)和网络节点之间的信令。这里的网络节点既可以是交换机，也可以是各种网管中心、服务中心、计费中心和数据库等。因为终端数量通常远大于网络节点的数量，出于经济上的考虑，用户线信令一般设计得较简单。

局间信令是网络节点之间的信令，在局间中继线上传送。局间信令通常远比用户线信令复杂，因为它除要满足呼叫处理和通信接续的需要外，还要提供各种网管中心、服务中心、计费中心和数据库等之间的与呼叫无关的信令传送。

2. 随路信令和共路信令

按信令传送通道与用户信息传送通道的关系不同，信令可分为随路信令和共路信令。

图 2-26(a)是随路信令系统示意图。由图可知，两交换机的信令设备之间没有直接相连的信令通道，信令是通过话路传达的。当有呼叫到来时，先在选好的空闲话路中传送信令，接续建立后，再在该话路中传送话音。因此，随路信令是信令通道和用户信息通道合在一起或有固定的一一对应关系的信令方式，适合在模拟通信系统中使用。在我国广泛使用的中国 1 号信令就是随路信令。

图 2-26(b)为共路信令系统示意图，与图 2-26(a)相比可以看出，两交换机的信令设备之间有一条直接相连的专用信令通道，信令的传送是与话路分开或关闭无关的。当有呼叫到来时，先在专门的信令通道中传送信令，接续建立后，再在选好的空闲话路中传送话音。因此，共路信令，也称公共信道信令，指以时分复用方式在一条高速数据链路上传送一群话路的信令。公共信道信令的优点是信令传送速度快，具有提供大量信令的潜力，具

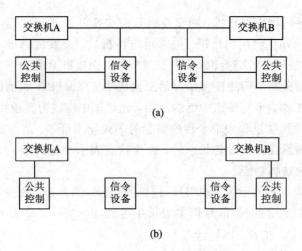

图 2-26 信令系统示意图

(a) 随路信令系统；(b) 共路信令系统

有改变或增加信令的灵活性，便于开放新业务，在通话时可随意处理信令，成本低等。因此，公共信道信令如今得到越来越广泛的应用。目前在我国和国际上普遍使用的 No.7 信令就属于共路信令。

3. 线路信令、路由信令和管理信令

信令按其功能可分为线路信令、路由信令和管理信令三种。

线路信令是具有监视功能的信令，用来监视终端设备的忙闲状态，如电话机的摘/挂机状态。路由信令是具有选择功能的信令，用来选择接续方向，如电话通信中主叫所拨的被叫号码。管理信令是具有操作功能的信令，用于通信网的管理与维护，如检测和传送网络拥塞信息，提供呼叫计费信息，提供远距离维护信令等。

2.5.3 信令方式

信令的传送遵守一定的规约和规定，这就是信令方式。它包括信令的结构形式，信令在多段路由上的传送方式及控制方式。选择合适的信令方式，关系到整个通信网通信质量的好坏及投资成本的高低。

1. 结构形式

信令的结构形式有未编码和已编码两种。

未编码的信令可按脉冲幅度不同、脉冲持续时间不同、脉冲在时间轴上的位置不同、脉冲频率的不同以及脉冲数量的不同来区分，其特点是信息量少，传输速率慢，设备复杂。拨号脉冲就是一种未编码信令。

已编码的信令主要有模拟编码信令、数字型线路信令和信令单元三种。

(1) 模拟编码信令。模拟编码信令主要指多频制信令。其中，六中取二方式是一种典型的多频制信令，频差为 120 Hz，简称 MFC(Multi Frequency Code)。它设置六个频率，每次取出两个同时发出，表示一种信令，共可表示 15 种信令。多频编码的特点是编码较多、传输速度快、可靠性高、有自检能力。中国 1 号信令系统使用这种六中取二的多频信令，其编码如表 2-1 所示，所使用的六个频率为 1380～1980 Hz。

表 2 - 1　MFC 信令编码

数码	频率/Hz					
	1380	1500	1620	1740	1860	1980
	f_0	f_1	f_2	f_4	f_7	f_{11}
1	√	√				
2	√		√			
3		√	√			
4	√			√		
5		√		√		
6			√	√		
7	√				√	
8		√			√	
9			√		√	
10				√	√	
11	√					√
12		√				√
13			√			√
14				√		√
15					√	√

注：√表示含有对应频率

(2) 数字型线路信令。该信令是使用 4 位二进制编码表示线路状态的信令。当局间传输使用 PCM 数字系统时，在随路信令系统中应当使用数字型线路信令。中国 1 号信令系统中就使用数字型线路信令，它是基于 32 路 PCM 系统的。在 32 路 PCM 帧结构中，一个复帧由 16 个子帧组成，记为 F0～F15。每个子帧有 32 个时隙，记为 TS0～TS31，每个时隙包含 8 位二进制数，即 8 比特。32 个时隙中，TS0 用于帧同步和帧失步告警，TS1～TS15、TS17～TS31 为话路，TS16 用来传送复帧同步和具有监视功能的数字型线路信令，每个 TS16 的 8 比特分成两组，每 4 比特传送一个话路的线路信令。这样每一帧的 TS16 可以传送 2 个话路的线路信令，15 帧正好传送 30 个话路的线路信令，具体分配见图 2 - 27。

(3) 信令单元。这种方式使用经过二进制编码的若干个八位位组构成的信令单元来表示各种信令。由于信令消息本身的长度不相等，如摘/挂机等监视信令通常较短，而地址信令则较长，故采用不等长的信令单元。这种方式传送速度快、容量大、可靠性高。No. 7 信令就是采用信令单元来传送具体的信令信息的。其基本信令单元包括消息信令单元、链路状态信令单元和插入信令单元。

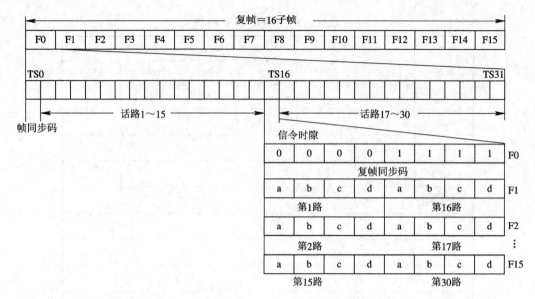

图 2 - 27　32 路 PCM 中的数字型线路信令

2. 传送方式

信令在多段路由上的传达方式有如下三种：

(1) 端到端方式。以电话通信为例，如图 2 - 28 所示，发端局的收码器收到用户发来的全部号码后，由发端发码器发送转接局所需要的长途区号(图中为 ABC)，并将电话接续到第一转接局；第一转接局根据收到的 ABC，将电话接续到第二转接局；再由发端发码器向第二转接局发 ABC，找到收端局，将电话接续到收端局；此时，由发端向收端按端到端方式发送用户号码(图中为××××)，建立发端到收端的接续。端到端方式的特点是速度快，拨号后等待时间短，但信令在多段路由上的类型必须相同。

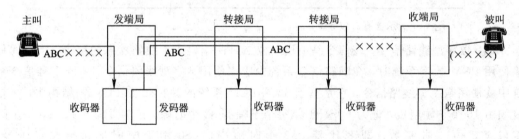

图 2 - 28　端到端方式示例

(2) 逐段转发方式。仍以电话通信为例，如图 2 - 29 所示，信令逐段进行接收和转发，全部被叫号码(ABC××××)由每一转接局全部接收，并逐段转发出去。逐段转发方式的特点是对线路要求低，信令在多段路由上的类型可有多种，但信令传送速度慢，接续时间长。

(3) 混合方式。实际中通常将前两种方式结合起来使用，就是混合方式。如中国 1 号信令可根据线路质量，在劣质中继线上使用逐段转发方式，而在优质中继线上使用端到端方式。No.7 信令通常使用逐段转发方式，但也可以提供端到端信令。

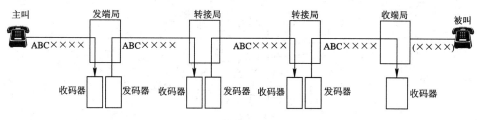

图 2-29 逐段转发方式示例

3. 控制方式

(1) 非互控方式(脉冲方式)。如图 2-30 所示,非互控方式即发端不断地将需要发送的脉冲信令发向收端,而不管收端是否收到。这种方式设备简单,但可靠性差。

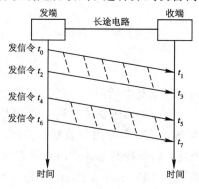

图 2-30 非互控方式

(2) 半互控方式。如图 2-31 所示,发端向收端每发一个或一组脉冲信令后,必须等待收到收端回送的接收正常的证实信令后,才能接着发下一个信令。由发端发向收端的信令叫前向信令,由收端发向发端的信令叫后向信令。半互控方式就是前向信令受后向信令控制。

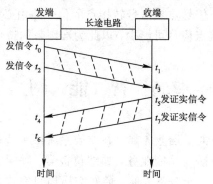

图 2-31 半互控方式

(3) 全互控方式。发端连续发前向信令且不能自动中断,要等收到收端的证实信令后,才停止发送该前向信令;收端连续发证实信令也不能自动中断,需在发端信令停发后,才能停发该证实信令。因前后向信令均是连续的,故也称连续互控,如图 2-32 所示。这种方式抗干扰能力强,可靠性好,但设备较复杂,传送速度慢。

中国 1 号信令使用全互控方式,以保证可靠性,但它影响速度;No.7 信令使用非互控方式,速度很快,而且也采取了一些措施来保证可靠性。

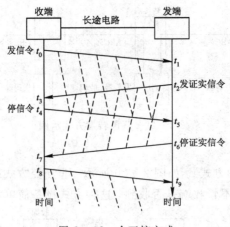

图 2-32 全互控方式

2.5.4 信令网

当电话网采用共路信令后,除原有电话网外,还要有一个独立的数据通信网,即信令网。它除传送呼叫控制等电话信令以外,还要传送网络管理与维护等信息。它实际上是一个载送各种信息的数据传送系统,是一个专用的数据通信。信令网必须具有高度的可靠性和有效性,并有充分的冗余度,以便在网络部件出现故障时,仍能满足网络性能的要求。

信令网是由信令链路、信号点(SP,Signal Point)和信号转接点(STP,Signal Transfer Point)组成的。信号链路是信令网中的基本部件,通过信号链路将信号点连接在一起,并提供消息差错检测和校正功能;信号点负责提供共路信令;信号转接点负责将信令从一条链路传送到另一条链路上。

信令网按等级划分为无级网和分级网。无级网是未引入信号转接点的信令网,分级网是使用信号转接点的信令网。由此可知,无级网是直联模式的信令网,分级网是准直联模式的信令网。信令网中每个信号点或信号转接点的信令路由必须尽可能多,但信令接续中所经过的信号点和信号转接点应尽可能少,以此为准则来构造信令网。

2.6 智能网

传统电话网中,提供新的电话业务都是在交换系统中完成的。程控交换机由于计算机的控制,可以提供一定的电话新功能业务,如缩位拨号、呼叫转移等,但每提供一种新业务都要改动交换机软件,显得十分不方便。最好交换局只完成接续功能,而实现新业务功能另由具有业务控制功能的计算机系统完成,把交换、接续与业务分开,这就引入了智能网的概念。

智能网的基本思想是:在现有程控交换机的电话网上增加了一些网络单元(设备),以处理各种新业务。新业务的提供、修改以及管理等项工作全部集中于智能网,程控交换机则仅提供交换这一基本功能,而与业务提供无直接关系。这样,业务的设计或原有业务的修改等等,均与程控交换机无关,交换机的软、硬件可以丝毫不动。由于交换局的数量极大,并且厂家、型号各不相同,这样便可大大节省新业务投入的费用与时间。

2.6.1 智能网体系结构

智能网体系结构是为增强网络智能化程度，在现有通信网上增加一些网络设备，以便在网内灵活、方便地引入新的业务和新的网络能力。这些网络设备有业务交换点(SSP，Services Switch Point)、业务控制点(SCP，Services Control Point)、业务管理点(SMP，Services Management Point)和业务生成设备(SCE，Services Creation Equipment)等。这些网络设备的配置方式称为智能网体系结构，如图 2-33 所示。该体系不但能为电话网服务，也可为分组交换网、移动通信网和 ISDN(Integrated Service Digital Network，综合服务数字网络)网服务。

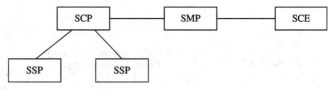

图 2-33　智能网体系结构

智能网的体系结构可以采用重叠式结构(如图 2-34(a)所示)，也可以采用综合式结构(如图 2-34(b)所示)。我国采用综合式体系结构，它是指 SSP 既能疏通智能网业务又能疏通非智能网业务。

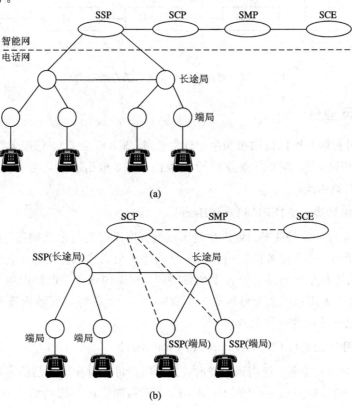

(a)

(b)

图 2-34　智能网的综合式结构

(a) 重叠式结构；(b) 综合式结构

SSP 实际上就是目前广泛使用的程控交换机，但它必须具有智能网功能。一般来讲，这一功能不涉及硬件方面，只是软件的增强。SCP、SMS 和 SCE 实际上是一个计算机系统，要求其具有 No.7 信令接口和较强的处理能力。

智能网的基本工作过程简要概括如下：用户发出对智能网的呼叫，经 SSP 识别，通过 7 号信令网将有关信息送到 SCP。在 SCP 中，由业务逻辑解释程序控制，按业务类别执行由特定功能组件依特定顺序组成的业务逻辑程序。业务逻辑程序中的各个功能组件依次通过 7 号信令网向 SSP 发出关于完成某动作的控制信息，再由 SSP 将交换机完成该动作的结果作为响应信息，通过 7 号信令网向 SCP 回送，直到通信过程结束。

图 2-35 给出了智能网 800 业务电话流程示意图，由该图可以进一步了解智能网的概念及结构。

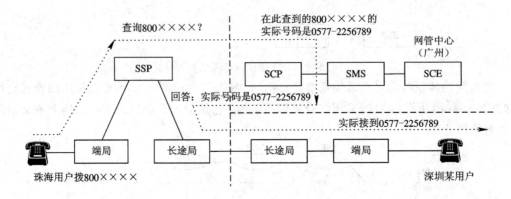

图 2-35　智能网 800 业务电话流程示意图

2.6.2　智能网业务

现阶段通过智能网可以提供被叫集中计费业务（即 800 业务）、记账卡呼叫业务（即 200 业务）、虚拟专用网业务（即 600 业务）、个人通信业务、电话股票业务和大众呼叫业务等。下面介绍部分主要业务。

1. 被叫集中计费业务（FPH，FreePHone）

FPH 业务又称 800 号业务。用户在使用该业务时不必支付电话费用，由被叫也就是该业务的租用者承担。这项业务的租用者通常是一些大公司或服务行业，它们为了扩大产品的影响，增加销售机会而向其客户提供免费呼叫。在美国该业务已经取得了巨大的经济效益。每个 800 号业务用户的业务号码头 3 个数字是 800，在特定区域内普通电话用户都可以用这一号码免费呼叫 800 号业务用户。

2. 记账卡呼叫业务（ACC，Account Card Calling）

ACC 又称 300 号业务。使用该业务时，主叫用户可通过输入自己的账号和密码在任意的话机上呼叫。通话费用从主叫的账号中扣除而不会向主叫所用的话机收费。300 号业务的优点是用户可以用任意的双音频话机进行本地或长途通话（不论该话机是否有长途权限）。使用该业务时，主叫用户首先拨 300，听到提示音后根据提示音依次输入账号、密码，听到拨号音后输入被叫号码进行通话。

3. 虚拟专用网业务(VPN，Virtual Private Network)

VPN 业务又称 600 号业务，是利用公众网(PSTN，Public Switching Telecommunication Network)设备，通过程控网络节点中软件的控制，非永久性地构成专用网，为在不同地区具有多个分支机构的公司或大型商业部门提供服务。它的作用如同由固定物理连接构成的网。VPN 可为用户提供实施专用编号计划的可能性。VPN 能够提供专用网的所有优点，如用户规定的拨号方式、路由控制和账号清单，用户可对 VPN 进行修改以适应本公司的需要。使用该业务，既利用了公用网的资源，又具有按用户意愿组网的灵活性。用户可节约建设和维护专用网的费用，电信部门又可扩大服务范围，可谓两全其美。

4. 通用个人通信(UPT，Universal Personal Telecommunication)

通用个人通信(UPT)让用户使用一个惟一的个人通信号码，可以接入任何一个网络并能够跨越多个网络进行通信。该业务实际上是一种移动业务，它允许用户有移动的能力，用户可通过惟一的、独立于网络的个人号码接收任意呼叫，并可跨越多重网络，在任意的网络用户接口接入。该业务为流动人员的通信带来了方便，它是未来通信发展的主要业务之一。

5. 广域集中用户交换机(WAC，Wide Area Centrex)

广域集中用户交换机(WAC)是把分布在不同交换局的"集中用户交换机"和单机用户组成一个虚拟的专用网络，即广域集中用户交换机。通过广域集中用户交换机，使资源在专用和公用网络之间自由分配，集团用户可以从设备维护中解放出来，设备直接连接到公共电话网的终端。该业务比较适合地理位置分散的业务用户。

习　　题

1. 电话交换技术的发展经历了哪些阶段？
2. 程控交换机在发展过程中可分为哪几代，每一代的特点是什么？
3. 程控交换在哪些方面具有优越性？
4. 请说明什么是端局，什么是汇接局？
5. 请简述半自动中继方式和全自动中继方式的不同。
6. 一条 PCM 线上各时隙间的内容是如何进行交换的？两条 PCM 线之间对应时隙的内容又是如何进行交换的？
7. 什么叫时隙交换？
8. 请说明时分交换与时隙交换有何不同。
9. 请用四个 32 时隙的 T 型接线器与一个 2×2 的 S 型接线器构成一个容量为 2 条 PCM 链路的交换网络。
10. 简述程控交换机的硬件组成并说明各部分的功能。
11. 说明程控交换机用户电路的 BORSCHT 功能。
12. 在用户电路中，对用户线传来的信号，应先进行二/四线转换，然后再进行编译码，为什么？能否反之？

13. 在程控交换机的软件设计中，为什么要采用模块化结构？

14. 为保证程控交换机正常运行，对软件系统有何要求？

15. 请说明随路信令与共路信令的区别。

16. 在呼叫处理过程中，输入处理、输出处理和内部处理各自的特点怎样？

17. 在数字中继器中，除位同步功能以外，还有帧同步和复帧同步功能，为什么？

18. 智能网中业务交换点 SSP 的主要功能是什么？业务控制点 SCP 的主要功能是什么？业务管理点 SM 的功能又是什么？

第三章　光纤通信系统

3.1　概　　述

尽管人类很早就认识到用光可以传递信息，比如 3000 多年前我国就有了用光传递远距离信息的设施——烽火台，但是，其后的很多年中，光通信几乎没有什么发展；后来又有了用灯光闪烁、旗语等传递信息的方法，但是这些都是用可见光进行的视觉通信，是非常原始的光通信方式，不能称得上是完全意义上的光通信。

近 100 年中，人们仍然没有对光通信失去兴致，就连大发明家贝尔（BELL）也尝试着用光来打电话，这被认为是近代光通信的开始。20 世纪 60 年代后，随着人们对通信的要求变得越来越强烈，光通信获得了突飞猛进的发展。我们今天所说的光通信已不再是用可见光进行的视觉通信，而是采用光波作为载波来传递信息的通信方式了。现代人类已经进入了信息社会，光通信的魅力也逐步地展现在人们的面前。

3.1.1　光纤通信的发展历史

利用光导纤维作为光的传输媒介的光纤通信，其发展只有二三十年的历史。光纤通信的发展可分为以下几代进程：第一代光纤通信系统，是以 1973～1976 年的 850 nm 波长的多模光纤通信系统为代表。第二代光纤通信系统，是 20 世纪 70 年代末，80 年代初的多模和单模光纤通信系统。第三代光纤通信系统，是 20 世纪 80 年代中期以后的长波长单模光纤通信系统。第四代光纤通信系统，是指进入 20 世纪 90 年代以后的同步数字体系光纤传输网络。

1966 年 7 月，英国标准电信研究所的英藉华人高锟（K. C. Kao）博士和霍克哈姆（G. A. HocKham）就光纤传输的前景发表了具有重大历史意义的论文，论文分析了玻璃纤维损耗大的主要原因，大胆地预言，只要能设法降低玻璃纤维的杂质，就有可能使光纤的损耗从 1000 dB/km 降低到 20 dB/km，从而有可能用于通信。这篇论文鼓舞了许多科学家为实现低损耗的光纤而努力。1970 年，美国康宁玻璃公司的卡普隆（Kapron）博士等三人，经过多次的试验，终于研制出传输损耗仅为 20 dB/km 的光纤。这样低损耗的光纤，在当时是惊人的成功，使光纤通信有了实现的可能。

光纤通信的另一重要技术是光通信的光源产生技术，因为传送光信号不能用普通的光。太阳光、灯光的频率和相位是杂乱的，不能用于大容量的通信。1960 年美国人梅曼（T. H. Maiman）发明了红宝石激光器，从而获得了性质与电磁波相同，而且频率和相位都稳定的光——激光，这才使人们进入了近代光通信的时代，但是红宝石激光器还不能在室温条件下连续工作。又经过多年的研究试制，1970 年贝尔研究所的林严雄(I. Hayoshi etal)等人研制出能在室温下连续工作的半导体激光器，这种激光器只有米粒大小。尽管最初的激光器寿命很短，但这种激光器已被认为可以作为光纤通信的光源。由于光纤和激光器的重大突破，使光纤通信有了实现的可能，因此 1970 年被认为是值得纪念的光纤传输元年。

1970 年这两项关键技术的重大突破，使光纤通信开始从理想变成可能，立即引起了各国电信科技人员的重视，竞相进行研究和实验。1974 年美国贝尔研究所发明了低损耗光纤制作法(CVD 法，即汽相沉积法)，使光纤损耗降低到 1 dB/km；1977 年，贝尔研究所和日本电报电话公司几乎同时研制成功寿命达 100 万小时(实用中为 10 年左右)的半导体激光器，从而有了真正实用的激光器。1977 年，世界上第一条光纤通信系统在美国芝加哥市投入商用，速率为 45 Mb/s。

进入实用阶段以后，光纤通信的应用发展极为迅速，应用的光纤通信系统已经多次更新换代。20 世纪 70 年代的光纤通信系统主要是采用多模光纤，频率采用短波长(850 nm)。20 世纪 80 年代以后逐渐改用长波长(1310 nm)，光纤逐渐采用单模光纤。到 20 世纪 90 年代初，通信容量扩大了 50 倍，达到 2.5 Gb/s。进入 20 世纪 90 年代以后，传输波长又从 1310 nm 转向更长的 1550 nm 波长，并且开始使用光纤放大器、波分复用(WDM)等新技术。通信容量和中继距离继续成倍增长。广泛地应用于市内电话中继和长途通信干线，成为通信线路的骨干。

我国从 1974 年开始光纤通信的研究，到 20 世纪 80 年代末，光纤通信的关键技术已达到国际先进水平。从 1991 年起，我国已不再建长途电缆通信系统，而大力发展光纤通信。在"八五"期间，建成了含 22 条光缆干线，总长达 33 000 km 的"八横八纵"大容量光纤通信干线传输网。1999 年 1 月，我国第一条最高传输速率的国家一级干线(济南－青岛) 8×2.5 Gb/s 密集波分复用(DWDM)系统建成，使一对光纤的通信容量又扩大了 8 倍。

我国光纤通信的发展速度是非常迅速的，在我国的通信网中占有越来越大的比例。

3.1.2　光纤通信的特点

光纤通信是一种高速率、高保真、大容量的先进现代化通信手段。光纤具有体积小、重量轻、抗电磁干扰、抗辐射性、保密性好等特点。在细如发丝的光纤上可传输速率高达 320 Gb/s 的信息流，这意味着，可让 800 万人同时互通电话。光纤通信是目前世界上技术发展最快的领域之一，作为信息时代的神经线，没有光缆网络这一纽带，我们便无法实现宽带上网、可视电话、会议电视、家庭点播等通信业务。

光纤通信之所以能够飞速发展，是由于它具有如下突出优点而决定的。

1. 通信容量大

对于通信系统，信道的频带越宽，相当于马路越宽，所能承载的信息也就越多，也就是通信的容量越大。光纤以其极高的通频带当仁不让地成为信息高速公路的"马路"。到 20 世纪 90 年代，光纤的传输速率已经达到了每秒 T 比特级；目前，国外实验室中光纤的传输速率已达 7 Tb/s。"T"是什么概念呢？T 的数量级为 10^{12}，1 Tb/s 的速率意味着我们可以用一对只有头发丝 1/10 粗细的光纤在 1 秒钟之内将 300 年的泰晤士报传送到世界上的任何一个角落，或者同时传送 10 万路电视节目，或同时可通 1200 万路电话。试想如果像电缆那样把十几根或上百根光纤组成光缆（即空间复用），再使用波分复用技术，其通信容量就会大得惊人。

2. 损耗低

光纤的损耗很低，这和光纤的生产技术和工艺以及对光纤本质的研究是分不开的。目前，光纤的最低损耗已达 0.2 dB/km，甚至更低。0.2 dB/km 是个什么概念呢？直观说来就是：光传送 15 km 以后，光的强度还有原来的一半。有人曾比喻说，假如海水的透明度与光纤相同，那么如果有一根针沉入 10 km 深的海底，人在海面上可以把针看得非常清楚。光纤的损耗变小，将使通信无中继传输距离大大增加。目前，单模光纤的最大中继距离可达上百千米，比同轴电缆大几十倍，比铜线大上百倍，如果再使用光纤放大器的话，则可以直通上万千米，而不需要再生中继。相信，在不久的将来，对光纤损耗的研究会有更新的突破，人们梦寐以求的长距离无中继通信将会变成现实。

3. 抗电磁干扰能力强

众所周知，我们周围的空间每时每刻都充斥着各种各样的电磁干扰。这些干扰有的是天然干扰，如雷电干扰、电离层的变化和太阳黑子的活动引起的干扰等；还有的是工业干扰，如电动马达、高压电力线等，甚至还有可能发生核爆炸干扰。以上各种干扰都必须认真对待，因为现有的以电为主的通信系统都不可避免地会受到其影响，但惟有光纤通信不会。

光纤通信为什么有这么强的抗干扰能力呢？主要有两个原因：第一，光纤是由非金属的石英介质材料构成的，它是绝缘体，不怕雷电和高压，不受电磁干扰；第二，光纤中传输的是频率很高的光波，而各种干扰的频率一般都比较低，所以它不能干扰频率比它高得多的光波。打个比方说，光纤中的光波好比是在万丈高空飞行的飞机，任凭地上行驶的火车、汽车如何的多，也不会影响到它的飞行。

有试验表明，在核爆炸发生时，地球上所有的电通信将中断，而惟有光通信几乎不受影响。

4. 保密性强

光纤内传播的光几乎不辐射，因此很难窃听，也不会造成同一光缆中各光纤之间的串扰。

5. 资源丰富，节约金属

光纤通信之所以魅力四射，其奥妙还在于它的原材料不是金属，而是资源丰富的二氧化硅，这具有重大的战略意义。

现有的电话线和电缆都是由铜和铅等金属制成的。地质调查表明，世界上铜的储藏量并不多，据估计，按照现在的开采速度，世界上的铜矿资源将在 50 年内开采完毕。而光纤的主要构成材料是石英（主要成分是二氧化硅），说得更通俗一点就是随处可见的砂子，这种材料在地球上可以说是取之不尽、用之不竭的。用 1 kg 的高纯度的石英玻璃可以拉制上万千米的光纤，相比之下，制造 1 km 18 管同轴电缆需要耗 120 kg 的铜，或 500 kg 的铅。所以，用光缆取代电缆，可以节约大量的有色金属。

6. 线径细、重量轻

由于光纤的直径很小，只有 0.1 mm 左右，因此制成光缆后，直径要比电缆细，而且重量也轻。这样在长途干线或市内干线上，空间利用率高，而且便于敷设。

光纤通信除上述主要优点之外，还有抗化学腐蚀等优点；当然光纤本身也有缺点，如光纤质地脆、机械强度低；要求有比较好的切断、连接技术；分路、耦合比较麻烦等。但这些问题随着技术的不断发展，都是可以克服的。

3.1.3 光纤通信的基本组成

最基本的光纤通信系统由数据源、光发射机、光学信道和光接收机组成。其中数据源包括所有的信号源，它们是话音、图像、数据等业务经过信源编码所得到的信号；光发送机和调制器则负责将信号转变成适合于在光纤上传输的光信号，先后用过的光波窗口有$0.85~\mu m$、$1.31~\mu m$ 和 $1.55~\mu m$。光学信道包括最基本的光纤，还有中继放大器 EDFA 等；而光学接收机则接收光信号，并从中提取信息，然后转变成电信号，最后得到对应的话音、图像、数据等信息。实用的光通信系统一般都是双向的，因此其系统的组成包含了正、反两个方向的基本系统，并且每一端的发信机和接收机做在一起，称为光端机，同样，中继器也有正反两个方向，如图 3-1 所示。

图 3-1 光纤通信系统的基本组成

若要实现光通信，必须对作为载体的光进行调制。这里光发射机实质上是一个电光调制器，它用发送端的电端机送来的电信号对光源进行调制。采用的光源是半导体激光器(LD)或半导体发光二极管(LED)。调制的方式，原则上可以使用振幅、频率和相位调制，但由于目前实用激光器等光源的频谱不纯，频率也不稳定，使调频或调相方式难以实现。因此，现有实用系统采取控制光功率大小的调幅方法，通常又称为直接强度调制。经调制后的光功率信号耦合入光纤，经光纤传播后，光接收机的光电检测器(一般为半导体光电管或雪崩管)把光信号变换成电信号，再经放大、整形处理后送至接收端的电端机。

可以看出，光纤通信系统可归结为电—光—电的简单模型，即需要传输的信号必须先变成电信号，然后转换成光信号在光纤内传输，对端又将光信号变成电信号。在整个过程中，光纤部分只起传输作用，对于信号的生成和处理，仍由电系统来完成。

图 3-1 所示的系统框图对模拟或数字信号都适用。对模拟信号而言，要使信号不失真，就要求光源有良好的线性幅度特性。但是常用的光源，尤其是半导体激光器的非线性比较严重，所以模拟光通信常用在非线性失真要求不太严格的地方。对数字光纤通信系统而言，由于信号为脉冲形状，因此光源的非线性对系统性能影响不大。数字光纤通信系统也具有数字电通信系统的一切优点。在现已建成的系统中，除少数专用光纤通信系统外，几乎所有公用及大多数专用光纤系统都使用数字式。

3.2 光纤与光缆

光纤通信中采用的传输介质是光缆，光缆则是由光纤、加强元件、外护层等组合而成的。在接下来的部分将详细介绍光纤和光缆的组成及特性。

3.2.1 光纤导光的原理

一位吹玻璃的工人观察到光可以从玻璃棒的一端传到另一端，而棒的四周没有光跑出来，这就是全反射现象。玻璃的折射率大于空气的折射率，合适的光进入玻璃棒后，光就在玻璃棒和空气的交界面上发生全反射，把光关在玻璃棒中，因而玻璃棒的四周看不见光。早期的光纤就是基于这一原理，用单一材料制成的，现在一般的塑料光纤也是利用这一原理传光的。如图 3-2 所示。n_1 为包层的折射率，n_2 为芯线的折射率，且 $n_1 < n_2$。

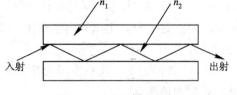

图 3-2 光纤导光原理

3.2.2 光纤的种类与结构

光纤透明、纤细，虽比头发丝还细，却具有把光封闭在其中并沿轴向进行传播的导波结构，它由折射率较高的纤芯和折射率较低的包层组成，通常为了保护光纤，包层外还往往覆盖一层塑料加以保护，其中纤芯的芯径一般为 50 μm 或 62.5 μm，包层直径一般为 125 μm。光纤通信就是因为光纤的这种神奇结构而发展起来的，以光波为载频，光导纤维为传输介质的一种通信方式。

光纤是由纤芯和包层组成的，其结构如图 3-3 所示。

纤芯区域完成光信号的传输；包层则是将光封闭在纤芯内，并保护纤芯，增加光纤的机械强度。目前，通信光纤的纤芯和包层的主体材料都是石英玻璃，但两区域中掺杂情况不

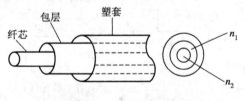

图 3-3 光纤的结构图

同，因而折射率也不同。纤芯的折射率一般是 1.463~1.467（根据光纤的种类而异），包层的折射率是 1.45~1.46 左右。也就是说，纤芯的折射率比包层的折射率稍微大一些。这就满足了全反射的一个条件。当纤芯内的光线入射到纤芯与包层的交界面时，只要其入射角大于临界角，就会在纤芯内发生全反射，光就会全部由交界面偏向中心。当碰到对面交界面时，又全反射回来，光纤中的光就是这样在芯包交界面上，不断地来回全反射，传向远方，而不会漏射到包层中去。

按传输光波的模式不同，又可分为多模光纤和单模光纤两类。

1. 多模光纤

多模光纤（MMF，Multi Mode Fiber）的中心玻璃芯较粗（50 μm 或 62.5 μm），可传输多种模式的光，但其模间色散较大，这就限制了传输数字信号的频率，而且随距离的增加会更加严重。例如：600 Mb/km 的光纤在 2 km 时则只有 300 Mb 的带宽，因此，多模光纤传输的距离就比较近，一般只有几千米。

2. 单模光纤

单模光纤（SMF，Single Mode Fiber）的中心玻璃芯很细（芯径一般为 9 μm 或 10 μm），只能传输一种模式的光。因此，其模间色散很小，适用于远程通信，但还存在着材料色散

和波导色散，这种单模光纤对光源的谱宽和稳定性有较高的要求，即谱宽要窄，稳定性要好。后来又发现在 $1.31\ \mu m$ 波长处，单模光纤的材料色散和波导色散一为正、一为负，大小也正好相等。这就是说在 $1.31\ \mu m$ 波长处，单模光纤的总色散为零。从光纤的损耗特性来看，$1.31\ \mu m$ 处正好是光纤的一个低损耗窗口。这样，$1.31\ \mu m$ 波长区就成了光纤通信的一个很理想的工作窗口，也是现在实用光纤通信系统的主要工作波段。$1.31\ \mu m$ 常规单模光纤的主要参数是由国际电信联盟 ITU - T 在 G.652 建议中确定的，因此这种光纤又称为 G.652 光纤。

图 3 - 4 画出了阶跃型多模光纤、渐变型多模光纤、单模光纤的结构、传输方式以及光脉冲扩散的情况。

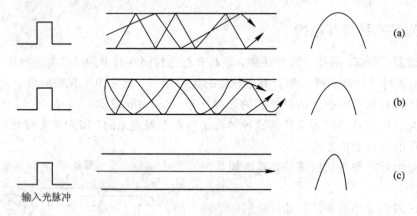

图 3 - 4　光纤的传输模式

(a) 阶跃型多模光纤；(b) 渐变型多模光纤；(c) 单模光纤

光纤的分类以及主要性能特点归纳于表 3 - 1 中。

表 3 - 1　光纤的分类及主要性能

光纤类型		纤芯直径 /μm	材　　料	传输损耗(dB/km)			B×L /GHz/km
				0.85 μm	1.3 μm	1.55 μm	
单模光纤		1～10	纤芯：以二氧化硅为主的玻璃 包层：以二氧化硅为主的玻璃	2	0.38	0.2	50～100
多模光纤	阶跃型	50～60	纤芯：以二氧化硅为主的玻璃 包层：以二氧化硅为主的玻璃	2.5	0.5	0.2	0.005～0.02
			纤芯：以二氧化硅为主的玻璃 包层：塑料	3	高	高	
			纤芯：多组分玻璃 包层：多组分玻璃	3.5	高	高	
	渐变型	50～60	纤芯：以二氧化硅为主的玻璃 包层：以二氧化硅为主的玻璃	2.5	0.5	0.2	1
			纤芯：多组分玻璃 包层：多组分玻璃	3.5	高	高	0.4

CCITTT G.651、G.652 建议分别对渐变型多模光纤和 1.31 μm 单模光纤的主要参数作了规定,见表 3-2 和表 3-3。

表 3-2 渐变型多模光纤的主要参数(G.651 建议)

几 何 特 性	芯 径	包层直径	同心误差	不圆度
	(50±3)μm	(125±3)μm	<6%	芯<6%, 包层<2%
波长	850 nm		1300 nm	
数值孔径(N/A)	(0.18~0.24)±0.02(我国规定为 0.20±0.02)			
折射率分布	近似抛物线			
损耗系数(dB/km)	A ≤3.0 B ≤3.5 C ≤4.0		A ≤0.8 B ≤1.0 C ≤1.5 D ≤2.0 E ≤3.0	
模畸变带宽/MHz	A B_m≥1000 B B_m≥800 C B_m≥500 D B_m≥200		A B_m≥1200 B B_m≥1000 C B_m≥800 D B_m≥500 E B_m≥200	
色散系数(ps/nm/km)	≤120		≤6	

表 3-3 1.31 μm 单模光纤的主要参数(G.652 建议)

截止波长(2 m)		1100~1280 nm			
模场直径		(9±0.9~100±10)μm			
包层直径		(125±2)μm			
模场不圆度		<6%			
包层不圆度		<2%			
模场/包层同心度误差		≤1 μm			
分级		A	B	C	D
损耗系数 (dB/km)	1300 nm	≤0.35	≤0.50	≤0.70	≤0.90
	1500 nm	≤0.25	≤0.30	≤0.40	≤0.50
总色散系数 (ps/nm/km)	1287~1330 nm	≤3.5	≤3.5	≤3.5	≤3.5
	1270~1340 nm	≤6	≤6	≤6	≤6
	1550 nm	≤20	≤20	≤20	≤20

3.2.3 光纤的损耗特性

光波在光纤中传输,随着传输距离的增加而光功率逐渐下降,这就是光纤的传播损耗。光纤每单位长度的损耗,直接关系到光纤通信系统传输距离的长短。

形成光纤损耗的原因很多,有来自光纤本身的损耗,也有光纤与光源的耦合损耗以及光纤之间的连接损耗。在这里,我们只对光纤本身的损耗进行简单分析。光纤本身损耗的原因,大致包括吸收损耗和色散损耗两类。

1. 吸收损耗

制造光纤的材料能够吸收光能。光纤材料中的粒子吸收光能以后,产生振动、发热,而将能量散失掉,这样就产生了吸收损耗。

我们知道,物质是由原子、分子构成的,而原子又由原子核和核外电子组成,电子以一定的轨道围绕原子核旋转。这就像我们生活的地球以及金星、火星等行星都围绕太阳旋转一样,每一个电子都具有一定的能量,处在某一轨道上,或者说每一轨道都有一个确定的能级。距原子核越近的轨道能级越低,距原子核越远的轨道能级越高。轨道之间的这种能级差别的大小就叫能级差。当电子从低能级向高能级跃迁时,就要吸收相应级别的能级差的能量。

在光纤中,当某一能级的电子受到与该能级差相对应的波长的光照射时,则位于低能级轨道上的电子将跃迁到能级高的轨道上。这一电子吸收了光能,就产生了光的吸收损耗。

制造光纤的基本材料二氧化硅(SiO_2)本身就吸收光,一个叫紫外吸收,另外一个叫红外吸收。目前光纤通信一般仅工作在 $0.8 \sim 1.6\ \mu m$ 波长区,因此我们只讨论这一工作区的损耗。

石英玻璃中电子跃迁产生的吸收峰在紫外区的 $0.1 \sim 0.2\ \mu m$ 波长左右。随着波长增大,其吸收作用逐渐减小,但影响区域很宽,直到 $1\ \mu m$ 以上的波长。不过,紫外吸收对在红外区工作的石英光纤的影响不大。例如,在 $0.6\ \mu m$ 波长的可见光区,紫外吸收可达 $1\ dB/km$,在 $0.8\ \mu m$ 波长时降到 $0.2 \sim 0.3\ dB/km$,而在 $1.2\ \mu m$ 波长时,大约只有 $0.1\ dB/km$。

石英光纤的红外吸收损耗是由红外区材料的分子振动产生的。在 $2\ \mu m$ 以上波段有几个振动吸收峰。由于受光纤中各种掺杂元素的影响,石英光纤在 $2\ \mu m$ 以上的波段不可能出现低损耗窗口,在 $1.85\ \mu m$ 波长的理论极限损耗为 $1\ dB/km$。

通过研究,还发现石英玻璃中有一些"破坏分子"在捣乱,主要是一些有害过渡金属杂质,如铜、铁、铬、锰等。这些"坏蛋"在光照射下,贪婪地吸收光能,乱蹦乱跳,造成了光能的损失。清除"捣乱分子",对制造光纤的材料进行化学提纯,就可以大大降低损耗。

石英光纤中的另一个吸收源是氢氧根(OH^-)。根据早期的研究,人们发现氢氧根在光纤工作波段上有三个吸收峰,它们分别是 $0.95\ \mu m$、$1.24\ \mu m$ 和 $1.38\ \mu m$,其中 $1.38\ \mu m$ 波长的吸收损耗最为严重,对光纤的影响也最大。在 $1.38\ \mu m$ 波长,含量仅占 0.0001 的氢氧根产生的吸收峰损耗就高达 $33\ dB/km$。

那么,这些氢氧根是从哪里来的呢?氢氧根的来源很多,一是制造光纤的材料中有水分和氢氧化合物,这些氢氧化合物在原料提纯过程中不易被清除掉,最后仍以氢氧根的形式残留在光纤中;二是制造光纤的氢氧物中含有少量的水分;三是光纤的制造过程中因化学反应而生成了水;四是外界空气的进入带来了水蒸汽。然而,现在的制造工艺已经发展到了相当高的水平,氢氧根的含量已经降到了足够低的程度,它对光纤的影响可以忽略不计了。

2. 色散损耗

在黑夜里，用手电筒向空中照射，可以看到一束光柱。人们也曾看到过夜空中探照灯发出的粗大光柱。那么，为什么我们会看见这些光柱呢？这是因为有许多烟雾、灰尘等微小颗粒浮游于大气之中，光照射在这些颗粒上，产生了散射，就射向了四面八方。这个现象是由瑞利最先发现的，所以人们把这种散射命名为"瑞利散射"。

散射是怎样产生的呢？原来组成物质的分子、原子、电子等微小粒子是以某些固有频率进行振动的，并能释放出波长与该振动频率相应的光。粒子的振动频率由粒子的大小来决定。粒子越大，振动频率越低，释放出的光的波长越长；粒子越小，振动频率越高，释放出的光的波长越短。这种振动频率称作粒子的固有振动频率。但是这种振动并不是自行产生，它需要一定的能量。一旦粒子受到具有一定波长的光照射，而照射光的频率与该粒子固有的振动频率相同，就会引起共振。粒子内的电子便以该振动频率开始振动，结果是该粒子向四面八方散射出来，入射光的能量被吸收而转化为粒子的能量，粒子又将能量重新以光能的形式射出去。因此，对于在外部观察的人来说，看到的好像是光撞到粒子以后，向四面八方飞散出去了。

光纤内也有瑞利散射，由此而产生的光损耗就称为瑞利散射损耗。鉴于目前的光纤制造工艺水平，可以说瑞利散射损耗是无法避免的。但是，由于瑞利散射损耗的大小与光波长的 4 次方成反比，因此光纤工作在长波长区时，瑞利散射损耗的影响可以大大减小。

上面介绍了两种主要损耗，即吸收损耗和散射损耗。除此之外，引起光纤损耗的还有光纤弯曲损耗及微弯损耗等。

综合考虑发现，在 0.8～0.9 μm 波段内，损耗约为 2 dB/km，在 1.31 μm 损耗为 0.5 dB/km，而在 1.55 μm 处，损耗可降至 0.2 dB/km，这已接近了二氧化硅光纤的理论极限值。因此，在长波长窗口可使光纤传输信息的容量进一步加大。

3.2.4　光纤的色散特性

光纤的色散特性是衡量光纤通信线路传输质量好坏的另一个重要特性。光纤色散是由于光纤所传信号的不同频率成分或不同模式成分有不同的传输速度所引起的，当它们到达终端时会产生信号脉冲展宽而引起信号失真的物理现象。光纤色散限制了带宽，而带宽又直接影响通信线路的容量和传输速率，因此光纤色散特性也是光纤的一个性能指标。

从光纤色散产生的机理来看，色散有模式色散、材料色散和波导色散三种。

1. 材料色散

材料色散是由光纤材料自身特性造成的。石英玻璃的折射率，严格来说，并不是一个固定的常数，而是对不同的传输波长有不同的值。光纤通信实际上用的光源发出的光，并不是只有理想的单一波长，而是有一定的波谱宽度。当光在折射率为 n 的介质中传播时，其速度 v 与空气中的光速 C 之间的关系为

$$v = C/n$$

光的波长不同，折射率 n 就不同，光传输的速度也就不同。因此，当把具有一定光谱宽度的光源发出的光脉冲射入光纤内传输时，光的传输速度将随光波长的不同而改变，到达终端时将产生时延差，从而引起脉冲波形展宽。

2. 模式色散

在多模光纤中，传输的模式很多，不同的模式，其传输路径不同，所经过的路程就不同，到达终点的时间也就不同，这就引起了脉冲的展宽。对模式色散进行的严密分析比较复杂，这里仅作简单讨论。我们知道，在同一根光纤中，高次模到达终点走的路程长，低次模走的路程短，这就意味着高次模到达终点需要的时间长，低次模到达终点需要的时间短。在同一条长度的光纤上，最高次模与最低次模到达终点所用的时间差，就是这段光纤产生的脉冲展宽。

影响光纤时延差的因素有两个：纤芯－包层相对折射率差和光纤的长度。光纤的时延差与纤芯－包层相对折射率差成正比。相对折射率差越大，时延差就会越大，光脉冲展宽也越大。从减小光纤时延差的观点上看，希望时延差较小为好，这种时延差小的光纤称为弱导光纤。通信用光纤都是弱导光纤。另外，光纤越长，时延差也越大，色散也就越大。

3. 波导色散

光纤的第三类色散是波导色散。由于光纤的纤芯与包层的折射率差很小，因此在交界面产生全反射时，就可能有一部分光进入包层之内。这部分光在包层内传输一定距离后，又可能回到纤芯中继续传输。进入包层内的这部分光强的大小与光波长有关，这就相当于光传输路径长度随光波波长的不同而异。把有一定波谱宽度的光源发出的光脉冲射入光纤后，由于不同波长的光传输路径不完全相同，因此到达终点的时间也不相同，从而出现脉冲展宽。具体来说，入射光的波长越长，进入包层中的光强比例就越大，这部分光走过的距离就越长。这种色散是由光纤中的光波导引起的，由此产生的脉冲展宽现象叫作波导色散。

3.2.5 光缆的结构和种类

前面介绍的光导纤维是一种传输光束的细微而柔韧的媒质。光导纤维电缆由一捆光纤组成，简称为光缆。光缆是数据传输中最有效的一种传输介质。

1. 对光缆结构的要求

光缆的结构繁多，制造工艺也相当复杂。为了满足通信的要求，任何一种通信光缆都必须满足下列性能和质量要求：

（1）保证光纤传输特性的优良、稳定、可靠；

（2）保证光缆具有足够的机械强度和环境温度性能；

（3）确保光缆的防潮能力，使光缆具有足够的使用寿命；

（4）有利于降低生产成本，使光缆的价格低廉。

2. 光缆的基本结构

根据不同的用途和不同的环境条件，光缆的种类很多。不论光缆的具体结构形式如何，都是由缆芯、护套和加强元件组成的。

缆芯由光纤芯线组成，可分为单芯和多芯两种。

（1）单芯型。由单根经二次涂覆处理后的光纤组成的光缆。

（2）多芯型。由多根经二次涂覆处理后的光纤组成，可分为带状结构和单位式结构，如图 3-5 所示。

结 构		形 状	结构尺寸等
单芯型	二层结构	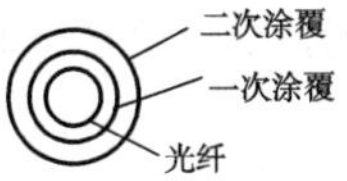 二次涂覆 一次涂覆 光纤	外径：0.7～1.2 mm
	管 型	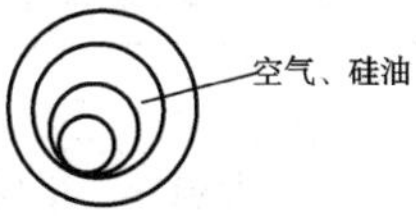 空气、硅油	外径：0.7～1.2 mm
双芯型	带 状	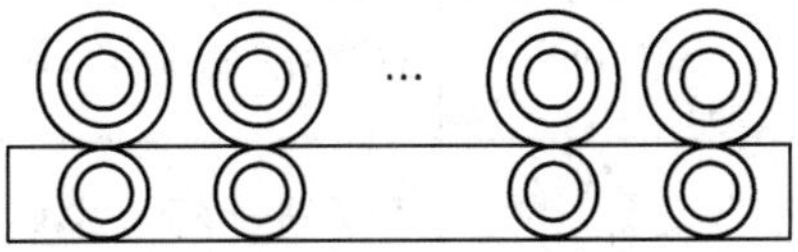 …	节距：0.4～1 mm 光纤数：4～12
	单位式	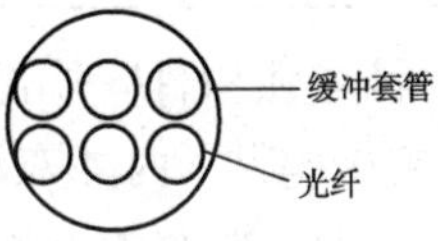 缓冲套管 光纤	外径：1～3 mm 光纤数：6

图 3-5 缆芯的结构

目前，国内外对二次涂覆主要采用下列两种保护结构。一种是紧套结构，如图3-6(a)所示，在光纤与护套之间有一个缓冲层，其目的是为了减少外面应力对光纤的作用。缓冲层一般采用硅树脂，二次涂覆用尼龙。这种光纤的优点是结构简单，使用方便。另一种是松套结构，如图3-6(b)所示，将一次涂覆后的光纤放在一个管子里，管中填充油膏，形成松套结构。这种光纤的优点是机械性能好，防水性能好，便于成缆。

图 3-6 紧套与松套光纤结构示意图
(a) 紧套光纤结构图；(b) 松套光纤结构图

由于光纤材料比较脆，容易断裂，为了使光缆便于承受敷设安装时所加的外力等，在光缆内中心或四周要加一根或多根加强元件。加强元件的材料可用钢丝或非金属的纤维（如增强塑料（PRP）等）。

光缆的护层主要是对已形成缆的光纤芯线起保护作用，避免受外部机械力和环境损坏。因此要求护层具有耐压力，防潮、湿度特性好，重量轻，耐化学腐蚀、阻燃等特点。

光缆的护层可分为内护层和外护层两种。内护层一般采用聚乙烯或聚氯乙烯等，外护层可根据敷设条件而定，要采用铝带和聚乙烯组成的 LAP 外护套加钢丝嵌装等。

3. 光缆的种类

公用通信网中的光缆结构如表 3－4 所示。

表 3－4　公用通信网中的光缆结构

种　类	结　构	光纤芯线数	必　要　条　件
长途光缆	层绞式 单位式 骨架式	＜10 10～200 ＜10	低损耗、宽频带 可用单盘长的光缆来敷设 骨架式有利于防护侧压力
海底光缆	层绞式 单位式	4～100	低损耗、耐水压、耐张力
用户光缆	单位式 带状式	＜200 ＞200	高密度、多芯、低或中损耗
局内光缆	软线式 单位式 带状式	2～20	重量轻、线径细、可绕性好

（1）层绞式光缆。层绞式光缆中心采用金属加强构件，外部采用松套管（PBT）填充油膏，层绞并填充防水复合物，外缠包带，轧纹钢带铠装，内外双层聚乙烯护套。这种光缆机械性能好，具备优异的抗机械损伤能力，特别适用于架空敷设方式，如图 3－7(a)所示。这种光缆的制造方法和电缆较相似，所以可采用电缆的成缆设备，成本较低。光纤芯线数一般不超过 10 根。

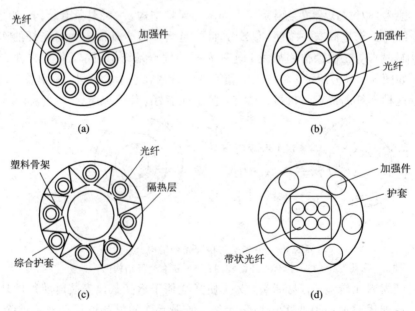

图 3－7　光缆的基本结构
（a）层绞式；（b）单位式；（c）骨架式；（d）带状

（2）单位式光缆。它是将几根至十几根光缆芯线集合成一个单位，再由数个单位以强度元件为中心绞合成缆，如图3-7(b)所示。这种光纤的芯线数一般适用于几十芯。

（3）骨架式光缆。骨架式光缆是将单模光纤带放入由高密度聚乙烯（HDPE）制成的骨架槽内，骨架中心是单根钢丝或多股绞合钢丝。在骨架外绕包一层阻水带，双面涂塑铝带（APL）纵包后挤制聚乙烯护套。在铝带与阻水带之间放置撕裂绳以便于护套开剥，如图3-7(c)所示。由于光纤在骨架沟槽内，具有较大空间，因此当光纤受到张力时，可在槽内作一定的位移，减少光纤芯线的应力应变和微变。这种光缆具有耐压、抗弯曲、抗拉的特点。

（4）带状式光缆。它是将4～12根光纤芯线排列成行，构成带状光纤单元，再将多个带状单元按一定方式排列成缆，如图3-7(d)所示。这种光缆的结构紧凑，采用此种结构可做成上千芯的高密度用户光缆。

3.2.6 光纤与光缆的制造方法

目前通信中所用的光纤一般是石英光纤。石英的化学名称叫二氧化硅（SiO_2），它和我们日常用来建房子所用的砂子的主要成分是相同的。但是普通的石英材料制成的光纤是不能用于通信的。通信光纤必须由纯度极高的材料组成；不过，在主体材料里掺入微量的掺杂剂，可以使纤芯和包层的折射率略有不同，这是有利于通信的。本节将重点介绍石英光纤的制造工艺。

光缆的制造过程大致如图3-8所示。制造光纤时首先需制造一根合适的玻璃棒，通常称为预制棒，然后把预制棒放在高温炉里加温、软化，再拉成光纤。为了保护光纤且增加强度，还要对光纤进行套塑，然后把几根甚至几十根经过套塑的光纤做成光缆。

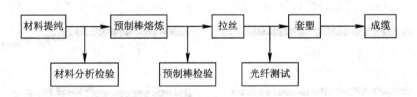

图3-8 光纤及光缆的制造过程

1. 光纤的简单制造过程

低损耗的单模和多模石英光纤大多采用"预制棒拉丝工艺"，光纤预制棒工艺是光纤光缆制造中最重要的环节，目前，用于制造光纤预制棒的方法主要采用以下四种方法：改进化学气相沉积法（MCVD），外部气相沉积法（OVD），气相轴向沉积法（VAD）和等离子体化学气相沉积法（PCVD）。

2. 光纤的成缆

经过一次涂覆和二次涂覆的光纤虽已具有一定的抗张强度，但还是经不起弯折、扭曲和侧压力的作用。为使光纤能在各种敷设条件下和各种环境中使用，必须把光纤与其他元件组合起来，构成光缆的形式，使其具有优良的传输性能以及抗拉、抗冲击、抗弯、抗扭等机械性能，以满足实际使用要求。

光缆的成缆工艺和一般电缆大致相同，只是电缆结构设计时，更着重于防止线对之间的电磁耦合，以保证线对之间的串音防卫度。而光缆的结构设计几乎可以不考虑这一问题，它着重考虑的是敷设时所需要的抗张强度和环境以及温度变化时光纤的损耗特性等。对于前者可采用在光缆中增加加强芯，后者则可以通过结构设计和选择合适材料的方法来解决。

3.2.7 光纤的连接与光缆的敷设

1. 光纤的连接

光纤的连接方法主要有永久性连接、应急连接和活动连接。

（1）永久性光纤连接（又叫热熔）。这种连接是用放电的方法将两根光纤的连接点熔化并连接在一起。这种方法一般用于长途接续、永久或半永久固定连接。其主要特点是连接衰减在所有的连接方法中最低，典型值为 0.01～0.03 dB/点。但连接时，需要专用设备（熔接机）和专业人员进行操作，而且连接点也需要用专用容器保护起来。

（2）应急连接（又叫）冷熔。应急连接主要是用机械和化学的方法，将两根光纤固定并粘接在一起。这种方法的主要特点是连接迅速可靠，连接典型衰减为 0.1～0.3 dB/点。但连接点长期使用会不稳定，衰减也会大幅度增加，所以只能短时间内应急用。

（3）活动连接。活动连接是利用各种光纤连接器件（插头和插座），将站点与站点或站点与光缆连接起来的一种方法。这种方法灵活、简单、方便、可靠，多用在建筑物内的计算机网络布线中，其典型衰减为 1 dB/点。

造成连接损耗增加的主要原因是：光纤端面之间有空隙而造成菲涅尔折射，见图 3-9(a)；光纤端面之间的角偏差，见图 3-9(b)；发射芯线的直径与接收芯线的直径不等，见图 3-9(c)；两根光纤的轴线不重合，见图 3-9(d)；端面不平整或受到污染等。

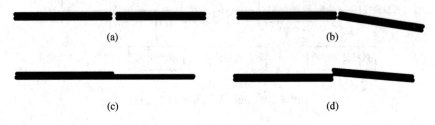

(a)　　　　　　　　　　　(b)

(c)　　　　　　　　　　　(d)

图 3-9　光纤连接不当的原因

2. 光缆的敷设

通信光缆自 20 世纪 70 年代开始应用以来，现在已经发展成为长途干线、市内电话中继、水底和海底通信以及局域网、专用网等有线传输的骨干，并且已开始向用户接入网发展，由光纤到路边（FTTC, Fiber To The Curb）、光纤到大楼（FTTB, Fiber To The Building）等向光纤到户（FTTH, Fiber To The Home）发展。针对各种应用和环境条件等，通信光缆有管道、水底、架空、直埋、室内敷设等方式。

（1）管道敷设方式。管道敷设一般是在城市地区，管道敷设的环境比较好，因此对光缆护层没有特殊要求，无需铠装。管道敷设前必须选好敷设段的长度和接续点的位置。敷设时可以采用机械牵引或人工牵引。一次牵引的牵引力不要超过光缆的允许张力。制作管道的材料可根据地理选用混凝土、石棉水泥、钢管、塑料管等。

（2）水底敷设方式。水底光缆是敷设于水底穿越河流、湖泊和滩岸等处的光缆。这种光缆的敷设环境比管道敷设、直埋敷设的条件差得多。水底光缆必须采用钢丝或钢带铠装的结构，护层的结构要根据河流的水文地质情况综合考虑。例如在石质土壤、冲刷性强的季节性河床，光缆遭受磨损、拉力大的情况，不仅需要粗钢丝做铠装，甚至要用双层的铠装。施工的方法也要根据河宽、水深、流速、河床、土质等情况进行选定。

水底光缆的敷设环境条件比直埋光缆严峻得多，修复故障的技术和措施也复杂得多，所以对水底光缆的可靠性要求也比直埋光缆高。

海底光缆也是水底电缆，但是敷设环境条件比一般水底光缆更加严峻，要求更高，对海底光缆系统及其元器件的使用寿命要求在 25 年以上。

（3）架空敷设方式。架空光缆是架挂在电杆上使用的光缆。这种敷设方式可以利用原有的架空明线杆路，节省建设费用，缩短建设周期。架空光缆挂设在电杆上，要求能适应各种自然环境。架空光缆易受台风、冰凌、洪水等自然灾害的威胁，也容易受到外力和本身机械强度减弱等影响，因此架空光缆的故障率高于直埋和管道式的光纤光缆。这种敷设方式一般用于长途二级或二级以下的线路，适用于专用网光缆线路或某些局部特殊地段。

（4）直埋敷设方式。这种光缆外部有钢带或钢丝的铠装，直接埋设在地下，要求有抵抗外界机械损伤的性能和防止土壤腐蚀的性能，要根据不同的使用环境和条件选用不同的护层结构。例如在有虫鼠害的地区，要选用有防虫咬鼠啮的护层的光缆。

根据土质和环境的不同，光缆埋入地下的深度一般在 0.8～1.2 m 之间。在敷设时，还必须注意保持光纤应变要在允许的限度内。

3.3　光端机的组成

由于光纤通信系统一般都是双向的，将光发射机和接收机做在一起，称为光端机。下面分别介绍光发射机和光接收机。

3.3.1　光发射机

光发射机的作用是将电信号变成光信号，然后送入光纤中传输出去。光发射机主要由光源、光源驱动与调制以及信道编码电路三部分组成，如图 3-10 所示。

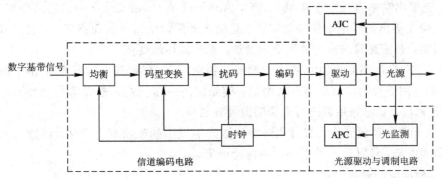

图 3-10　光发射机组成方框图

1. 光源发射器

光发射部分的核心是产生激光或荧光的光源发射器，它是组成光纤通信系统的重要器件。目前，用于光纤通信的光源发射器，包括半导体激光器 LD 和半导体发光二极管 LED，都属于半导体器件。它们的共同特点是体积小、重量轻、耗电量小。

LD 和 LED 相比，其主要区别表现在，前者发出的是激光，而后者发出的是荧光，因此，LED 的谱线宽度较宽，调制速度较低，与光纤的耦合效率也较低。但是，LED 也有许多优点，它的输出特性曲线线性好，使用寿命长，成本低，适合于短距离、小容量的传输系统。而 LD 一般适用于长距离、大容量的传输系统。

2. 信道编码电路

信道编码电路用于对基带信号的波形和码型进行变换，使其成为合适的光源控制信号。

(1) 均衡器。由脉冲编码调制（PCM，Pulse Code Modulation）端机送来的 HDB3 或 CMI（又称传号反转码）码流，首先需要均衡，用于补偿由电线传输产生的衰减和畸变，以便正确译码。

(2) 码型变换。由均衡器输出的 HDB3 或 CMI 码，在数字电路中为了处理方便，需要通过码型变换电路，将其变换为非归零码（即 RNZ 码）。

(3) 扰码。若信码流中出现长连 0 或长连 1 的情况，将会给时钟信号的提取带来困难；为了避免出现这种情况，加一扰码电路，它可有规律地破坏长连 0 或长连 1 的码流，达到 0、1 等概率出现。扰码以后的信号再进行线路的编码。

(4) 时钟提取。由于码型变换和时钟提取过程都需要以时钟信号作为依据，因此，在均衡电路之后，由时钟提取电路提取时钟信号，供码型变换和扰码电路使用。

(5) 编码。如上所述，经过扰码以后的码流，要尽量使 1、0 的个数均等，这样便于接收端提取时钟信号。另外，为了便于不间断业务的误码监测、区间通信联络、监控及克服直流分量的波动，在实际的光纤通信系统中，都对经过扰码以后的信元码流进行编码，以满足上述要求。经过编码以后，变为适合光纤线路传送的线路码型。

3. 光源驱动与调制电路

(1) 光源驱动电路。它用经过编码以后的数字信号来调制发光器件的发光强度，完成电/光变换任务。

(2) 光输出功率自动控制电路（APC，Automatic Power Control）。它的作用有三个，一是为了使光输出信号电平保持稳定；二是防止光源因电流过大而损坏；三是防止因光输出功率过大，而使光源的输出散弹噪声增加，系统的性能变差。

(3) ATC（自动温度控制电路）。对激光二极管而言，结温高的时候光输出功率会下降，在 APC 的作用下控制电流就会自动增加，使结温进一步升高，造成恶性循环而导致激光二极管损坏。ATC 电路用以进行光源的温度补偿。

(4) 光监测。监测光电二极管用于检测激光器发出的光功率，经放大器放大后控制激光器的偏置电流，使其输出的平均功率保持恒定。

4. 光发射机的指标

(1) 有合适的输出光功率。光发射机的输出光功率，通常是指耦合进光纤的功率，亦称入纤功率。入纤功率越大，可通信的距离就越长，但光功率太大会使系统工作在非线性状态，对通信将产生不良影响。因此，要求光源应有合适的光功率输出，一般在 $0.01\sim5$ mW。与此同时，要求输出光功率保持恒定，在环境温度变化或器件老化的过程中，稳定度要求在 $5\%\sim10\%$。

（2）较好的消光比 E_{xt}。消光比是指全 0 码时的平均光功率 P_0 与全 1 码时的平均光功率 P_1 之比。作为一个调制好的光源，希望在全 0 码时没有光功率输出，否则它将使光纤系统产生噪声，使接收机灵敏度降低，因此，一般要求 $E_{xt}<10\%$。

（3）调制特性要好。所谓调制持性好，即要求调制效率和调制频率要高，以满足大容量、高速率光纤通信系统的需要。目前一般认为 LD 管可以实现的最高调制频率为 10 GHz，实际上已有调制速率达 20 Gb/s 的报道。

除此之外，要求电路尽量简单、成本低、光源寿命长等等。

3.3.2 光接收机

光接收机的作用是接收经光纤传输衰减后的十分微弱的光信号，从中检测出传送的信息，放大到足够大后，供终端处理使用。它包括光电检测器、光信号接收电路和信道解码电路三部分，如图 3－11 所示。

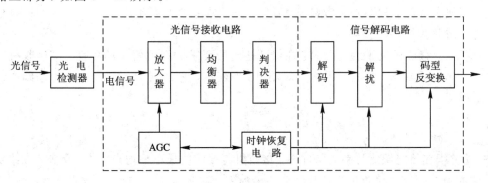

图 3－11 光接收机组成方框图

1. 光电检测器

光信号经过光纤传输到达接收端后，在接收端有一个接收光信号的元件。但是由于目前我们对光的认识还没有达到对电的认识的程度，因此我们并不能通过对光信号的直接还原而获得原来的信号。在它们之间还存在着一个将光信号转变成电信号，然后再由电子线路进行放大的过程，最后再还原成原来的信号。这一接收转换元件称作光检测器，或者光电检测器，简称检测器。

常见的光检测器包括：放大器、均衡器、判决器等。

2. 光信号接收电路

光信号接收电路主要有以下三个作用。

（1）低噪声放大。由于从光电检测器出来的电信号非常微弱，在对其进行放大时首先必须考虑的是抑制放大器的内部噪声。我们知道，制作高灵敏度光接收机时，必须使热噪声最小，因此光接收电路首先应该是低噪声电路。

（2）给光电二极管提供稳定的反向偏压。光电二极管只需 $5\sim8$ V 的非临界电压，雪崩二极管一般情况下要求偏压等于 $100\sim400$ V。因此选择合适的偏压很重要，而且在设计过程中也比较困难，需要反复调试。

（3）自动增益控制。虽然光纤信道是恒参信道，但仍有可能因为整个系统中的光电器件的性能变化、控制电路的不稳定以及器件的更换等原因，使光接收电路所接收到的信号的电平发生波动，因此光接收端必须有自动增益控制的功能。

3. 信道解码电路

信道解码电路是与发端的信道编码电路完全对应的电路，即包含解密电路、解扰电路和码型反变换电路。

4. 光接收机的指标

（1）光接收灵敏度。接收机的灵敏度是表征光接收机调整到最佳工作状态时，光接收机接收微弱光信号的能力。在数字接收机中，允许脉冲判决有一定的误差范围。如果接收机将"1"码误判为"0"码，或者将"0"码误判为"1"码，这就叫 1 个错误比特。如果在 100 个比特中判错了一个比特，则称误比特率为 1%，即 10^{-2}。数字通信要求，如果误比特率小于 10^{-6}，则基本上可以恢复原来的数字信号。如果误比特率大于 10^{-3}，则基本上不能进行正常的电话通信。对于数字光通信系统来说，一般要求系统的误比特率小于 10^{-9}，即 10 亿个脉冲中只允许发生一个误码。

因此，光接收机灵敏度定义为：在保证达到所要求的误比特率的条件下，接收机所需要的最小输入光功率。接收灵敏度一般用 dB 来表示，它是以 1 mW 光功率为基础的绝对功率，或写为

$$P_R = 10 \lg \frac{P_{min}}{10^{-3}}$$

其中，P_{min} 指在给定误比特率的条件下，接收机能接收的最小平均光功率。例如，在给定的误比特率为 10^{-9} 时，接收机能接收的最小平均光功率为 1 nW（即 10^{-9} W），光接收机灵敏度为 -60 dB。影响接收机灵敏度的主要因素是噪声，表现为信噪比。信噪比越大，表明接收电路的噪声越小，对灵敏度影响越小。光接收机灵敏度是系统性能的综合反映，除了上述接收机本身的特性以外，接收信号的波形也对灵敏度产生影响，而接收信号的波形主要由光发送机的消光比和光纤的色散来决定。光接收机灵敏度还与传输信号的码速有关，码速越高，接收灵敏度就越差。这就影响了高速传输系统的中继距离。速率越高，接收机灵敏度越差，中继距离就越短。

（2）接收机的动态范围。光接收机前置放大器输出的信号一般较弱，不能满足幅度判决的要求，因此还必须加以放大。在实际光纤通信系统中，光接收机的输入信号将随具体的使用条件而变化。造成这种变化的原因，可能是由于温度变化引起了光纤损耗的变化，也可能是由于一个标准化设计的光接收机，使用在不同的系统中，光源的强弱不同，光纤的传输距离也不同。这样，传给光接收机的光功率就不可能一样。

为了使光接收机正常工作，接收信号不能太弱，否则会造成过大的误码。但接收信号也不能太强，否则会使接收机放大器过载，而造成失真。因此光接收机正常工作时，接收光信号的强度应该有一个范围。把光接收机在保证一定误比特率条件下所能接收的最大光

功率与最小光功率之差，称作光接收机的动态范围。一般希望光接收机的动态范围越大越好，实际中一般为 16～20 dB。

3.4 光纤通信系统的组成

前面介绍过一个光纤通信系统，主要由光发射机、光纤、光接收机三部分组成。作为一个完整的光纤通信系统，其中还应包括光中继器、监控系统、脉冲复接和脉冲分离系统、告警系统以及电源系统等。如图 3 - 12 所示，图中的光发射机和光接收机已在前面介绍过，这里主要介绍光中继器和监控系统。

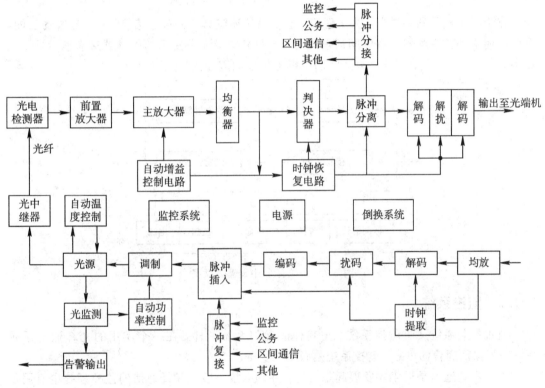

图 3 - 12 光纤通信系统原理方框图

3.4.1 光中继器

1. 光中继器的作用

目前，实用的光纤数字通信系统都是用二进制 PCM 信号对光源进行直接强度调制的。光发送机输出的经过强度调制的光脉冲信号通过光纤传输到接收端。由于受发送光功率、接收机灵敏度、光纤线路损耗、甚至色散等因素的影响及限制，光端机之间的最大传输距离是有限的。为此，需在光波信号传输过一定距离以后，加一个光中继器，以放大信号，恢复失真的波形，使光脉冲得到再生。

2. 光中继器的构成方框图

根据光中继器的上述作用，一个功能最简单的光中继器应由一个没有码型变换的光接收机和没有功放和码型变换的光发射机相接而成，如图 3 - 13 所示。显然，一个幅度受到衰减、波形发生畸变的信号经过中继器的放大、再生之后就可恢复为原来的形状。

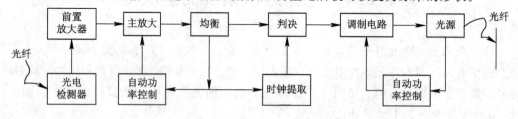

图 3 - 13　最简单的光中继器原理方框图

作为一个实用的中继器，为了便于维护，显然还应具有公务通信、监控、告警的功能，有些功能更多的中继器还有区间通信的功能。另外，实际中使用的中继器应有两套收、发设备，一套是去，一套是来。故实际的中继器方框图应如图 3 - 14 所示。

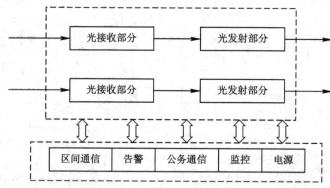

图 3 - 14　实际的中继器方框图

3.4.2　监控系统

监视控制系统又叫监控系统。与其他的通信系统一样，在一个实用的光纤通信系统中，为了保证通信的可靠，监控系统是必不可少的。

由于光纤通信是近年才发展起来的通信手段，故一般在光纤通信的监控系统中应用了许多先进监控手段，如用计算机进行集中监控等方式。

1. 监控的内容

下面将分别介绍监测和控制的内容。

1）监测的内容

（1）误码率是否满足指标要求；

（2）各个中继器是否有故障；

（3）接收光功率是否满足指标要求；

（4）光源的寿命；

（5）电源是否有故障；

（6）环境的温度、湿度是否在要求的范围内。

2）控制的内容

当光纤通信系统中的主用系统出现故障时，监控系统即由主控站发出自动倒换指令，遥控装置就将备用系统接入，将主用系统退出工作。当主用系统恢复正常后，监控系统应再发出指令，将系统从备用切换回主用系统。

当市电中断后，监控系统还要发出启动气油机发电的指令。又如当中继站温度过高，则发出启动风扇或空调的指令。同样，还可根据需要设置其他控制内容。

2．监控系统的基本组成

监控系统根据功能不同大致有三种组成方式：

（1）在一个数字段内对光传输设备和 PCM 复用设备进行监控；

（2）在具有多个方向传输的终端站内，对多个方向进行监控；

（3）对跨越数字段的设备进行集中监控。

3．监控信号的传输

从目前的情况来看，有两类方式；一类是在光缆中加金属导线来传输监控信号；另一类是由光纤来传输监控信号。

在实际应用中，第一种方法的优点是：让主信号"走"光纤；让监控信号"走"金属线。这样，主信号和监控信号可以完全分开，互不影响，光系统的设备相对简单。然而，光缆中加设金属导线，也将带来许多缺点：如由于金属线要受雷电和其他强电、磁场的干扰，会影响所传输的监控信号，使监控的可靠性要求难以满足。而且，一般来说，距离越远干扰越严重，使监控距离受到限制。鉴于上述原因，在光缆中加金属线来传输监控信号不是发展方向，将会被逐渐淘汰，而采用光纤来传输监控信号的方法会越来越普及。

3.4.3　波分复用技术（WDM）

所谓波分复用是指在一根光纤上，不只是传送一个光载波，而是同时传送多个波长不同的光载波。这样一来，原来在一根光纤上只能传送一个光载波的单一光信道变为可传送多个不同波长光载波的光信道，使得光纤的传输能力成倍增加。也可以利用不同波长沿不同方向传输来实现单根光纤的双向传输。波分复用技术（WDM，Wavelength Division Multiplexing）的工作原理一般可以分为无源波分复用器和有源波分复用器两类，每一类又可以分为若干种。比如无源波分复用器（POWDM）可以有棱镜型、熔锥型、光栅型、干涉滤波型等几类。有源波分复用器可以分为波长可调滤波器、光源方向耦合器、波长可调激光器、集成光波导等几类。目前，无源波分复用器在实际中使用较多。

波分复用技术具有以下优点：利用波分复用技术可以在不增建光缆线路或不改建原有光缆的基础上，使光缆传输容量扩大几倍甚至几十倍、上百倍，这一点在目前线路投资占很大比重的情况下，具有重要意义。目前使用的波分复用器主要是无源器件，它结构简单、体积小、可靠性高、易于光纤耦合，成本低。在波分复用技术中，各个波长的工作系统是彼此独立的，各个系统中所用的调制方式、信号传输速率等都可以不一致，甚至模拟信号和数字信号都可以在同一根光纤中占用不同的波长来传输，这样，由于波分复用系统传输的透明性，使得在使用时带来了很大的方便性和灵活性。单向传输的波分复用系统的主要构成如图 3－15 所示。

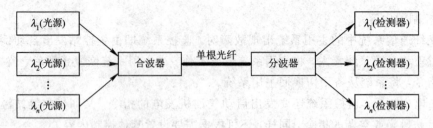

图 3 - 15   单向传输的波分复用系统示意图

如果同一个波分复用器既可用作合波也可用作分波,具有方向的可逆性,则可以在同一光纤上实现双向传输。WDM 是对多个波长进行复用,能够复用多少个波长,与相邻两波长之间的间隔有关,间隔越小,复用的波长个数就越多。一般当相邻两峰值波长的间隔为 50～100 nm 时,称为 WDM 系统。而当相邻两峰值波长间隔为 1～10 nm 时称之为密集波分复用(DWDM, Dense Wavelength Division Multiplexing)系统。DWDM 是目前市场最热的产品之一,40 nm 的 DWDM 已经进入商用。随着"IP over WDM"、"IP over DWDM"技术的产生,WDM 与 DWDM 更加备受瞩目。WDM 及 DWDM 在建设中的全光网上必然占据重要的地位。

3.5 光 纤 的 测 量

在现存及设计的光纤通信系统中,我们必须对其进行测量以确定现存及设计的光纤通信系统是否能够达到系统要求。光纤通信的测量应包括光纤本身的测量和光纤通信系统的测量。这里主要介绍光纤本身的测量。

3.5.1 光纤测量的概述

光纤和光缆的特性较多,本节主要介绍光纤特性的测量标准以及基本测量原理和方法。

1. 光纤测量系统的组成

简单的光纤测试装置由光源、耦合、探测、放大和显示五部分组成,如图 3 - 16 所示。

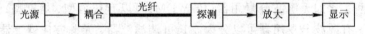

图 3 - 16   光纤参数测试系统示意图

光源用来产生测试用的不同频率的光信号。对这一部分除了要求发射具有相应波长的恒定或调制光外,还要求其在测量过程中保持稳定。为此,有时需要加上反馈系统甚至应用恒温技术,做成独立的发送机。

探测主要完成光电变换,它的作用是将光源经过光纤后传来的光信号转变为电信号,对这部分主要要求其线性好,也就是它所转变的电信号大小与它所接收的光信号强度在工作范围内保持严格的比例关系。此外,当接收高频调制光时,还应有相应的响应速度。探测部分和后面的放大电路以及显示,组成接收部分或做成单独的接收机。

耦合部分是为了提高光源和光纤之间的光耦合效率而设置的。常用光纤活动连接器或精密的微调架，有时也采用光纤熔接机将被测光纤与光源尾纤熔接起来的方法实现光耦合。

根据测试的需要，可选用白炽灯、发光二极管或激光器等作为光源，探测器则多用光电二极管或雪崩光电二极管。

由此可以看出，一般的光纤参数测试装置至少由发送、耦合、接收这三个部分组成，还要求各部分工作性能稳定可靠，对某些参数的测定还需要加入更为复杂的光路系统和扫描系统。例如，光纤衰减特性测量时，就需要加入扰模器、滤模器和包层模剥除器等稳态模功率分布装置。

扰模器是一种用强烈的几何扰动来实现模式强耦合的装置，一般用于多模光纤的衰减测量。而滤模器是一种用来选择、抑制或衰减某些模式的装置。包层模剥除器是一种促使包层模转换成辐射模的器件，它可使包层模从光纤中除掉。通过这些装置的作用，可以使模功率获得稳态分布。

2. 光纤测量的内容和方法

光纤的参数很多，基本上可以分为几何尺寸、光学特性参数和传输特性参数三大类。

对于每个光纤参数的测量方法除了 CCITT 规定的方法之外，我国还根据自己的实际情况制定了国标，凡是 CCITT 和国标认可的测试方法都是可行的。现将 CCITT G.652 建议中关于光纤主要参数测量方法列于表 3-5。

表 3-5 光纤参数测试方法

项 目	测 试 方 法		备 注
	基准方法	替代方法	
几何尺寸	折射近场法	近场法、显微镜法	
最大数值孔径	远场法	折射近场法	多模光纤
折射率分布	折射近场法		多模光纤
衰减系数	截断法	插入法、背向散色法	
带宽	频域法 时域法		多模光纤
模场直径	近场法 远场法		单模光纤
截止波长	传输功率法		单模光纤
色散	相移法	干涉法 脉冲时延法	单模光纤

3.5.2 单模光纤模场直径的测量

从理论上讲单模光纤中只有基模（LP01）传输，基模场强在光纤横截面中的存在与光纤的结构有关，而模场直径就是衡量光纤模截面上一定场强范围的物理量。对于均匀单模光纤，基模场强在光纤横截面上近似为高斯分布，通常将纤芯中场强分布曲线最大值 $1/e$ 处所对应的宽度定义为模场直径。简单说来，它是描述光纤中光功率沿光纤半径的分布状态，或者说是描述光纤所传输的光能的集中程度的参量。因此测量单模光纤模场直径的核心就是要测出这种分布。

测量单模光纤模场直径的方法有：横向位移法和传输功率法。下面介绍传输功率法。测量系统的原理方框示意如图 3 - 17 所示。

图 3 - 17　单模光纤模场直径的测量

取一段 2 m 长的被测光纤，将端面处理后放入测量系统中，测量系统主要由光源和角度可以转动的光电检测器构成。光纤的输入端应与光源对准。另外为了保证只测主模（LP01）而没有高次模，在系统中加了一只滤模器，最简单的办法是将光纤打一个直径 60 mm 的小圆圈。当光源所发的光通过被测光纤，在光纤末端得到远场辐射图时，用检测器沿极坐标作测量，即可测得输出光功率与扫描角度间的关系，$P-\theta$ 线如图 3 - 18 所示。然后，按模场直径的定义公式输入 P 和 θ 值，由计算机按计算程序算出模场直径。

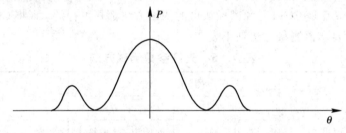

图 3 - 18　模场直径的 $P-\theta$ 分布曲线

3.5.3　光纤损耗特性的测量

光纤损耗是光纤的一个重要传输参数。由于光纤有衰减，光纤中光功率随距离是按指数规律减小的。但是，单模光纤或近似稳态的模式分布的多模光纤衰减系数 α 是一个与位置无关的常数。若设 $P(z_1)$ 为 $z=z_1$ 处的光功率，即输入光功率。若设 $P(z_2)$ 为 z_2 处的光功率，即这段光纤的输出功率。因此，光纤的衰减系数 α 定义为

$$\alpha = 10 \lg \frac{\left[P(z_1)/P(z_2)\right]}{z_1 - z_2}$$

因此，只要知道了光纤长度 $z_2 - z_1$ 和 z_2、z_1 处的光功率 $P(z_1)$、$P(z_2)$，就可算出这段光纤的衰减系数 α。测量光纤的损耗有很多种办法，下面介绍截断法。

截断法是一种测量精度最好的办法，但是其缺点是要截断光纤。这种测量方法的测量方框图如图 3 - 19 所示。

取一条被测的长光纤接入测量系统中，并在图中的"2"点位置用光功率计测出该点的光功率 $P(z_2)$。然后，保持光源的输入状态不变，在被测量光纤靠近输入端"1"点处将光纤截断，测量"1"点处的光功率 $P(z_1)$。这个测量过程等于测了 1～2 两点间这段光纤的输入光功率 $P(z_1)$ 和输出光功率 $P(z_2)$，又知道"1"、"2"点间的距离 $z_2 - z_1$，因此，将这些值代入上面的公式，即可算出这段光纤的平均衰减系数。

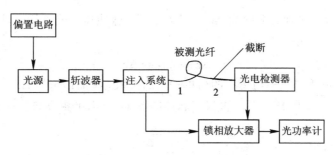

图 3 - 19　截断法测量损耗的方框图

在测量方框图中斩波器(又称截光器)是一种能周期断续光束的器件。例如是一个有径向开缝的转盘,它将直流光信号变为交变光信号,作为参考光信号送到锁相放大器中,与通过了被测光纤的光信号锁定,以克服直流漂移和暗电流等影响,从而确保测量精度。

3.5.4　光纤色散与带宽测量

光纤的色散特性是影响光纤通信传输容量和中继距离的一个重要因素。在数据信号通信中,如色散大,光脉冲展宽就严重,在接收端就可能因脉冲展宽而出现相邻脉冲的重叠,从而出现误码。为了避免出现这种情况,只好使码元间隔加大,或使传输距离缩短。显然这就使得传输容量降低,中继距离变短,这是人们所不希望的。在模拟传输中,同样由于色散大,不同频率的模拟光信号频谱不相同,在接收端就会使模拟信号出现严重失真。同样为了避免出现这种情况,只好使传输模拟带宽下降,或传输距离缩短,这是人们所不希望的。为此,高码率、宽带宽模拟信号的光纤通信系统对光纤的色散就要认真考虑。如同前面所述,因为光纤色散会造成光脉冲的波形展宽,这是从时域观点分析的情况,若是从频域角度来看,光纤有色散就表示光纤是有一定传输带宽的。因此脉冲展宽和带宽是从不同角度描述光纤传输特性的两个紧密联系的参量。

从测量方法上来看,与此对应也有两种方法。一种是从时域角度来测量光脉冲的展宽;另一种是从频域角度来测量光纤的基带宽度。

1. 用时域法测量光脉冲的展宽

(1)测量原理。首先为了使问题还不至于复杂,假设输入光纤和从光纤输出的光脉冲波形都近似为如图 3 - 20 所示的高斯分布。图 3 - 20(b)是光纤输入光功率 $p_{in}(t)$ 的波形图,从最大值 A_1 降到 $A_1/2$ 时的宽度为 $\Delta\tau_1$。图 3 - 20(a)是光纤的输出光功率 $p_{out}(t)$ 的波

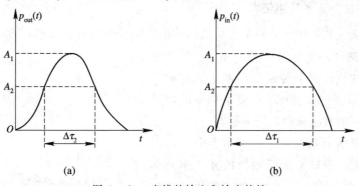

(a)　　　　　　　　　　　　　　(b)

图 3 - 20　光线的输入和输出特性

形图，其幅度降为一半时的宽度为 $\Delta\tau_2$，可以证明，脉冲通过光纤后的展宽 $\Delta\tau$ 与其输入、输出波形宽度 $\Delta\tau_1$ 和 $\Delta\tau_2$ 的关系为

$$\Delta\tau = \Delta\tau_1^2 - \Delta\tau_2^2$$

由此可见，$\Delta\tau$ 不是 $\Delta\tau_2$ 与 $\Delta\tau_1$ 的简单相减的关系。将测出来的 $\Delta\tau_1$ 和 $\Delta\tau_2$ 代入上式可算出脉冲展宽 $\Delta\tau$。求出 $\Delta\tau$ 以后，再根据脉冲的展宽 $\Delta\tau$ 求出相应的带宽 f_B 间公式

$$f_B = \frac{0.44}{\Delta\tau}$$

将 $\Delta\tau$ 代入式中可求出相应的光纤每千米带宽。若 $\Delta\tau$ 的单位用 ns，则 f_B 的单位是 MHz。

（2）测量方框图。用时域法测量光纤的脉冲展宽（进而计算出光纤带宽的方框图如图 3-21 所示）。首先用一台脉冲信号发生器去调制一个激光器。从激光器输出的光信号通过分光镜分为两路。一路进入被测光纤（由于色散作用，这一路的光脉冲信号被展宽），经光纤传输到达光电检测器 1 和接收机 1，送入双踪取样示波器并显示出来，这个波形相当于前面讲的 $p_{out}(t)$。另一路，不经过被测光纤，通过反射镜直接进入光检测器 2 和接收机器 2，然后也被送入双踪示波器显示出来。由于这个波形没有经过被检测光纤，故相当于被测光纤输入信号的波形，即相当于 $p_{in}(t)$。从显示出的脉冲波形上分别测得 $p_{in}(t)$ 的宽度 $\Delta\tau_1$ 和 $p_{out}(t)$ 的宽度 $\Delta\tau_2$。这样就可将 $\Delta\tau_1$ 和 $\Delta\tau_2$ 带入以上两式，最终算出带宽 f_B。最后还应该指出，用这种方法测量单模光纤比较困难，因为其 $\Delta\tau$ 太小。

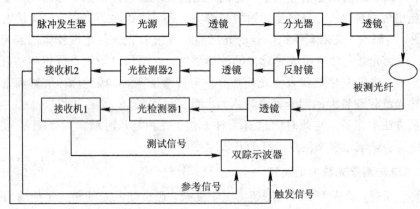

图 3-21 用时域法测量光纤中光脉冲展宽的方框图

2. 用频域法测量光脉冲带宽

频域法测量，就是用一个频率连续变化的正弦信号去调制激光器，从而研究光纤对于不同的频率来调制的光信号的传输能力。具体地说，就是要设法测出光纤传输已调制光波的频率响应特性，如图 3-22 所示。得到了频率响应特性后，即可按一般方法求出光纤的带宽。

设输入被测光纤的光功率是调制频率 f 的函数，记为 $p_{in}(f)$。设被测光纤输出的光功率是调制频率 f 的关系，记为 $p_{out}(f)$。则被测光纤的频

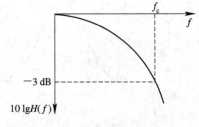

图 3-22 光纤的频率响应特性曲线

率响应特性 $H(f)=p_{out}(f)/p_{in}(f)$，若以半功率点来确定光纤的带宽 f_c，即 $10\ \lg H(f)=$ $10\ \lg[p_{out}(f)/p_{in}(f)]=10\ \lg(1/2)=-3\ dB$。$f_c$ 称为光纤的 3 dB 光带宽。用频域法测量光纤带宽的方框图如图 3－23 所示。由于测量光纤的频率响应特性，需要测出输入光纤的光功率特性和从光纤输出的光功率特性，即需要得到两个信号，故在图 3－23 中用一条短光纤的输出光功率来代替被测光纤的输入光功率。在图 3－23 中，由扫频信号发生器输出一个频率连续可调的正弦信号。利用这个信号去对激光器的光信号进行强度调制，然后将这个已调光信号耦合进光开关，由光开关依次送出两路信号，一路光信号进入短光纤，经短光纤后面的光电检测器送入频谱分析仪。用短光纤的输出信号来代替被测光纤的输入信号(由于光纤短，经过传输后信号变化很小，故可以认为是输入信号)。另一路光信号是经过光开关送入被测光纤，由连续的正弦波调制的光信号经过光纤传输，携带了被测光纤对不同调制频率光信号的反应，从光纤输出，经光电检测器送入频谱分析仪。这样频谱分析仪中就得到了被测光纤的输入和输出两种光信号，因此，就可得到被测光纤的频率响应，从而可测出光纤的带宽。

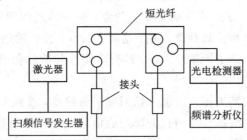

图 3－23　用频率法测量光脉冲带宽的原理方框图

习　　题

1. 光纤通信系统与电通信方式相比具有哪些优点？
2. 光纤有哪几种类型？各有哪些特点？
3. 请说明光的全反射原理，并说明其是如何在光纤中传播的？
4. 什么是多模光纤？如何保证光纤中的单模传输？
5. 常用的光缆结构形式有哪几种，各有哪些优点？
6. 在光纤通信系统中、光发射电路与光接收电路的作用是什么？
7. 光电检测器在光接收机中的作用是什么？
8. 什么是光接收机的灵敏度？
9. 请简要说明光纤通信中的波分复用原理。
10. 请说明光纤测量系统主要由哪些单元构成？
11. 什么是光纤的损耗，造成光纤损耗的主要原因是什么？

第四章　扩频通信系统

4.1　扩频通信的基本概念

扩频通信是利用伪随机编码对将要传送的信息数据进行调制，实现频谱扩展后再传输的；在接收端则采用相同的伪随机码进行解调及相关处理，恢复成原始信息数据。这种通信方式与常规的窄带通信方式的区别主要有两点：一是信息的频谱扩展后形成宽带传输；二是相关处理后恢复成窄带信息数据。由于这两大特点，使扩频通信具有抗干扰、抗噪音、抗多径衰落、具有保密性、功率谱密度低、具有隐蔽性和低截获概率、可多址复用和任意选址、高精度测量等优点。

自 20 世纪 50 年代中期美国军方就开始研究扩频技术，直到 20 世纪 80 年代初才被应用于民用通信领域。为了满足日益增长的民用通信容量的需求和有效地利用频谱资源，各国都纷纷提出在数字蜂窝移动通信、卫星移动通信和军事通信中采用扩频技术。扩频技术已广泛应用于蜂窝电话、无绳电话、微波通信、无线数据通信、遥测、监控、报警、电子对抗等系统中。

4.1.1　扩频通信的定义

所谓扩展频谱通信，可简单表述如下："扩频通信技术是一种信息传输方式，其信号所占有的频带宽度远大于所传信息必需的最小带宽；频带的扩展是通过一个独立的码序列来完成，并用编码及调制的方法来实现的，与所传信息数据无关；在接收端则用同样的码进行相关同步接收、解扩及恢复所传信息数据"。这一定义包含了以下三方面的意思。

1. 信号的频谱被展宽

传输任何信息都需要一定的带宽，我们称之为信息带宽。例如人类的语音信息带宽为 300～3400 Hz，电视图像信息带宽为 6 MHz。为了充分利用频率资源，通常都是尽量采用大体相当的带宽的信号来传输信息。如用调幅信号来传送语音信息，其带宽为语音信息带宽的两倍；电视广播射频信号带宽也只是其视频信号带宽的一倍多。这些都属于窄带通信。一般的调频信号，或脉冲编码调制信号，它们的带宽与信息带宽之比也都在几到十几之内。而扩展频谱通信信号带宽与信息带宽之比则高达 100～1000，属于宽带通信。

2. 采用扩频码序列调制的方式来展宽信号频谱

我们知道，在时间上有限的信号，其频谱是无限的。例如很窄的脉冲信号，其频谱则很宽。信号的频带宽度与其持续时间近似成反比。1 μs 脉冲的带宽约为 1 MHz。因此，如果用很窄的脉冲序列被所传信息调制，则可产生很宽频带的信号。如下面介绍的直接序列扩频系统就是采用这种方法获得扩频信号的。这种很窄的脉冲码序列，其码速率是很高的，称为扩频码序列。这里需要说明的是所采用的扩频码序列与所传信息数据是无关的，也就是说它与一般的正弦载波信号一样，丝毫不影响信息传输的透明性。扩频码序列仅仅起扩展信号频谱的作用。

3. 在接收端用相关解调来解扩

正如在一般的窄带通信中，已调信号在接收端都要进行解调来恢复所传的信息。在扩频通信中接收端则用与发送端相同的扩频码序列与收到的扩频信号进行相关解调，恢复所传的信息。换句话说，这种相关解调起到了解扩的作用，即把扩展以后的信号又恢复成原来所传的信息。这种在发端把窄带信息扩展成宽带信号，而在收端又将其解扩成窄带信息的处理过程会带来一系列好处。弄清楚扩频和解扩处理过程的机制，是理解扩频通信本质的关键所在。

4.1.2 扩频通信的理论基础

长期以来，人们总是想法使信号所占频谱尽量地窄，以充分利用十分宝贵的频谱资源。为什么要用这样宽频带的信号来传送信息呢？简单的回答就是为了通信的安全可靠。扩频通信的基本特点是传输信号所占用的频带宽度（f_W）远大于原始信息本身实际所需的最小（有效）带宽（f_B），其比值称为处理增益 G_P：

$$G_P = \frac{f_W}{f_B} \tag{4-1}$$

众所周知，任何信息的有效传输都需要一定的频率宽度，如话音为 $1.7 \sim 3.1$ kHz，电视图像则宽到数兆赫兹。为了充分利用有限的频率资源，增加通路数目，人们广泛选择不同的调制方式，采用宽频信道（同轴电缆、微波和光纤等）和压缩频带等措施，同时力求使传输的媒介中传输的信号占用尽量窄的带宽。在现今使用的电话、广播系统中，无论是采用调幅、调频或脉冲编码调制制式，G_P 值一般都在十多倍范围内，统称为"窄带通信"。而扩频通信的 G_P 值，高达数百、上千，称为"宽带通信"。扩频通信的可行性是从信息论和抗干扰理论的基本公式中引申而来的。信息论中关于信息容量的仙农（Shannon）公式为

$$C = f_W \, \text{lb}\left(1 + \frac{P}{N}\right) \tag{4-2}$$

式中，C 为信道容量（用传输速率度量）；f_W 为信号频带宽度；P 为信号功率；N 为白噪声功率。式（4-2）说明，在给定的传输速率 C 不变的条件下，频带宽度 f_W 和信噪比 P/N 是可以互换的。即可通过增加频带宽度的方法，在较低的信噪比 $P/N(S/N)$ 情况下，传输信息。扩展频谱换取信噪比要求的降低，正是扩频通信的重要特点，并由此为扩频通信的应用奠定了基础。扩频通信可行性的另一理论基础是柯捷尔尼可夫关于信息传输差错概率的公式：

$$P_{owj} \gg f\left(\frac{E}{N_0}\right) \tag{4-3}$$

式中，P_{owj} 为差错概率；E 为信号能量；N_0 为噪声功率谱密度。

因为，信号功率 $P = E/T$（T 为信息持续时间），噪声功率 $N = f_W N$（f_W 为信号频带宽

度），信息带宽 $F=1/T$，则式(4-3)可化为

$$P_{owj} \gg f\left(Tf_w \cdot \frac{P}{N}\right) = f\left(\frac{P}{N} \cdot \frac{f_w}{f_B}\right) \tag{4-4}$$

式(4-4)说明，对于一定带宽 f_B 的信息而言，用 G_P 值较大的宽带信号来传输，可以提高通信抗干扰能力，保证在强干扰条件下通信的安全可靠。亦即式(4-4)与式(4-2)一样，说明信噪比和带宽是可以互换的。

总之，我们用信息带宽的 100 倍，甚至 1000 倍以上的宽带信号来传输信息，就是为了提高通信的抗干扰能力，即在强干扰条件下保证可靠安全地通信。这就是扩展频谱通信的基本思想和理论依据。

4.1.3 扩频通信的主要性能指标

处理增益和抗干扰容限是扩频通信系统的两个重要性能指标。处理增益 G 也称扩频增益(Spreading Gain)，它定义为频谱扩展前的信息带宽 f_B 与频带扩展后的信号带宽 f_w 之比 ($G=f_w/f_B$)。在扩频通信系统中，接收机作扩频解调后，只提取伪随机编码相关处理后的带宽为 f_B 的信息，而排除掉宽频带 f_w 中的外部干扰、噪音和其他用户的通信影响。因此，处理增益 G 反映了扩频通信系统信噪比改善的程度。

抗干扰容限是指扩频通信系统能在多大干扰环境下正常工作的能力，定义为 $M_j = G-[(S/N)_{out}+L_s]$，其中，$M_j$ 为抗干扰容限，G 为处理增益，$(S/N)_{out}$ 为信息数据被正确解调而要求的最小输出信噪比，L_s 为接收系统的工作损耗。

例如，一个扩频系统的处理增益为 35 dB，要求误码率小于 10^{-5} 的信息数据解调的最小输出信噪比 $(S/N)_{out} < 10$ dB，系统损耗 $L_s=3$ dB，则干扰容限 $M_j=35-(10+3)=22$ dB。这说明，该系统能在干扰输入功率电平比扩频信号功率电平高 22 dB 的范围内正常工作，也就是该系统能够在接收输入信噪比大于或等于 -22 dB 的环境下正常工作。由于扩频通信能大大扩展信号的频谱，发端用扩频码序列进行扩频调制，以及在收端用相关解调技术，使其具有许多窄带通信难于替代的优良性能，因此在从军用转为民用后，迅速推广到各种公用和专用通信网络之中。扩频通信主要有以下几项特点：

1. 易于重复使用频率，提高了无线频谱利用率

虽然从长波到微波都存在干扰，但是无线频谱资源仍然十分珍贵，为此，世界各国都设立了频率管理机构，用户只能使用申请获准的频率。扩频通信发送功率极低（1～650 mW），采用了相关接收这一技术，且可工作在信道噪声和热噪声背景中，易于在同一地区重复使用同一频率，也可与现今各种窄带通信共享同一频率资源。所以，在美国及世界绝大多数国家，扩频通信不需申请频率，任何个人与单位可以无执照使用。

2. 抗干扰性强，误码率低

扩频通信在空间传输时所占有的带宽相对较宽，而收端又采用相关检测的办法来解扩，使有用宽带信息信号恢复成窄带信号，而把非所需信号扩展成宽带信号，然后通过窄带滤波技术提取有用的信号。这样，对于各种干扰信号，因其在收端的非相关性，解扩到窄带信号频带中的干扰信号只有很微弱的成分，信噪比很高，因此抗干扰性强。

如上述例子，当 $G_P=35$ dB 时，抗干扰容限 $M_j=22$ dB，即在负信噪比（-22 dB）条件

下，也可以将信号从噪声中提取出来。在目前商用的通信系统中，扩频通信是惟一能够工作于负信噪比条件下的通信方式。对于宽带干扰和脉冲干扰在扩频设备中如何被抑制的物理过程，可以用图 4-1 和图 4-2 加以说明。对于各种形式人为的（如电子对抗中）干扰或其他窄带或宽带（扩频）系统的干扰，只要波形、时间和码元稍有差异，解扩后仍然保持其宽带性，而有用信号将被压缩，如图 4-1 所示。

图 4-1　扩频系统抗宽带干扰能力示意图

（a）接收输入端；（b）解扩后

对于脉冲干扰，带宽将被展宽到 f_B，而有用信号恢复（压缩）后，保证高于干扰，如图 4-2 所示。

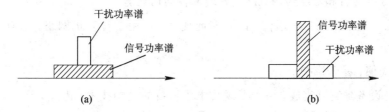

图 4-2　扩频系统抗脉冲干扰能力示意图

（a）接收输入端；（b）解扩后

由于扩频系统这一优良性能，误码率很低，正常条件下可低到 10^{-10}，最差条件下约 10^{-6}，完全能满足国内相关系统对通道传输质量的要求。

3. 隐蔽性好，对各种窄带通信系统的干扰很小

由于扩频信号在相对较宽的频带上被扩展了，单位频带内的功率很小，信号被淹没在噪声里，一般不容易被发现，而想进一步检测信号的参数（如伪随机编码序列）就更加困难，因此说其隐蔽性好。再者，由于扩频信号具有很低的功率谱密度，它对目前使用的各种窄带通信系统的干扰很小。

4. 可以实现码分多址

扩频通信提高了抗干扰性能，但付出了占用频带宽的代价。如果让许多用户共用这一宽频带，则可大大提高频带的利用率。由于在扩频通信中存在扩频码序列的扩频调制，因此充分利用各种不同码型的扩频码序列之间优良的自相关特性和互相关特性，可以在接收端利用相关检测技术进行解扩，在分配给不同用户码型的情况下可以区分不同用户的信号，提取出有用信号。这样一来，在一宽频带上许多对用户可以同时通话而互不干扰。

5. 抗多径干扰

在无线通信的各个频段，长期以来，多径干扰始终是一个难以解决的问题。在以往的窄带通信中，采用两种方法来提高抗多径干扰的能力：一是把最强的有用信号分离出来，排除其他路径的干扰信号，即采用分集/接收技术；二是设法把不同路径来的不同延迟、不

同相位的信号在接收端从时域上对齐相加，合并成较强的有用信号，即采用梳状滤波器的方法。这两种技术在扩频通信中都易于实现。利用扩频码的自相关特性，在接收端，从多径信号中提取和分离出最强的有用信号，或把从多个路径来的同一码序列的波形相加合成，这相当于梳状滤波器的作用。另外，在采用频率跳变扩频调制方式的扩频系统中，由于用多个频率的信号传送同一个信息，实际上起到了频率分集的作用。

6. 能精确地定时和测距

我们知道电磁波在空间的传播速度是固定不变的光速。人们自然会想到如果能够精确测量电磁波在两个物体之间传播的时间，也就等于测量出了两个物体之间的距离。在扩频通信中如果扩展频谱很宽，则意味着所采用的扩频码速率很高，每个码片所占用的时间就很短。当发射出去的扩频信号在被测物体反射回来后，在接收端解调出扩频码序列，然后比较收发两个码序列相位之差，就可以精确测出扩频信号往返的时间差，从而算出两者之间的距离。测量的精度取决于码片的宽度，也就是扩展频谱的宽度。码片越窄，扩展的频谱越宽，精度越高。

7. 适合数字话音和数据传输，以及开展多种通信业务

扩频通信一般都采用数字通信、码分多址技术，适用于计算机网络，适合于数据和图像传输。

8. 安装简便，易于维护

扩频通信设备是高度集成，采用了现代电子科技的尖端技术，因此，十分可靠、小巧，大量运用后成本低，安装便捷，易于推广应用。

4.1.4 扩频通信的工作原理

扩频通信的一般工作原理如图 4-3 所示。

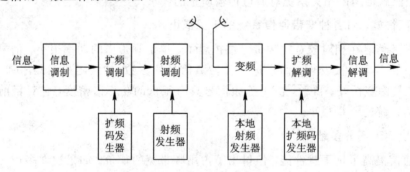

图 4-3 扩频通信的工作原理

在发端输入的信息先经信息调制形成数字信号，然后由扩频码发生器产生的扩频码序列对其进行调制以展宽信号的频谱。展宽后的信号再调制到射频发送出去。在接收端收到的宽带射频信号，变频至中频，然后由本地产生的与发端相同的扩频码序列去相关解扩。再经信息解调，恢复成原始信息输出。

由此可见，一般的扩频通信系统都要进行三次调制和相应的解调。一次调制为信息调制，二次调制为扩频调制，三次调制为射频调制，以及相应的射频解调、解扩和信息解调。与一般通信系统比较，扩频通信就是多了扩频调制和解扩两部分。

4.1.5 扩频通信的工作方式

1. 直接序列扩频工作方式

所谓直接序列(DS，Direct Sequence)扩频，就是直接用具有高码率的扩频码序列在发端扩展信号的频谱。而在收端，用相同的扩频码序列进行解扩，就可以把展宽的扩频信号还原成原始的信息。直接序列扩频的原理如图 4-3 所示。例如我们用窄脉冲序列对某一载波进行二相相移键控调制，如果采用平衡调制器，则调制后的输出为二相相移键控信号，它相当于载波抑制的调幅双边带信号。图 4-3 中输入载波信号的频率为 f_c，窄脉冲序列的频谱函数为 $G(C)$，它具有很宽的频带。平衡调制器的输出则为两倍脉冲频谱宽度，而 f_c 被抑制的双边带的展宽了的扩频信号，其频谱函数为 $f_c+G(C)$。

在接收端应用相同的平衡调制器作为解扩器。可将频谱为 $f_c+G(C)$ 的扩频信号用相同的码序列进行再调制，将其恢复成原始的载波信号 f_c。

2. 跳变频率工作方式

另外一种扩展信号频谱的方式称为跳频(FH，Frequency Hopping)。所谓跳频，比较确切的意思是：用一定码序列进行选择的多频率频移键控。也就是说，用扩频码序列去进行频移键控调制，使载波频率不断地跳变，所以称为跳频。简单的频移键控如 2FSK，只有两个频率，分别代表传号和空号。而跳频系统则有几个、几十个、甚至上千个频率，由所传信息与扩频码的组合去进行选择控制，不断跳变。图 4-4(a)为跳频的原理示意图。发端信息码序列与扩频码序列组合以后按照不同的码字去控制频率合成器。从图 4-4(b)中可以看出频域上的输出频谱在一宽频带内所选择的某些频率随机地跳变。在收端，为了解跳频信号，需要有与发端完全相同的本地扩频码去控制本地频率合成器，使其输出的跳频信号能在混频器中与接收信号差频出固定的中频信号，然后经中频带通滤波器及信息解调器输出恢复的信息。

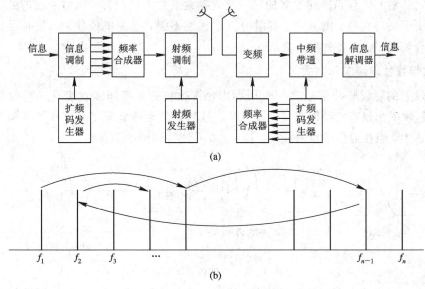

(a)

(b)

图 4-4 跳频系统示意图

总之，跳频系统占用了比信息带宽要宽得多的频带。

3. 跳变时间工作方式

与跳频相似，跳时方式(TH，Time Hopping)是使发射信号在时间轴上跳变。首先把时间轴分成许多时片。在一帧内哪个时片发射信号由扩频码序列去进行控制。可以把跳时理解为：用一定码序列进行选择的多时片的时移键控。由于采用了窄很多的时片去发送信号，相对来说，信号的频谱也就展宽了。图 4 - 5(a)是跳时系统的原理方框图。在发端，输入的数据先存储起来，由扩频码发生器的扩频码序列去控制通—断开关，经二相或四相调制后再经射频调制后发射。在收端，由射频接收机输出的中频信号经本地产生的与发端相同的扩频码序列控制通—断开关，再经二相或四相解调器，送到数据存储器和再定时后输出数据。只要收发两端在时间上严格同步进行，就能正确地恢复出原始数据。

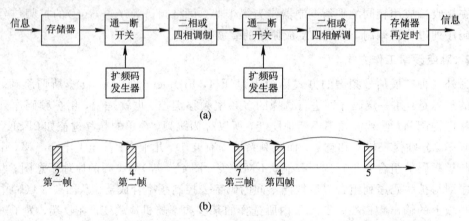

(a)

(b)

图 4 - 5　跳时系统示意图

跳时也可以看成是一种时分系统，所不同的地方在于它不是在一帧中固定分配一定位置的时片，而是由扩频码序列控制的按一定规律跳变位置的时片。跳时系统的处理增益等于一帧中所分的时片数。由于简单的跳时抗干扰性不强，很少单独使用。跳时通常都与其他方式结合使用，组成各种混合方式。

4. 宽带线性调频工作方式

如果发射的射频脉冲信号在一个周期内，其载频的频率作线性变化，则称为线性调频。因为其频率在较宽的频带内变化，所以信号的频带也被展宽了。这种扩频调制方式主要用在雷达中，但在通信中也有应用。图 4 - 6 是线性调频的示意图。

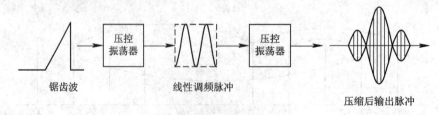

图 4 - 6　线性调频示意图

发端有一锯齿波去调制压控振荡器，从而产生线性调频脉冲，它和扫频信号发生器产生的信号一样。在收端，线性调频脉冲由匹配滤波器对其进行压缩，把能量集中在一个很短的时间内输出，从而提高了信噪比，获得了处理增益。匹配滤波器可采用色散延迟线，它是一个存储和累加器件。其作用机理是对不同频率的延迟时间不一样。如果使脉冲前后两端的频率经不同的延迟后一同输出，则匹配滤波器就起到了脉冲压缩和能量集中的作用。匹配滤波器输出信噪比的改善是脉冲宽度与调频频偏乘积的函数。一般，线性调频在通信中很少应用。

5. 各种混合方式

在上述几种基本的扩频方式的基础上，可以组合起来，构成各种混合方式。例如 DS/FH、DS/TH、DS/FH/TH 等等。一般说来，采用混合方式看起来在技术上要复杂一些，实现起来也要困难一些。但是，不同方式结合起来的优点有时能得到很好的效果，例如 DS/FH 系统，就是一种中心频率在某一频带内跳变的直接序列扩频系统，其信号的频谱如图 4 - 7 所示。

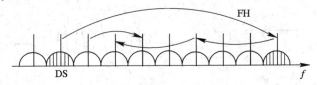

图 4 - 7 DS/FH 系统频谱图

由图可见，一个 DS 扩频信号在一个更宽的频带范围内进行跳变。DS/FH 系统的处理增益为 DS 和 FH 处理增益之和。因此，有时采用 DS/FH 反而比单独采用 DS 或 FH 能获得更宽的频谱和更大的处理增益。甚至有时相对来说，其技术复杂性比单独用 DS 来展宽频谱或用 FH 在更宽的范围内实现频率的跳变还要容易些。对于 DS/TH 方式，它相当于在扩频方式中加上时间复用。采用这种方式可以容纳更多的用户。在实现上，DS 本身已有严格的收发两端扩频码的同步。加上跳时，只不过增加了一个通—断开关，并不增加太多技术上的复杂性。对于 DS/FH/TH，它把三种扩频方式组合在一起，在技术实现上肯定是很复杂的。但是对于一个有多种功能要求的系统，DS、FH、TH 可分别实现各自独特的功能。因此，对于需要同时解决诸如抗干扰、多址组网、定时定位、抗多径和远—近问题时，就不得不同时采用多种扩频方式。

4.2 直接序列扩频系统

4.2.1 直扩系统的组成与原理

1. 组成与原理

前面已经说过，所谓直接序列(DS)扩频，就是直接用具有高码率的扩频码序列在发端去扩展信号的频谱。而在收端，用相同的扩频码序列去进行解扩，把展宽的扩频信号还原成原始的信息。图 4 - 8 为直扩系统的组成与原理方框图。

在图 4 - 8(a)中，假定发送的是一个频带限于 f_{in} 以内的窄带信息。将此信息在信息调制器中先对某一副载频率 f_0 进行调制(例如进行调幅或窄带调频)，得到一中心频率为 f_0

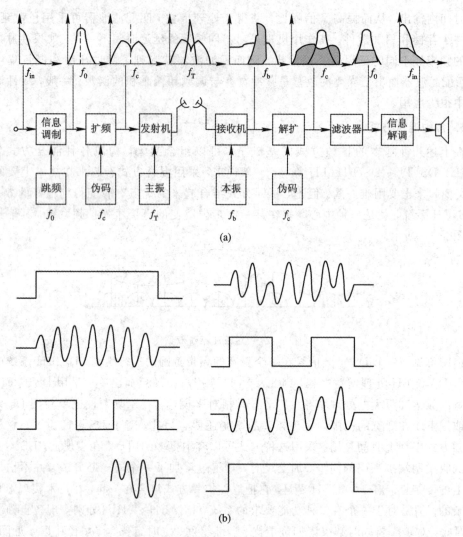

图 4 - 8　直扩系统的组成与原理方框图

而带宽为 $2f_{in}$ 的信号，即通常的窄带信号。一般的窄带通信系统直接将此信号在发射机中对射频进行调制后由天线辐射出去。但在扩展频谱通信中还需要增加一个扩展频谱的处理过程。常用的一种扩展频谱的方法就是用一高码率 f_c 的随机码序列对窄带信号进行二相相移键控调制，如图 4 - 8(b) 中的发端波形。二相相移键控相当于载波抑制的调幅双边带信号。选择 $f_c \gg f_0 > f_{in}$。这样得到了带宽为 $2f_c$ 的载波抑制的宽带信号。这一扩展了频谱的信号再送到发射机中去对射频 f_T 进行调制后由天线辐射出去。信号在射频信道传输过程中必然受到各种外来信号的干扰。因此，在收端，进入接收机的除有用信号外还存在干扰信号。假定干扰为功率较强的窄带信号，宽带有用信号与干扰信号同时经变频至中心频率为中频 f_T 输出。不言而喻，对这一中频宽带信号必须进行解扩处理才能进行信息解调。解扩实际上就是扩频的反变换，通常也是用与发端相同的调制器，并用与发端完全相同的伪随机码序列对收到的宽带信号再一次进行二相相移键控。从图 4 - 8(b) 中收端波形可以看出，再一次的相移键控正好把扩频信号恢复成相移键控前的原始信号。从频谱上看则表现为宽带信号被解扩压缩还原成窄带信号。这一窄带信号经中频窄带滤波器后至信息解调器再恢复成原始信息。但是对于进入接收机的强窄带干扰信号，在收端调制器中同样也受到伪随机码的双相相移键控调制，它反而使窄带干扰变成宽带干扰信号。由于干扰信号频谱的扩展，经过中频带通滤波作用，只允许通带内的干扰通过，使干扰功率大为减少。由此可见，接收机输入端的信号与噪声经过解扩处理，使信号功率集中起来通过滤波器，同时使干扰功率扩散后被滤波器大量滤除，结果便大大提高了输出端的信号噪声功率比。这一过程说明了直扩系统的基本原理和它是怎样通过对信号进行扩频与解扩处理从而获得提高输出信噪比的好处的。它体现了直扩系统的抗干扰能力。

综上所述，直扩系统的特点是：

（1）频谱的扩展是直接由高码率的扩频码序列进行调制而得到的；

（2）扩频码序列多采用伪随机码，也称为伪噪声（PN）码序列；

（3）扩频调制方式多采用 BPSK 或 QPSK 等幅调制，扩频和解扩的调制解调器多采用平衡调制器，制作简单又能抑制载波；

（4）模拟信息调制多采用频率调制（FM），而数字信息调制多采用脉冲编码调制（PCM）或增量调制（ΔM）；

（5）接收端多采用产生本地伪随机码序列对接收信号进行相关解扩，或采用匹配滤波器来解扩信号；

（6）扩频和解扩的伪随机码序列应有严格的同步，码的搜捕和跟踪多采用匹配滤波器或利用伪随机码的优良的自相关特性在延迟锁定环中实现；

（7）一般需要用窄带通滤波器来排除干扰，以实现其抗干扰能力的提高。

2. 直扩信号的波形与频谱

任何周期性的时间波形都可以看成是许多不同幅度、频率和相位的正弦波之和。这些不同的频率成分，在频谱上占有一定的频带宽度。单一频率的正弦波，在频谱上只有一条谱线，而周期性的矩形脉冲序列，则有许多谱线。任何周期性的时间波形，可以用傅氏级数展开的数学方法求出它的频谱分布图。现在以矩形脉冲序列为例来说明其间的关系。图 4-9(a) 中为一周期性矩形脉冲序列 $f(t)$ 的波形及其频谱函数 $A_n(f)$。

图中 E 为脉冲的幅度，τ_0 为脉冲的宽度，T_0 为脉冲的重复周期。设 $T_0 = 5\tau_0$，从图中可以看出 $f(t)$ 的 $A_n(f)$ 分布为一系列离散谱线，由基频 f_0 及其高次谐波组成。随着谐波频率的升高、幅度逐渐衰减。对于棱角分明的波形，在理论上包含有无限多的频谱成分。不难证明，时间有限的波形，频谱是无限的；相反，频谱有限的信号，在时间上也是无限的。但一般来说，信号的能量主要集中在频谱的主瓣内，即频率从 0 开始到频谱经过第一个 0 点的频率为止的宽度内，称为信号的频带宽度，以 f_B 表示。从数学分析可知，信号谱线间隔取决于脉冲序列的重复周期，即 $f_0 = 1/T_0$。而信号频带宽度取决于脉冲的宽度，即 $f_B = 1/\tau_0$。在图 4-9(b) 中，如果脉冲重复周期增加一倍，基频降低一半，则谱线间隔也减少一半，谱线密度增加一倍，此时 f_B 不变。如果脉冲重复周期不变，而脉冲宽度减少一半（$\tau_1 = \tau_0/2$），则从图 4-9(c) 可以看出，谱线间隔不变，但信号的频带宽度 f_B 增加一倍。此外，从图中还可以看出，无论是脉冲重复周期的增加，还是脉冲宽度的减少，频谱函数的幅度都降低了。

从上面的讨论中可以得出两个重要的结论：一是为了扩展信号的频谱，可以采用窄的脉冲序列去进行调制某一载波，得到一个很宽的双边带的直扩信号。采用的脉冲越窄，扩

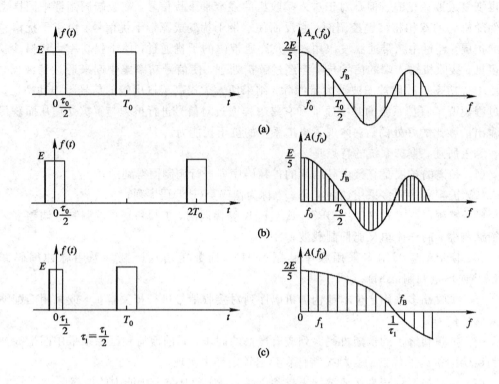

图 4 - 9　直扩信号的波形与频谱

展的频谱越宽。如果脉冲的重复周期为脉冲宽度的 2 倍，即 $T=2\tau_0$，则脉冲宽度变窄对应于码重复频率的提高，即采用高码率的脉冲序列。直扩系统正是应用了这一原理，直接用重复频率很高的窄脉冲序列来展宽信号的频谱；二是如果信号的总能量不变，则频谱的展宽，使各频谱成分的幅度下降，换句话说，信号的功率谱密度降低。这就是为什么可以用扩频信号进行隐蔽通信，及扩频信号具有低的被截获概率的缘故。

4.2.2　几种常用的伪随机码

1. 码序列的相关性

在扩展频谱通信中需要用高码率的窄脉冲序列，这是指扩频码序列的波形而言，并未涉及码的结构和如何产生等问题。那么究竟选用什么样的码序列作为扩频码序列呢？它应该具备哪些基本性能呢？现在实际上用得最多的是伪随机码，或称伪噪声(PN)码。这类码序列最重要的特性是具有近似于随机信号的性能。因为噪声具有完全的随机性，也可以说具有近似于噪声的性能，但是，真正的随机信号和噪声是不能重复再现和产生的。我们只能产生一种周期性的脉冲信号来近似随机噪声的性能，故称为伪随机码或 PN 码。为什么要选用随机信号或噪声性能的信号来传输信息呢？许多理论研究表明，在信息传输中各种信号之间的差别性越大越好。这样任意两个信号不容易混淆，也就是说，相互之间不易发生干扰，不会发生误判。理想的传输信息的信号形式应是类似噪声的随机信号，因为取任何时间上不同的两段噪声来比较都不会完全相似，用它们代表两种信号，其差别性就最大。在数学上是用自相关函数来表示信号与它自身相移以后的相似性的。随机信号的自相

关函数的定义为

$$\varphi_a(\tau) = \lim_{T\to\infty}\frac{1}{T}\int_{-T/2}^{T/2} f(t)f(t-\tau)\ \mathrm{d}t$$

$$= \begin{cases} 0 & \text{当 } \tau \neq 0 \\ \text{常数} & \text{当 } \tau = 0 \end{cases}$$

式中，$f(t)$ 为信号的时间函数，τ 为时间延迟。上式的物理概念是 $f(t)$ 与其相对延迟 τ 的 $f(t-\tau)$ 来比较，如两者不完全重叠，即 $\tau\neq0$，则乘积的积分 $\varphi_a(\tau)$ 为 0；如两者完全重叠，即 $\tau=0$，则相乘积分后 $\varphi_a(\tau)$ 为一常数。因此，$\varphi_a(\tau)$ 的大小可用来表征 $f(t)$ 与自身延迟后的 $f(t-\tau)$ 的相关性，故称为自相关函数。

现在来看看随机噪声的自相关性。图 4-10(a) 为任一随机噪声的时间波形及其延迟一段 τ 后的波形。图 4-10(b) 为其自相关函数。当 $\tau=0$ 时，两个波形完全相同、重叠，积分平均为一常数。如果稍微延迟一 τ，对于完全的随机噪声，相乘以后正负抵消，积分为 0。因而在以 τ 为横坐标的图上 $\varphi_a(\tau)$ 应是在原点的一段垂直线。在其他 τ 时，其值为 0。这是一种理想的二值自相关特性。利用这种特性，就很容易地判断接收到的信号与本地产生的相同信号复制品之间的波形和相位是否完全一致。相位完全对准时有输出，没有对准时输出为 0。遗憾的是这种理想的情况在现实中是不能实现的。因为我们不能产生两个完全相同的随机信号。我们所能做到的是产生一种具有类似自相关特性的周期性信号。

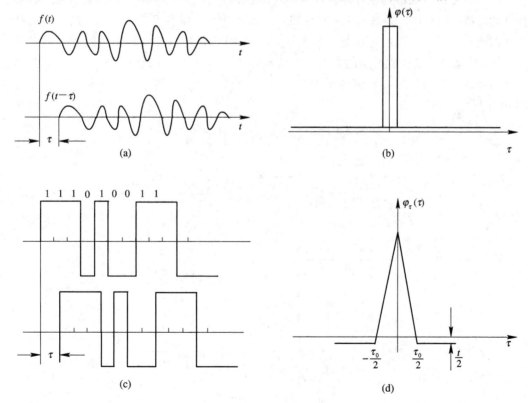

图 4-10　信号自相关图

PN 码就是一种具有近似随机噪声这种理想二值自相关特性的码序列。例如二元码序列 1110100 是码长为 7 位的 PN 码。如果用 +1、-1 脉冲分别表示"1"和"0"，则在图

4 - 10(c)中示出了其波形和它相对延迟 τ 个时片的波形,这样我们很容易求出这两个脉冲序列波形的自相关函数,如图 4 - 10(d)所示。自相关峰值在 $\tau = 0$ 时出现,自相关函数在 $\pm t_0/2$ 范围内呈三角形。t_0 为脉冲宽度,而其他延迟时,自相关函数值为 $-1/7$,即码位长的倒数取负值。当码长取得很大时,它就越近似于图 4 - 10(b)中所示的理想的随机噪声的自相关特性。自然,这种码序列就被称为伪随机码或伪噪声码。由于这种码序列具有周期性,又容易产生,因此它成为直扩系统中常用的扩频码序列。扩频码序列除自相关性外,与其他同类码序列的相似性和相关性也很重要。例如有许多用户共用一个信道,要区分不同用户的信号,就得靠相互之间的区别或不相似性来区分。换句话说,就是要选用互相关性小的信号来表示不同的用户。两个不同信号波形 $f(t)$ 与 $g(t)$ 之间的相似性用互相关函数来表示:

$$\varphi_c(\tau) = \lim_{T \to \infty} \frac{1}{T} \int_{-T/2}^{T/2} f(t)g(t-\tau)\,\mathrm{d}t$$

如果两个信号都是完全随机的,那么,在任意延迟时间都不相同,则上式为 0。如果有一定的相似性,则不完全为 0。两个信号的互相关函数为 0,则称之为是正交的。通常希望两个信号的互相关值越小越好,则它们越容易被区分,且相互之间的干扰也小。

2. m 序列

m 序列是最长线性移位寄存器序列的简称。由于 m 序列容易产生、规律性强、有许多优良的性能,因此在扩频通信中最早获得了广泛的应用。顾名思义,m 序列是由多级移位寄存器或其他延迟元件通过线性反馈产生的最长的码序列。在二进制移位寄存器发生器中,若 n 为级数,则所能产生的最大长度的码序列为 $2^n - 1$ 位。现在来看如何由多级移位寄存器经线性反馈产生周期性的 m 序列。图 4 - 11(a)为一最简单的三级移位寄存器构成的 m 序列发生器。

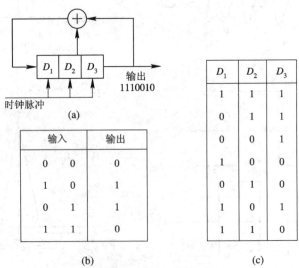

图 4 - 11 m 序列发生器

图中 D_1、D_2、D_3 为三级移位寄存器,为模二加法器。移位寄存器的作用是在时钟脉冲驱动下,能将所暂存的"1"或"0"逐级向右移。模二加法器的作用为图 4 - 11(b)所示的运算，即 $0+0=0$，$0+1=1$，$1+0=1$，$1+1=0$。图 4 – 11(a) 中 D_2、D_3 输出的模二和反馈为 D_1 的输入。在图 4 – 11(c) 中示出，在时钟脉冲驱动下，三级移位寄存器的暂存数据按列改变。D_3 的变化即输出序列。如移位寄存器各级的初始状态为 111 时，输出序列为 1110010。在输出周期为 $2^3-1=7$ 的码序列后，D_1、D_2、D_3 又回到 111 状态。在时钟脉冲的驱动下，输出序列作周期性的重复。因 7 位是所能产生的最长的码序列，1110010 则为 m 序列。这一简单的例子说明，m 序列的最大长度取决于移位寄存器的级数，而码的结构取决于反馈抽头的位置和数量。不同的抽头组合可以产生不同长度和不同结构的码序列。有的抽头组合并不能产生最长周期的序列。对于何种抽头能产生何种长度和结构的码序列，已经进行了大量的研究工作。现在已经得到 3~100 级 m 序列发生器的连接图和所产生的 m 序列的结构。例如 4 级移位寄存器产生的 15 位的 m 序列之一为 111101011001000。同理不难得到 31、63、127、255、511、1023、…位的 m 序列。

一个码序列的随机性由以下三点来表征：

(1) 一个周期内"1"和"0"的位数仅相差 1 位。

(2) 一个周期内长度为 1 的游程（连续为"0"或连续为"1"）占 1/2，长度为 2 的游程占 1/4，长度为 3 的游程占 1/8。只有一个包含 n 个"1"的游程，也只有一个包含 $(n-1)$ 个"0"的游程。"1"和"0"的游程数相等。

(3) 一个周期长的序列与其循环移位序列位比较，相同码的位数与不相同码的位数相差 1 位。

m 序列的一些基本性质：在 m 序列中一个周期内"1"的数目比"0"的数目多 1 位。例如上述 7 位码中有 4 个"1"和 3 个"0"。在 15 位码中有 8 个"1"和 7 个"0"。表 4 – 1 中列出了长为 15 位的游程分布。

表 4 – 1 111101011001000 游程分布

游程长度（比特）	游 程 数 目		所包含的比特数
	"1"的	"0"的	
1	2	2	4
2	1	1	4
3	0	1	3
4	1	0	4
	游程总数 8		合计 15

m 序列的自相关函数由下式计算：

$$R(\tau)=\frac{A-D}{A+D}, \qquad A \text{ 为"0"的位数，} D \text{ 为"1"的位数}$$

令 $p=A+D=2^n-1$，则

$$R(\tau)=\begin{cases} 1 & \tau=0 \\ -\dfrac{1}{p} & \tau \neq 0 \end{cases}$$

设 $n=3$，$p=2^3-1=7$，则

$$R(\tau) = \begin{cases} 1 & \tau = 0 \\ -\dfrac{1}{7} & \tau \neq 0 \end{cases}$$

它正是图 4 - 10(d)中所示的二值自相关函数。m 序列和其移位后的序列逐位模二相加，所得的序列还是 m 序列，只是相移不同而已。例如 1110100 与向右移三位后的序列 1001110 逐位模二相加后的序列为 0111010，相当于原序列向右移一位后的序列，仍是 m 序列。m 序列发生器中移位寄存器的各种状态，除全 0 状态外，其他状态只在 m 序列中出现一次。如 7 位 m 序列中顺序出现的状态为 111，110，101，010，100，001 和 011，然后再回到初始状态 111。m 序列发生器中，并不是任何抽头组合都能产生 m 序列。理论分析指出，产生的 m 序列数由下式决定：$(2^n-1)/n$，例如 5 级移位寄存器产生的 31 位 m 序列只有 6 个。

3. Gold 码序列

m 序列虽然性能优良，但同样长度的 m 序列个数不多，且序列之间的互相关值并不都好。R. Gold 提出了一种基于 m 序列的码序列，称为 Gold 码序列。这种序列有优良的自相关和互相关特性，构造简单，产生的序列数多，因而获得了广泛的应用。如有两个 m 序列，它们的互相关函数的绝对值有界，且满足以下条件：

$$R(\tau) = \begin{cases} 2^{\frac{n+1}{2}} + 1 & n \text{ 为奇数} \\ 2^{\frac{n+1}{2}} + 1 & n \text{ 为偶数（不是 4 的倍数）} \end{cases}$$

我们称这一对 m 序列为优选对。如果把两个 m 序列发生器产生的优选对序列模二相加，则产生一个新的码序列，即 Gold 序列。图 4 - 12(a)示出了 Gold 码发生器的原理结构图。图 4 - 12(b)为两个 5 级 m 序列优选对构成的 Gold 码发生器。这两个 m 序列虽然码长相同，但相加以后并不是 m 序列，也不具备 m 序列的性质。

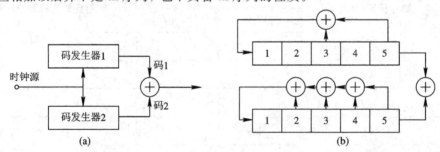

图 4 - 12 Gold 码发生器原理结构图

Gold 序列的主要性质有以下三点：

(1) Gold 序列具有三值自相关特性，其旁瓣的极大值满足上式表示的优选对的条件。

(2) 两个 m 序列优选对，不同移位相加产生的新序列都是 Gold 序列。因为总共有 2^n-1 个不同的相对位移，加上原来的两个 m 序列本身，所以，两个 m 级移位寄存器可以产生 2^n+1 个 Gold 序列。因此，Gold 序列的序列数比 m 序列数多得多。

(3) 同类 Gold 序列互相关特性满足优选对条件，其旁瓣的最大值不超过上式的计算值。在表 4 - 2 中列出了 m 序列和 Gold 序列互相关函数旁瓣的最大值。

表 4 - 2　m 序列和 Gold 序列特性

n	$2^n - 1$	m 序列数	m 序列互相关峰值 φ_{max}	$\varphi_{max}/\varphi(0)$	Gold 序列互相关峰值 $t(m)$	$t(m)/\psi(0)$
3	7	2	5	0.71	5	0.71
4	15	2	9	0.60	9	0.60
5	31	6	11	0.35	9	0.29
6	63	6	23	0.36	17	0.27
7	127	18	41	0.32	17	0.13
8	255	16	95	0.37	33	0.13
9	511	48	113	0.22	33	0.06
10	1023	60	383	0.37	65	0.06
11	2047	176	287	0.14	65	0.03
12	4095	144	1407	0.34	129	0.03

从表 4 - 2 中明显看出 Gold 序列的互相关峰值和主瓣与旁瓣之比都比 m 序列小得多。这一特性在实现码分多址时非常有用。

4. R - S 序列

利用固定寄存器和 m 序列发生器还可以构成 R - S 序列发生器。它所产生的 R - S 序列是一种多进制的具有最大的最小距离的线性序列。图 4 - 13 给出了 R - S 序列发生器的框图。图中，A 为三级固定寄存器；B 为三级移位寄存器，产生周期为 7 位的 m 序列。A、B 寄存器的输出经过模 2 加运算后，产生一个 7 位的八进制 R - S 序列。

5. M 序列

如果反馈逻辑中的运算含有乘法运算或其他逻辑运算，则称作非线性反馈逻辑。由非线性反馈逻辑和移位寄存器构成的序列发生器所能产生的最大长度序列，就叫作最大长度非线性移位寄存器序列，或叫作 M 序列，M 序列的最大长度是 2^n。图 4 - 14 给出一个七级的 M 序列发生器的框图。可以看出，与线性反馈逻辑不同之处在于增加了"与门"运算，与门具有乘法性质。

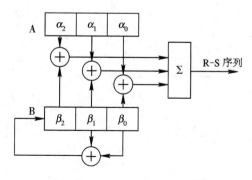

图 4 - 13　R - S 序列发生器

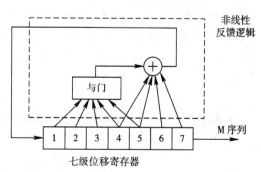

图 4 - 14　M 序列发生器

4.2.3　直扩信号的发送与接收

在图 4 - 3 所示的直扩系统发送接收系统的原理方框图中，在发端输入的信息要经过信息调制"扩频和射频调制"，在收端接收到的信号要经过变频、解扩和信息解调。与一般模拟或数字通信系统比较，信息识别与解调、射频的上变频和下变频，情况基本相同。直扩通信系统的主要特点在于直扩信号的产生，即扩频调制和直扩信号的接收，即相关解扩。

1．扩频调制

通过对扩频信号波形与频谱关系的分析和对 PN 码序列性能的了解，来说明获得扩频信号的调制方法就比较容易了。一般来说，都是用高码率的 PN 码脉冲序列去进行调制扩展信号的频谱的。通常采用的调制方式为 BPSK，输入信号与 PN 码在平衡调制器调制而输出展宽的扩频信号；平衡调制器的输出信号的中心频率位置取决于输入的载波频率，而两个边带则为展宽的频谱，它取决于调制 PN 码脉冲的宽度。PN 码码率越高或脉冲宽度越窄，扩展的频谱就越宽。

那么扩频调制的原理是如何具体实现的呢？

如图 4 - 15(a)所示为一常见的二极管平衡调制器。它的作用原理是：左端上面输入为正弦载波信号，下面输入的是 PN 码脉冲信号。4 个二极管起开关的作用。当脉冲信号为正时，V_{D2}、V_{D3} 导通，此时输出变压器中载波信号电流是向上的。脉冲输入信号变负时，V_{D1}、V_{D4} 导通，此时输出变压器中载波电流是向下的。换句话说，随着脉冲信号极性的不同，输出载波信号的相位改变 180°，因此，平衡调制器起到了二相相移键控(BPSK)调制器

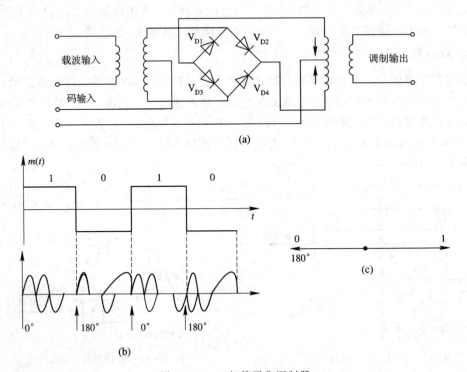

图 4 - 15　二极管平衡调制器

的作用。输出正弦波相位改变的情况如图 4 – 15(b)所示。

平衡调制器的一个重要特性是输出的调制信号是载波抑制的，这对于扩频通信是很重要的。无载波发射，既可节省功率，又可使扩频信号更加隐蔽，不易被发觉。平衡调制器对两个输入信号来说相当于乘法器，如果载波信号用 $A\cos\omega_c t$ 表示，脉冲信号用 $m(t)$ 表示，则输出信号为二者乘积（$A(m(t))\cos\omega_c t$），如果 $m(t)$ 取值为 ± 1，则输出信号根据三角公式可分解为相位相差 $180°$ 的两个分量之和，如图 4 – 15 所示，它相当于只有两个边频而无载波。但在直扩系统中，调制脉冲不是周期性的规则脉冲，而是 PN 码脉冲序列。

在图 4 – 9 中已示出周期性的脉冲序列的频谱，是呈 $[(\sin x/x)]^2$ 形的分布。因此，实际 PN 码调制载波获得的功率谱呈 $[(\sin x/x)]^2$ 形分布，如图 4 – 16 第一幅图所示，它好像是分布为 $[(\sin x)/x]^2$ 的噪声一样。图中这一波形是比较理想的平衡调制器的波形。实际的平衡调制器有时不能做到真正平衡。因此，可能会出现载波不能完全抑制，或调制的 PN 脉冲信号有泄漏，以及时钟脉冲信号泄漏到输出端的情况。图 4 – 16 后面的三幅图分别示出了这三种情况的输出波形。当然，它们都是我们所不希望的和应尽量避免的。

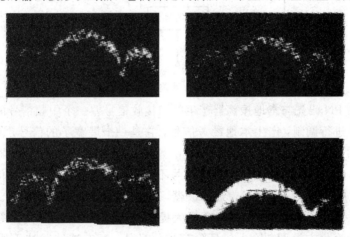

图 4 – 16   实际平衡调制器输出波形

除了 BPSK 调制能获得扩频信号外，还可以采用 QPSK 及 MSK 调制来进行扩频调制。

2. 相关解扩

前面说了直扩系统在发端用 PN 码进行调制以扩展信号频谱，那么在收端又如何解扩呢？也就是如何从频谱已经扩展的信号中把要传的基带有用信息解调出来呢？一般采用相关检测或匹配滤波的方法来解扩。所谓相关检测，一个简单的比喻就是用相片去对照找人。如果想在一群人中去寻找某个不相识的人，最简单有效的方法就是手里有一张某人的相片，然后用相片一个一个地对比，这样下去，自然能够找到某人。同理，当你想检测出所需要的有用信号，有效的方法是在本地产生一个相同的信号，然后用它与接收到的信号对比，求其相似性。换句话说，就是用本地产生的相同信号与接收到的信号进行相关运算，其中相关函数最大的就最可能是所要的有用信号。基本的解扩过程就是在收端产生与发端完全相同的 PN 码，对收到的扩频信号，在平衡调制器中再一次进行二相相移键控调制。这样发端相移键控调制后的信号在收端又被恢复成原来的载波信号。当然一个必要的条件是本地的 PN 码信号的相位必须和收到的相移后的信号在相移点对准，才能正确地将相移后的信号再翻转过来。由此可见，收发两端信号的同步十分重要。下面我们将进一步较详细地加以讨论。另外，平衡调制器把收到的展宽的信号解扩成信息调制的载波，最后经带通滤波器输出。以上所述就是所谓的相关解扩过程。通常为了处理方便，大多在中频进行，也就是接收到的扩频信号，先在变频器中换到中频，再进入到平衡调制器中解扩。其后接中频带通滤波器输出。有时为了避免强干扰信号从平衡调制器的输入端绕过它而泄漏到输出端去，可以用外差相关解扩，如图 4 - 17 所示。

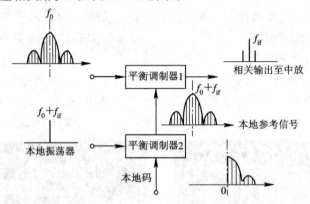

图 4 - 17　外差相关解扩

本地产生的 PN 码先与本地振荡器产生的与接收信号差一个中频信号的本地振荡信号在平衡调制器 2 进行调制，产生本地参考信号，它是一个展宽了的信号。然后，此本地参考信号与接收的信号在平衡调制器 1 调制成中频输出信号。这时平衡调制器实际上起的是混频器的作用。由于它的输入信号与输出信号不同，也就不会发生强干扰信号直接绕过去的泄漏了。并且后面还有一个中频带通滤波器，可以起到滤除干扰的作用。相关解扩过程对扩频通信至关重要。正是这一解扩过程大大提高了系统的抗干扰能力。图 4 - 18(a)示出一直扩接收机的简化方框图。输入信号除直扩信号外，还有连续载波干扰和宽带信号干扰。在图 4 - 18(b)中示出三种信号的处理过程。由于解扩相关器对连续载波起扩频的作用，把它变换成展宽的直扩信号。同理，对输入的不是相同 PN 码调制的宽带信号也进一步展宽两倍。这两种信号经窄带滤波器后，只剩下一小部分干扰信号能量。与解扩出的信息调制载波相比较，输出的信噪比大大提高了，由此可见，频带展得越宽，功率谱密度越低，经窄带滤波后残余的干扰信号能量就更小了。这里也可以看出，在接收端，窄带滤波器对提高抗干扰性起很关键的作用，因而在实际应用中，对其性能指标的要求也就很严格。

相关解扩在性能上固然很好，但总是需要在接收端产生本地 PN 码，这一点有时会带来许多不方便。例如，解决本地信号与接收信号的同步问题就很麻烦，还不能做到实时把有用信号检测出来，因为匹配滤波和相关检测的作用在本质上是一样的。我们可以用匹配滤波器来解扩直扩信号，所谓匹配滤波器，就是与信号相匹配的滤波器，它能在多种信号或干扰中把与之匹配的信号检测出来。这同样是一种"用相片找人"的方法。对于视频矩形脉冲序列来说，无源匹配滤波器就是抽头延迟线加上加法累加器，有时称为横向滤波器，其结构如图 4 - 19(a)所示。

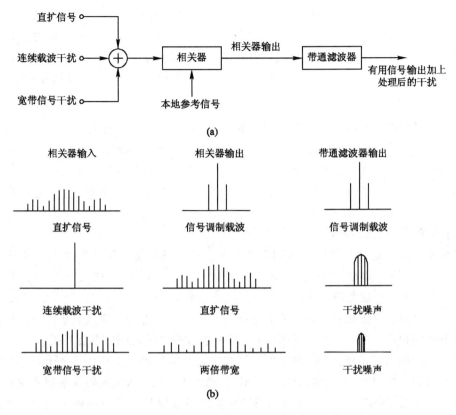

图 4 - 18   直扩接收机及其频谱图

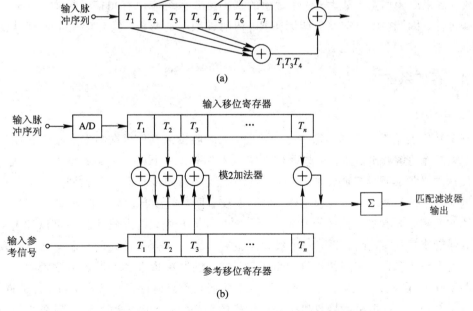

图 4 - 19   横向滤波器结构图

SAW 匹配滤波器制作时有一定的难度，主要是插入损耗较大，且工艺要求很严，特别是在码位长时。一般情况，根据 PN 码序列结构做成固定的抽头，它就不能适应码序列需要改变的情况。如果在输出端加上控制电路，也可做成可编程的 SAW 匹配滤波器，这样应用起来就很方便，但制作起来就更困难了，要求有 VLSI 制作工艺的精密度。

3. 射频系统

上面详细讨论了扩频调制和相关解扩的问题。但是直扩系统总是离不开发射机把信号通过天线辐射出去，也离不开把天线从空间收到的信号经接收机接收后再进行处理。射频系统就是针对发射机和接收机的前端而言的。现在的问题是常规的窄带通信系统的收发信机能不能用在直扩系统呢，回答是否定的。不应忘记直扩信号是宽带信号。直扩系统必须具有适应宽带 PN 码信号的特点。

直扩射频系统的特点如下：

直扩发射机常见的中频是 70 MHz，此时调制信号的带宽不超过 20 MHz。射频频率由中频变频得到，而不用倍频，因为倍频能使相位关系产生变化，会改变或甚至完全去掉 DS 调制。对于末级功率放大器，则要求其要有足够的带宽，以允许直扩信号可以顺利地通过。

射频系统阻抗匹配很重要，特别要注意使电压驻波比达到一定的要求，因为在宽带运用时频率范围很广，驻波比会随频率而变，应使阻抗在宽带范围内尽量匹配。

直扩接收机的问题要复杂一些，因为除有用宽带信号外，还存在其他干扰信号。直扩系统接收机的线性很重要，限幅会引起 6 dB 信噪比的损失。从接收机前端到相关器要求保持线性，不仅在信号范围内，也包含干扰。自动增益控制只能部分地解决问题。通常应尽量把相关器靠近前端，使相关器前高电平级尽量地少，这样做的结果也降低了对本振信号电平的要求。另外，一般认为接收机前端最好能覆盖整个宽频带，用改变本振频率经混频来得到固定的中频信号。但由于干扰信号的存在，这会导致大量的干扰信号落入中频通带内，故一般最好不用宽带放大。一个理想的直扩接收系统应使有用信号得到放大，而干扰信号被滤除，因此接收机前端应调谐在 PN 码时钟频率的两倍。实际应用中还有其他的多种接收机的结构可供我们选择。

4.2.4 直扩系统的同步

1. 同步原理

任何数字通信系统都是离散信号的传输，要求收发两端信号在频率上相同和相位上一致，才能正确地解调出信息。扩频通信系统也不例外。一个相干扩频数字通信系统，接收端与发送端必须实现信息码元同步，PN 码码元及序列同步和射频载频同步。只有实现了这些同步，直扩系统才能正常地工作。可以说没有同步就没有扩频通信系统。

同步系统是扩频通信的关键技术。在上述几种同步中，信息码元时钟可以和 PN 码元时钟联系起来，有固定的关系，一个实现了同步，另一个自然也就同步了。对于载频同步来说，主要是针对相干解调的相位同步而言。常见的载频提取和跟踪的方法都可采用，例如用跟踪锁相环来实现载频同步。因此，这里我们只重点讨论 PN 码码元和序列的同步。

一般来说，在发射机和接收机中采用精确的频率源，可以去掉大部分频率和相位的不确定性。引起不确定性的因素主要有以下一些：

（1）收发信机的距离会引起传播的延迟产生相位差；

（2）收发信机相对不稳定性引起的频差；

（3）收发信机相对运动引起的多卜勒频移；

（4）多径传播引起中心频率的改变。

因此，只靠提高频率源的稳定度是不够的，需要采取进一步提高同步速率和精度的方法。同步系统的作用就是要实现本地产生的 PN 码与接收到的信号中的 PN 码同步，即频率上相同，相位上一致。同步过程一般包含两个阶段：

（1）接收机在一开始并不知道对方是否发送了信号，因此，需要有一个搜捕过程，即在一定的频率和时间范围内搜索和捕获有用信号。这一阶段也称为起始同步或粗同步，也就是把对方发来的信号与本地信号在相位方面的差异纳入同步保持范围内，即在 PN 码一个时片内。

（2）一旦完成这一阶段，则进入跟踪过程，即继续保持同步，不因外界影响而失去同步。也就是说，无论由于何种因素使两端的频率和相位发生偏移，同步系统都能加以调整，使收发信号仍然保持同步。图 4 - 20 为同步系统搜捕和跟踪原理图。

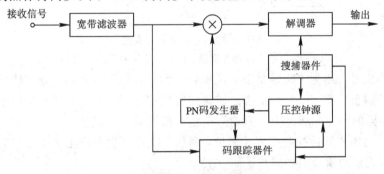

图 4 - 20 同步系统搜捕和跟踪原理图

接收到的信号经宽带滤波器后，在乘法器中与本地 PN 码进行相关运算。此时搜捕器件调整压控钟源，调整 PN 码发生器产生的本地脉冲序列（重复频率和相位），以搜捕有用信号。一旦捕获到有用信号后，则启动跟踪器件，由其调整压控钟源，使本地 PN 码发生器与外来信号保持同步。如果由于各种原因引起失步，则重新开始新的一轮搜捕和跟踪过程。因此，整个同步过程，是包含搜捕和跟踪两个阶段闭环的自动控制和调整过程。

2. 起始同步——搜捕

搜捕的作用就是在频率和时间（相位）不确定的范围内捕获有用的 PN 码信号使本地 PN 码信号与其同步。由于解扩过程通常都在载波同步之前进行，因此载波相位在这里是未知的。大多数搜捕方法都利用非相干检测。所有的搜捕方法的共同特点是用本地信号与收到的信号相乘（即相关运算），从而获得两者相似性的量度，并与一门限值相比较，以判断其是否捕获到有用信号。如果确认为捕获到有用信号，则开始跟踪过程，使系统保持同步。否则又开始继续搜捕。

下面介绍三种常用的搜捕方法。

1）滑动相关搜捕法

当收到的 PN 码序列与本地 PN 码序列的时钟频率不同时，在示波器上可以看到两个序列在相位上相互滑动。这种滑动过程就是两个码序列逐位进行相关检测的过程。总有一个时候，两个序列的相位会滑动到一致的时候，如果这时能使滑动停止，则完成了搜捕过程，可以转入跟踪过程，达到系统同步。图 4-21(a) 为滑动相关器的方框图，图 4-21(b) 为滑动相关器的流程图。

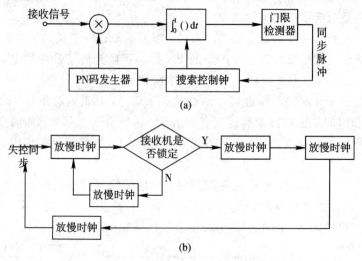

(a)

(b)

图 4-21　滑动相关搜索法

(a) 滑动相关器的方框图；(b) 滑动相关器的流程图

接收到的信号与本地 PN 码相乘后再积分，即求出它们的互相关值，然后在门限检测器中与某一门限值比较，以判断是否已捕获到有用信号。这里是利用 PN 码序列的相关特性，当两个相同的码序列相位上一致时，其相关值有最大的输出。一旦确认搜捕完成，则搜捕指示信号的同步脉冲控制搜索控制钟，调整 PN 码发生器产生的 PN 码的重复频率和相位，使之与收到的信号保持同步。

由于滑动相关器对两个 PN 码序列是顺序比较相关的，因此这种方法又称为顺序搜索法。顺序搜索法的缺点在于当两端 PN 码钟频相差不多时，相对滑动速度很慢，导致搜索时间过长。现在常用的一些搜索方法大多在此法的基础上，采取了一些措施来限定搜索范围或加快搜捕的时间，从而改善其性能。

2）序贯估值搜捕法

为了解决长码搜捕时间过长的问题，一种快速搜捕的方法引起了人们的重视，这就是序贯估值器搜捕法，图 4-22 为其原理方框图。

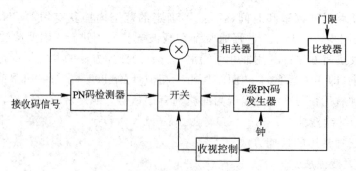

图 4-22　序贯估值器搜捕法原理图

如何才能缩短本地 PN 码与外来 PN 码在相位取得一致时所需的时间呢？一个简单的办法就是把收到的 PN 码序列直接注入到本地码发生器的移位寄存器中，强迫改变各级寄存器的起始状态，使其产生的 PN 码刚好与外来码相位一致，则系统可以立即进入同步跟踪状态。图 4-22 中示出，从收到的码信号中，先把 PN 码检测出来，通过开关进入到 n 级 PN 码发生器的移位寄存器中。待整个码序列全部进入填满后，开关接通。所产生的 PN 码与收到的码信号在相关器中进行相关运算，所得结果在比较器中与门限比较。如未超过门限，则继续上述过程。如超过门限，则停止搜索，系统转入跟踪状态。在最理想的情况下，搜捕时间 $T_s = nT_c$，T_c 为 PN 码片时间宽度。这个方法搜捕时间虽然很快，但问题之一是它的先决条件是对外来的 PN 码先要进行检测后才能注入移位寄存器，做到这一点是有困难的。问题之二是此法对噪声和干扰很脆弱，因为是一个时片一个时片地进行估值和判决的，并未利用 PN 码的抗干扰特性。但无论如何，在无敌对干扰的条件下，仍有良好的快速起始同步性能。

3）匹配滤波器搜捕法

因为匹配滤波器有识别码序列的功能，可以利用它进行快速捕获。图 4-23 示出几种匹配滤波器。

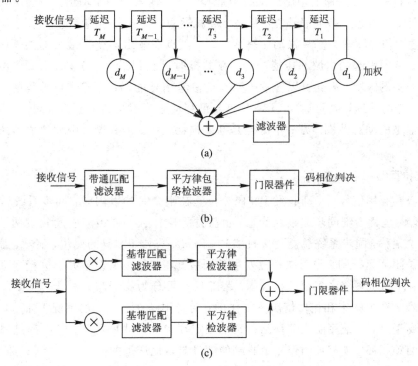

图 4-23 几种匹配滤波器

(a) 延迟线匹配滤波器；(b) 带通型匹配滤波器；(c) 低通型匹配滤波器

每个延迟元件的延迟时间等于码的时钟周期。由于输出是多级输出的累加结果，如有 n 级，则处理增益为 $G_p = 10 \lg n$。上述匹配滤波器可在中频或基带进行，即带通型匹配滤波器及低通型匹配滤波器。前者可用无源的 SAW 器件，后者则可由数字集成电路，如移位寄存器构成。显然，PN 码越长，级数越多，G_p 越高。但其长度受工艺、功耗、材料等限制。

匹配滤波器工作性能的好坏，决定了系统延迟时间是否准确，能否与时钟周期匹配。如有失配情况，则影响同步质量。SAW 卷积器是另一种匹配滤波器的类型。图 4 - 24 为其结构示意图。因它可以起到可编程匹配滤波器的作用，现已受到广泛的重视。

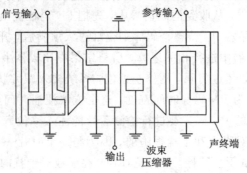

信号输入　　　　　　参考输入

输出　　波束　　声终端
　　　压缩器

图 4 - 24　SAW 卷积结构示意图

我们知道，两个信号的频谱函数的相乘，相当于两个信号时间函数的卷积，因此，可以利用卷积运算的器件来代替相关器或匹配滤波器进行信号的检测或搜捕。SAW 卷积器是在压电材料的衬底基片上印制出叉指换能器，两个输入和一个输出。一端输入收到的信号，另一端输入本地的参考信号。因要进行卷积运算，参考信号应是输入信号在时间上的镜像。当输入信号频率与基片振动频率共振时，可以在输出端获得最大的共振峰值。正如池塘里两个波源引起的水波的传播一样，在共振时可获得最大的波峰。SAW 卷积器由于没有固定抽头的限制，因此可以任意改变本地参考信号的码型，起到可编程的作用，使用比较灵活。它的处理增益可达 40 dB，但其长度和动态范围受到一定的限制。可用 AGC 以限制输入信号的动态范围。另一个缺点是插入损耗较大，需要增加中频放大器才能把信号检出。

3. 保持同步——跟踪

当捕获到有用信号后，即收发 PN 码相位差在半个时片以内时，同步系统转入保持同步阶段，有时也称为细同步或跟踪状态。也就是无论什么外界因素引起收发两端 PN 码的频率或相位偏移，同步系统总能使接收端 PN 码跟踪发端 PN 码的变化，显然，跟踪的作用和过程都是闭环运行的。当两端相位发生差别后，环路能根据误差大小进行自动调整以减小误差，因而同步系统多采用锁相技术。跟踪环路可分为相干与非相干两类，前者是在确知发端信号的载波频率和相位情况下工作的；后者则是在不确知的情况下工作的。大多数实际情况属于后者。常用的跟踪环路是延迟锁定环和 τ 抖动环两种，它们都是属于提前一迟后类型的锁相环。锁相环的作用由收到的信号与本地产生的两个相位差（提前及延后）的信号进行相关运算完成。延迟锁定环是采用两个独立的相关器，而 τ 抖动环则采用分时的单个相关器。图 4 - 25(a)示出一种工作在中频的非相干 DS 扩频信号 BPSK 调制的延迟锁定环。它是由两个支路并连的相关器构成的锁相环路。输入的 PN 码信号分别与本地产生的延迟相差 1 个比特的 PN 码进行相关运算。这两个相互延迟 1 比特的 PN 码序列可由 PN 码发生器的相邻的两级移位寄存器分别引出。相关器由乘法器（即平衡调制器）、带通滤波器和平方律包络检波器组成。按照 PN 码相关特性，输入信号与本地 PN 码的相关特性应为三角波，但由于两个相关支路本地 PN 码相差 1 比特，因此两个三角波的峰值也相差一比特。两个三角波经相加器反相合成以后则成为一 S 形曲线，此即锁相环的鉴相特性。图 4－25(b)是这些曲线构成的情况。S 曲线表明，如果收到的信号与本地 PN 码相差有提前或延后，则加法器输出为正的或负的电压。此电压经环路滤波器后去控制本地压控振荡器 VCO。它再去调整 PN 码钟发生器，使 PN 码发生器产生的 PN 码的频率与相位跟踪外来 PN 码信号的变化，这就是延迟锁相环的基本工作原理。

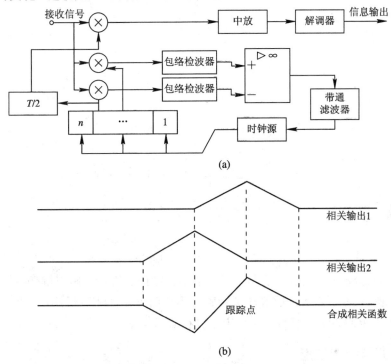

(a)

(b)

图 4－25　延迟锁定环及其鉴相特性

在正常情况，本地振荡器被锁定在 S 曲线的 0 点。两端有相差后再进行调整。此时本地 PN 码与外来 PN 码信号相差 1/2 码片。所以从移位寄存器末级取出的 PN 码序列经过 1/2 码片延迟后可以作为解码相关器支路的本地 PN 码参考信号，它与收到的信号相位一致。第三支路经信息数据解调器输出有用信息。

图 4－26(a)示出一种跟踪作用相同，但结构上只用一个相关器的较为简化的 τ 抖动环。但它多了一个 τ 抖动信号发生器。τ 抖动信号为一正负方波。用此方波去控制压控钟源使 PN 码发生器产生的本地 PN 码在相位上有一个提前或迟后，从而使相关器输出有一附加的振幅调制。图 4－26(b)为其相关特性。在两端码相位一致时，工作在相关特性的峰值处。此时附加的抖动电压工作在"3"位置，经环路滤波输出的 PN 码若有超前或迟后，则抖动电压工作在"1"或"2"位置。此时产生的附加电压 A 为"－"或"＋"，由其控制压控钟源的频率及相位使本地 PN 码跟踪接收到的 PN 码发生变化。故 τ 抖动环的作用与延迟锁定环是相同的。如果 PN 码的附加调制只有 1/5～1/10 码片，则 τ 抖动环的跟踪误差只比延迟锁定环大 1～2 dB。

应该指出的是，延迟锁定环和 τ 抖动环不仅能起跟踪作用，如果应用滑动相关的概念，使本地 VCO 一开始就与接收信号有一定的频差，也能起到搜捕的作用。此外，另加一相关器，还可以起到解码的作用。

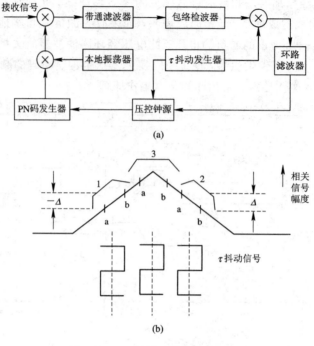

(a)

(b)

图 4 - 26　τ 抖动环及其相关特性

上述情况充分说明，同步系统与扩频方式、扩频码、信息调制与解调、扩频调制与相关解扩都有直接关系。它的性能好坏影响整个系统的可靠性和适用性，以及功能和性能指标，因此，可以说同步系统在直扩系统中起着核心的作用。

4.2.5　直扩系统的性能

1. 直扩系统的抗干扰性

直扩系统最重要的应用就是在军事通信中作为一种具有很强抗干扰性的通信手段。在实际中我们遇到的干扰主要有下面几种：宽带噪声干扰、部分频带噪声干扰、单音及多音载频干扰、脉冲干扰等。图 4 - 27 是这几种干扰的频谱图。

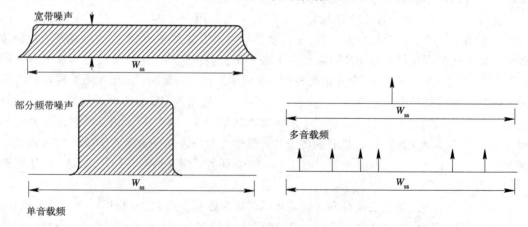

图 4 - 27　干扰频谱图

现把直扩系统对这几种干扰信号的抗干扰性简述如下：

对于宽带噪声，在图 4 - 28(a)中示出，经过解扩与本地 PN 码相乘后的相关输出仍然是宽带噪声，且噪声功率谱密度不变。但是经窄带滤波后，输出信息的信噪比，还是改善了处理增益的分贝数。故直扩系统有足够高的 G_p 时，对宽带噪声是有很好的抗干扰作用的。对于部分频带噪声干扰，由于能量相对集中，对直扩系统的危害比宽带噪声要大一些。换句话说，直扩系统对其抗干扰性低于对宽带噪声的抗干扰性。对于单频及多频载波干扰，图 4 - 28(b)和(c)示出了其解扩处理情况。干扰信号被展宽成$(\sin x/x)^2$ 形状的频谱。经带通滤波器后滤除了大量干扰，故直扩系统对这类干扰有很好的抗干扰性。多频时是单频时的几个干扰信号能量的叠加而已。对于脉冲干扰，由于能量在时间上相对集中，类似于部分频带干扰时能量在频谱上相对集中，因此对直扩系统的危害较大，故对这类干扰的抗干扰性较差。

在实际应用中，应根据干扰情况，确定直扩系统的处理增益和其他参数，使之达到可靠通信的程度。

2. 直扩系统的抗截获性

截获对方信号的目的在于发现对方信号的存在、确定对方信号的频率、确定对方发射机的方向。

理论分析表明，信号的检测概率和信号能量与噪声功率谱的密度之比成正比，与信号的频带宽度成反比。直扩信号正好具有这两方面的优势，它的功率谱密度很低，单位时间内的能量就很小，同时它的频带很宽，因此，它具有很强的抗截获性。如果满足直扩信号在接收机输入端的功率低于或与外来噪声及接收机本身的热噪声功率相比拟的条件，则一般接收机发现不了直扩信号的存在。另外，由于直扩信号的宽频带特性，截获时需要在很宽的频率范围进行搜索和监测，也是困难之一。因此，直扩信号可以用来进行隐藏通信。

3. 直扩系统的码分多址性能

多址通信系统指的是许多用户组成的一个通信网，网中任何两个用户都可以通信，而且许多对用户同时通信时互不干扰。应用直扩系统就很容易组成这样一个多址通信系统（网）。具体的作法是给每一个用户分配一个 PN 码作为地址码。首先，利用直扩信号中 PN 码的相关特性来区分不同的用户，每个用户只能收到其他用户按其地址码发来的信号，此时自相关特性出现峰值，可以判别出是有用信号。对于其他用户发来的信号，因 PN 码不同时互相关值很小，不会被解扩出来。其次，由于直扩信号中频谱扩展，功率谱密度很低，因此可以有许多用户共用同一宽频带。此时相互之间干扰很小，可以当作噪声处理。另外，每个用户平均占用的频宽很窄，相对来说，频谱利用率也是高的。实现直扩码分多址通信值得注意的问题：一是要选择有优良互相关特性的码，一般多采用有二值或三值相关特性的码作为地址码，同时还需要有一定的数量，Gold 码就可以作为地址码来用，它既有较优良的相关特性，也有足够的数量可供选择；其二是要注意克服"远－近"效应。所谓"远－近"效应，指的是距离近的用户的信号强，它会干扰距离远的弱信号的接收。解决的办法是采用自动功率控制，自动调节各用户的发射功率，使到达接收机时各用户的信号功率基本相等，也就是满足接收机输入端等功率的条件，才能正确地区分有用信号。其三是同时通话的用户数，取决于整个网内的噪声水平。因此，直扩码分多址系统是一种噪声受限的

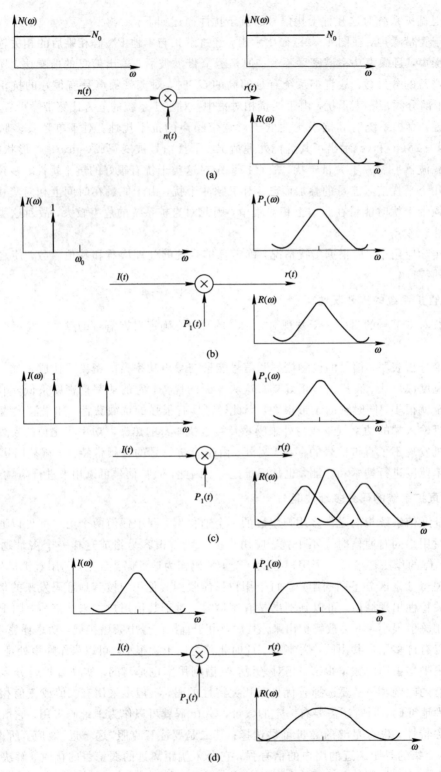

图 4-28 宽带噪声解扩处理图

(a) 宽带噪声；(b) 单频载波；(c) 多频载波；(d) 宽带信号

系统，随着用户数的增加，通信质量会逐渐变差。

4. 直扩系统的抗多径干扰性能

多径信道就是发射机和接收机之间电波传播的路径不止一条。例如由于大气层的反射和折射，以及由于建筑物对电波的反射都是形成多径信道的原因。不同的传播路径使电波在幅度上衰减不同，到达时间的延迟也不同。直扩系统能够同步锁定在最强的直达路径的电波上。其他有延迟到达的电波，由于相关解扩的作用，只起到噪声干扰的作用。这就是利用 PN 码的自相关特性，只要延迟超过半个 PN 码时片，其相关值就很小，可作为噪声来对待。另外，如果采用不同时延的匹配滤波器，把多径信号分离出来，类似梳状滤波器 (Rake) 的作用那样，还可以变害为利，将这些多径信号在相位上对齐相加，起到增加接收信号能量的作用。因此，直扩系统是一种有效的抗多径干扰的通信系统。

5. 直扩系统的测距定时特性

直扩系统的发展是从测距开始的。电磁波在空间是以固定的光速传播的。如果测定了电波传播的时间，也就测定了距离。用直扩信号来测距和定时有其独特的优点。采用一个较长周期的 PN 码序列作为发射信号，用它与目的地反射回来或转发回来的 PN 码序列的相位进行比较(即比较两个码序列相差的时片数)，就可以看出其时间差，也就能换算出发射机与目的地之间的距离。如果把码片选得很窄，即码的钟速率很高，则可以高精度地测距与定时，基本的分辨率是一个码片。此外，有了精确的测距、定时系统，就可以形成一个精确的定位系统。

4.3 跳 频 系 统

4.3.1 跳频系统概述

1. 跳频概念

通常我们所接触到的无线通信系统都是载波频率固定的通信系统，如无线对讲机，汽车移动电话等，都是在指定的频率上进行通信，所以也称作定频通信。这种定频通信系统，一旦受到干扰就将使通信质量下降，严重时甚至使通信中断。例如，电台的广播节目，一般是一个发射频率发送一套节目，不同的节目占用不同的发射频率，有时为了让听众能很好地收听一套节目，电台同时用几个发射频率发送同一套节目，这样，如果在某个频率上受到了严重干扰，听众还可以选择最清晰的频道来收听节目，从而起到了抗干扰的效果，但是这样做的代价是需要很多频谱资源才能传送一套节目。如果在不断变换的几个载波频率上传送一套广播节目，而听众的收音机也跟随着不断地在这几个频率上调谐接收，这样，即使某个频率受到了干扰，也能很好地收听到这套节目，这就变成了一个跳频系统。因此，跳频通信具有抗干扰、抗截获的能力，并能做到频谱资源共享，所以在现代化的电子战中，跳频通信已显示出其巨大的优越性。另外，跳频通信也被应用到民用通信中用以抗衰落、抗多径、抗网间干扰和提高频谱利用率。

2. 跳频图案

跳频通信中载波频率改变的规律，叫作跳频图案。在军事对抗中，我们希望频率跳变的规律不被其他方所识破，所以需要随机地去改变以致无规律可循才好。但是若真的无规律可循的话，通信的双方也将失去联系而不能建立通信。因此，常采用伪随机改变的跳频图案，只有通信的双方才知道此跳频图案，但是对其他人而言则是绝对的机密。所谓"伪随机"，就是"假"的随机，其实是有规律性可循的，但当其他方不知跳频图案时，就很难猜出其跳频的规律来。

图 4 - 29 所示为一个跳频图案，图中横轴为时间，纵轴为频率。这个时间与频率的平面叫作时频域。也可将这个时频域看作一个棋盘，横轴上的时间段与纵轴上的频率段构成了棋盘格子。阴影线代表所布棋子的方案，就是跳频图案，它表明什么时间采用什么频率进行通信，时间不同频率也不同。

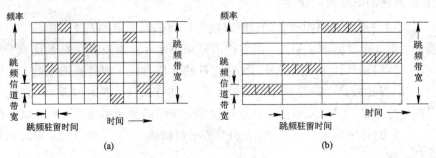

(a)　　　　　　　　　(b)

图 4 - 29　跳频图案

(a) 快跳频图案；(b) 慢跳频图案

图 4 - 29(a)所示为一快跳频图案，它是在一个时间段内传送一个码位(比特)的信息。通常称此时间段为跳频的驻留时间，称频率段为信道带宽。图 4 - 29(b)所示则是一慢跳频图案，它是在一个跳频驻留时间内传送多个(此处 3 个)码位(比特)的信息。在时频域这个"棋盘"上的一种布子方案就是一个跳频图案。当通信收、发双方的跳频图案完全一致时，就可以建立跳频通信了。图 4 - 30 所示就是建立跳频通信的示意图，其中 t 表示时间，s 表示空间，f 表示频率，当收、发双方在空间上相距一定距离时，只要时频域上的跳频图案完全重合，就表示收、发双方可建立同步跳频通信。

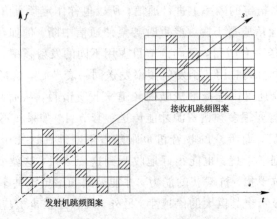

图 4 - 30　建立跳频通信示意图

3. 抗干扰方式

通信收、发双方的跳频图案是事先约定好的，或者是由发方通知收方的。这个跳频图案是其他人所不知道的。若想干扰跳频通信，有几种策略可供选择：

（1）干扰方式1。在某一个频率上施放长时间的大功率的干扰，即单频干扰；

（2）干扰方式2。在某几个频率上施放长时间的大功率的干扰，即多频干扰；

（3）干扰方式3。在连续的几个频带上施放长时间的大功率的干扰，称作部分频带干扰；

（4）干扰方式4。在不同时间内在不同的频率上施放大功率的干扰；

（5）干扰方式5。依照跳频图案的规律跟踪施放大功率的干扰。

这些干扰方式和跳频通信的关系正像二人对奕时相互"出子"一样，当双方的"布子"落在时频域棋盘内的同一小格时，则干扰有效。因此，跟踪跳频图案施放的干扰策略就是最佳的干扰跳频通信的策略了。图4-31给出了方式1和方式4的干扰策略与跳频图案的关系。

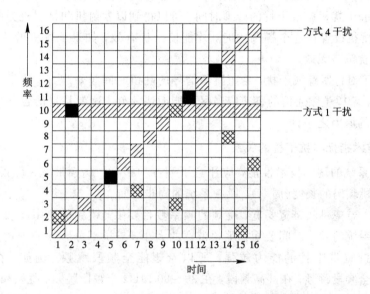

图4-31 方式1和方式4的干扰策略与跳频图案

图中示出一种跳频图案，方式1干扰策略是在时间上连续地施放一个窄带干扰，即第10个频率段以斜线表示的干扰带；方式4干扰策略是在第一个时间段用第一个频率段进行干扰，第二个时间段用第二个频率段进行干扰，依次下去，就形成了沿时频域棋盘对角线的干扰带。跳频图案中受到这两种干扰时就用全黑色方块来表示。由图4-31中可以看出，干扰方式1只干扰了一个跳频驻留时间的通信，而干扰方式4则干扰了三个跳频驻留时间的通信。跳频图案不同，其干扰的效果也不尽相同。当跳频图案的随机性越大时，跳频抗干扰的能力就越强；"棋盘"越大时(即频率和时间的乘积越大时)可容纳的随机图案也越多，跳频图案本身的随机性也越大，从而抗干扰能力也越强。所谓抗干扰能力强，实际上是指碰到干扰的概率小。

在现代电子战中，通信方采用跳频技术来分散干扰的影响，干扰方则想截获通信方的信号以减少干扰的盲目性，并尽量做到有的放矢，这就是跟踪式干扰策略。跟踪式干扰的有效干扰是有条件的,这个条件除功率因素外,还应当满足干扰椭圆的要求,如图4－32所示。

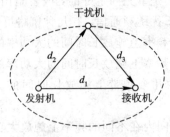

图4－32 干扰椭圆

图中的通信方为收、发信机,干扰机用来对通信的信号进行侦听、处理,然后以同样的载波频率施放干扰。为了有效地干扰跳频系统,在通信频率跳到新的频率之前,干扰机必须完成从侦听到施放干扰的全过程。跳频系统更换载频的跳频间隔时间,就是跳频信号在空间驻留的时间。根据收、发信机的距离d_1,干扰机与发、收信机的距离d_2和d_3,以及跳频驻留时间和干扰机施放干扰的处理时间,可以得到以发射机和接收机为两个焦点的椭圆。只有当干扰机设置在这个椭圆内时,才能使干扰有效,如果干扰机设置在椭圆之外,则此跟踪式干扰策略无效。

显然,为了对付跟踪式干扰,希望跳频信号的驻留时间越短越好,让干扰机来不及施放干扰。因此,希望跳频通信的跳速应当尽可能地快才好。这就是目前各国争先研究快速跳频通信装备的原因之一。

4. 跳频技术指标与抗干扰的关系

考察一个系统的跳频技术性能,应注意下列各项指标:跳频带宽、跳频频率的数目、跳频的速率、跳频码的长度(周期)、跳频系统的同步时间。

一般来说,希望跳频带宽要宽,跳频的频率数目要多,跳频的速率要快,跳频码的周期要长,跳频系统的同步时间要短。跳频带宽的大小,与抗部分频带的干扰能力有关。跳频带宽越宽,抗宽带干扰的能力越强。所以希望能全频段跳频。例如,在短波段,在1.5～3 MHz全频段跳频;在甚高频段,在30～80 MHz全频段跳频。跳频频率的数目,与抗单频干扰及多频干扰的能力有关。跳变的频率数目越多,抗单频、多频以及梳状干扰的能力越强。在一般的跳频电台中,跳频的频率数目不超过100个。跳频的速率,是指每秒钟频率跳变的次数,它与抗跟踪式干扰的能力有关。跳速越快,抗跟踪式干扰的能力就越强。一般在短波跳频电台中,其跳速一般不超过100跳/秒。在甚高频电台中,一般跳速在500跳/秒。对某些更高频段的跳频系统可工作在每秒几万跳的水平。跳频码的长度将决定跳频图案延续时间的长度,这个指标与抗截获(破译)的能力有关。跳频图案延续时间越长,对方破译越困难,抗截获的能力也越强。跳频码的周期可长达10年甚至更长的时间。跳频系统的同步时间,是指系统使收发双方的跳频图案完全同步并建立通信所需要的时间。系统同步时间的长短将影响该系统的稳定程度。因为同步过程一旦被对方破环,就不能实现收、发跳频图案的完全同步,则将使通信系统瘫痪。因此,希望同步建立的过程越短越好,越隐蔽越好。根据使用的环境不同,目前跳频电台的同步时间可在几秒或几百毫秒量级。

当然，一个跳频系统的各项技术指标应依照使用的目的、要求以及性能价格比等方面综合考虑才能做出最佳的选择。

5．跳频系统的主要特点

跳频系统的特点，在很大程度上取决于它的扩展频谱机理。跳频扩展频谱在机理上与直接序列扩展频谱大不相同。从图 4 - 29 的跳频图案上可以看出，每一跳频驻留时间的瞬时所占的信道带宽是窄带频谱，依照跳频图案随时间的变化，这些瞬时窄带频谱在一个很宽的频带内跳变，形成了一个跳频带宽。由于跳频速率很快，从而在宏观上实现了频谱的扩展。图 4 - 33 所示是从频谱仪上观察到的跳频信号的频谱。

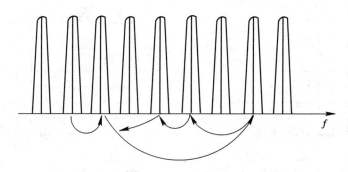

图 4 - 33　跳频信号的频谱

图中箭头所标示的是载波频率跳变的过程。载波频率之间的频率间隔就是信道带宽，跳频的载波数目乘上信道带宽就是跳频带宽。因此，跳频系统有如下特点：由于它是瞬时窄带系统，易于与目前的窄带通信系统兼容。目前的通信系统不论是模拟调制的还是数字调制的，通常都是窄带的通信系统。如果给现有的窄带通信系统加装上能使其载波频率按照某种跳频图案跳变并能实现同步接收的装置，则可改造成为跳频通信系统。由于它是宏观的宽带系统，因此它具有扩展频谱的抗干扰能力。跳频扩展频谱具有抗单频干扰、多频干扰的能力，还具有抗部分频带和宽带干扰的能力。图 4 - 34 给出了单频干扰和部分频带干扰对跳频信号影响的示意图。

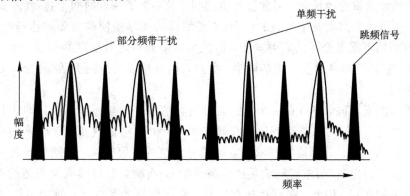

图 4 - 34　受干扰后的跳频信号频谱图

所谓跳频抗干扰，是指跳频的跳频图案被对方发现、识别的概率，以及跳频频率与对方干扰频率相一致的概率。这种概率越小，抗干扰能力越强。表征抗多频及宽带干扰能力的跳频系统参数叫处理增益 G_H。跳频处理增益的定义是：跳频带宽内的总信道数 N。N 越大，处理增益越大，但是，不能用处理增益 G_H 来表征抗跟踪式干扰的能力。由于跳频通信是按照跳频图案进行频率跳变的，因此具有码分多址和频带共享的组网通信能力。组网能力是对现代通信技术的基本要求之一。跳频通信组网可分为正交跳频网和非正交跳频网。如果多个跳频通信所采用的跳频图案在时频域"棋盘"上相互不发生重叠，则称它们为正交跳频网；如果发生重叠，则称为非正交跳频网，如图 4 - 35 所示。

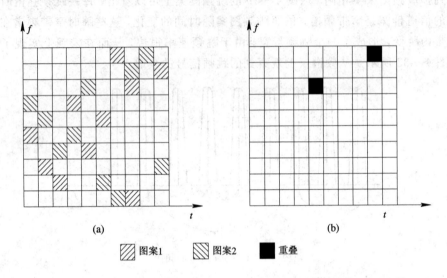

图 4 - 35　正交、非正交跳频图案
(a) 正交；(b) 非正交

根据跳频网的同步方式，可分为同步网和异步网。正交跳频网为了保证跳频图案的正交，要求全网严格地定时，采用同步网方式，所以它是正交跳频同步网。由于正交网的跳频图案不发生重叠，因此它不存在因跳频频率重合引起的网间干扰，它可组网的数目最大等于跳频的频率数目。

非正交网为了简化网络管理常采用异步网方式。由于非正交网的跳频图案会发生重叠，存在跳频频率重合的机会，因此会产生网间干扰。为了减少网间干扰 就需要精心选择跳频图案，尽量减少图案发生重叠的机会（就是所谓的要尽量使跳频图案达到准正交）。准正交异步跳频网不需要全网的定时同步，因此可以降低对定时精度的要求，且便于技术上实现。此外，它还有容易建立系统的同步、用户入网方便以及组网灵活等优点，因此，得到了广泛的应用。

利用跳频图案不同，可以在一个宽的频带内容纳多个跳频通信系统同时工作，达到频谱资源共享目的，从而可以提高频谱的有效利用率。由于它是载波频率快速跳变的，因此具有频率分集的功能。分集接收技术是克服信号衰落的有效措施。当跳频的频率间隔大于衰落信道的相关带宽时（通常是能满足这个条件的），而跳频驻留时间又很短的话，它就能起到频率分集的作用。因此，在移动通信多径、衰落信道的条件下，跳频系统又具有抗多径、抗衰落的能力。

综上所述，跳频系统的特点是抗干扰，抗衰落性，并具有与窄带系统的兼容性和码分多址特性。

4.3.2 跳频信号的发送与接收

1. 跳频信号的产生

在传统的定频通信系统中，发射机中的主振荡器的振荡频率是固定设置的，因而它的载波频率是固定的。为了得到载波频率是跳变的跳频信号，要求主振荡器的频率应能遵照控制指令而改变。这种产生跳频信号的装置叫跳频器。通常，跳频器是由频率合成器和跳频指令发生器构成的，如图 4 - 36(a)所示。

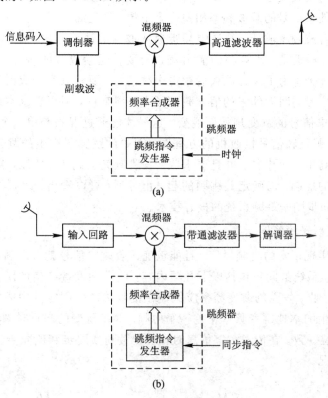

图 4 - 36　跳频器方框图
(a) 发送；(b) 接收

图中，如果将跳频器看作是主振荡器，则与传统的发信机没有区别。被传送的信息可以是模拟的或数字的信号形式(图中标示的为信码入)，经过调制器的相应调制，便可获得副载波频率固定的已调波信号，再与频率合成器输出的主载波频率信号进行混频，其输出的已调波信号的载波频率可达到射频通带的要求，再经过高通滤波器后馈至天线发射出去，这就是定频信号的发送过程。

跳频系统的频率合成器输出什么频率的载波信号是受跳频指令控制的。在时钟的作用下，跳频指令发生器不断地发出控制指令，频率合成器不断地改变其输出载波的频率。因此，混频器输出的已调波的载波频率也将随着指令不断地跳变，从而经高通滤波器和天线发送出去的就是跳频信号。

跳频器输出的跳变的频率序列，就是跳频图案。因此，有什么样的跳频指令就会产生什么样的跳频图案。通常，是利用伪随机发生器来产生跳频指令的，或者由软件编程来产生跳频指令。所以，跳频系统的关键部件是跳频器，更具体地是能产生频谱纯度好的快速切换的频率合成器和伪随机性好的跳频指令发生器。

由跳频信号产生的过程可以看出，不论是数字的或模拟的定频发送系统，在原理上，只要加装上一个跳频器就可变成一个跳频的发送系统，但是在实际系统中尚需考虑信道机的通带宽度。

2. 跳频信号的接收

在定频信号的接收设备中，一般都采用超外差式的接收方法，即接收机本地振荡器的频率比所接收的外来信号的载波频率相差一个中频，经过混频后产生一个固定的中频信号和混频产生的组合波频率成分。经过中频带通滤波器的滤波作用，滤除组合波频率成分，而使中频信号进入解调器。解调器的输出就是所要传送给收端的信息。跳频信号的接收，其过程与定频的相似。为了保证混频后获得中频信号，要求频率合成器的输出频率要比外来信号高出一个中频，因为外来的信号载波频率是跳变的，所以要求本地频率合成器输出的频率也随着外来信号的跳变规律而跳变，这样才能通过混频获得一个固定的中频信号。图 4－36(b)给出了跳频信号接收机的方框图。图中的跳频器产生的跳频图案应当比所要接收的调频信号高出一个中频，并且要求收、发跳频完全同步。所以，接收机中的跳频器还需受同步指令的控制，以确定其跳频的起、止时刻。可以看出，跳频器是跳频系统的关键部件，而跳频同步则是跳频系统的核心技术。

3. 接收跳频信号的条件

跳频系统要实现正常的跳频通信，且能正确接收跳频信号就必须满足接收、发送端同步这一基本条件。系统的同步包括以下几项内容：收端和发端产生的跳频图案相同，即有相同的跳频规律。收、发端的跳变频率应保证在接收端产生固定的中频信号，即跳变的载波频率与收端产生的本地跳变频率相差一个中频。频率跳变的起止时刻在时间上同步，即同步跳变，或相位一致。在传送数字信息时，还应做到帧同步和位同步。图 4－37 示出跳频同步的几种情况。

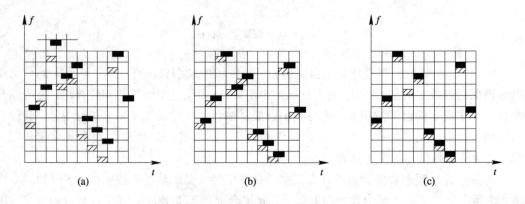

图 4－37　跳频同步的几种情况

其中，图 4－37(a)只是跳频图案相同；图 4－37（b）是跳频图案及跳频频率一致的情况；图 4－37（c）为跳频图案、跳频频率以及跳频起止时刻完全一致的同步情况。图中黑色矩形块代表接收端的跳频图案，带有斜线的矩形块代表发送端的跳频图案，即所要接收的外来信号的跳频图案。图 4 - 37（b）和图 4 - 37（c）中，接收端跳频图案的瞬时频率比外来信号高出一个中频。

4. 跳频信号的波形

与定频连续信号波形不同，跳频信号的波形是不连续的，这是因为跳频器产生的跳变载波信号之间是不连续的。频率合成器从接受跳频指令开始到完成频率的跳变需要一定的切换时间。为了保证其输出的频率纯正而稳定，防止杂散辐射，在频率切换的瞬间是抑制发射机末级工作的。

频率合成器从接受指令开始建立振荡到达稳定状态的时间叫作建立时间；稳定状态持续的时间叫驻留时间；从稳定状态到达振荡消失的时间叫消退时间。从建立到消退的整个时间叫作一个跳周期，记作 T_h。建立时间加上消退时间叫作换频时间。只有在驻留时间（记作 T_d）内才能有效地传送信息。图 4 - 38 给出了频率合成器的换频过程和载波信号的波形。

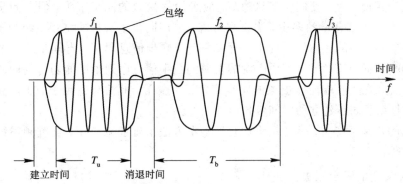

图 4 - 38　频率合成器换频过程和载波信号的波形

跳频通信系统为了能更有效地传送信息，要求频率切换占用的时间越短越好。通常，换频时间约为跳周期 T_h 的 $1/8 \sim 1/10$。比如跳频速率每秒 500 跳的系统，跳周期 $T_h = 2$ ms，其换频时间为 0.2 ms 左右。跳频速率每秒 20 跳的系统，则跳周期是 $T_h = 50$ ms，其换频时间约为 5 ms。

4.3.3　跳频系统的同步

跳频系统的同步是关系到跳频通信能否建立的关键。那么，怎样才能实现通信双方的跳频同步呢？同步的含义是：跳频图案相同，跳变的频率序列（也称频率表）相同，跳变的起止时刻（也称相位）相同。因此，为了实现收、发双方的跳频同步，收端首先必须获得有关发端的跳频同步的信息，它包括采用什么样的跳频图案，使用何种频率序列，在什么时刻从哪一个频率上开始起跳，并且还需要不断地校正收端本地时钟，使其与发端时钟一致。根据收端获得发端同步信息和校对时钟的方法不同而有各种不同的跳频同步方式。

1. 跳频同步信息的基本传递方法

（1）独立信道法。利用一个专门的信道来传送同步信息；收端从此专门信道中接收发端送来的同步信息后，依照同步信息的指令，设置接收端的跳频图案、频率序列和起止时刻，并校准收端的时钟，在规定的起跳时刻开始跳频通信。这种方式，需要专门的信道来传送同步信息，有的通信系统难以提供专门的信道，因此独立信道法的应用受到了限制。

（2）前置同步法，也称同步字头法。在跳频通信之前，选定一个或几个频道先传送一组特殊的携带同步信息的码字，收端接收此同步信息码字后，按同步信息的指令进行时钟校准和跳频。因为是在通信之前先传送同步码字，故称同步字头法。

（3）自同步法，也称同步信息提取法。这种方法是利用发端发送的数字信息序列中隐含的同步信息，在接收端将其提取出来从而获得同步信息实现跳频。此法不需要专门的信道和发送专门的同步码字，所以它具有节省信道、节省信号功率和同步信息隐蔽等优点。

上述三种基本的同步信息传递方法各有利弊。独立信道法需要专门的信道来传送专门的同步信息，因此它占用频率资源和信号功率。另外，其同步信息传送方式不隐蔽，易于被敌方发现和干扰。其优点是传送的同步信息量大，同步建立的时间短，并能不断地传送同步信息，保持系统的长时间同步。虽然同步字头法不需专门的同步信息信道而是利用通信信道来传送同步信息的，但它还是挤占了通信信道频率资源和信号功率，因此它的缺点与独立信道法相似。为了使同步信息隐蔽，应采用尽量短的同步字头，但是同步字头太短又影响传送的同步信息量的多少，需折衷考虑。采用同步字头法的跳频系统为了能保持系统的长时间同步，还需在通信过程中，插入一定的同步信息码字。自同步法在节省频率资源和信号功率方面具有优点。但由于发端发送的数字信息序列中所能隐含的同步信息是非常有限的，因此在接收端所能提取的同步信息就更少了。此法只适用于简单跳频图案的跳频系统，并且系统同步建立的时间较长。

在实际的跳频系统中，常常是将这几种基本方法组合起来应用，使跳频系统达到某种条件下的最佳同步。

2. 几种实用的同步方法

（1）模拟跳频系统的同步方法。模拟跳频系统是指传送模拟信号的跳频通信系统，例如模拟话音信号。那么，在模拟通信系统中如何传送跳频同步信息呢。回答只能是利用模拟信号携带同步信息。

（2）带外单音法。我们知道话音占据的频带在 300～3000 Hz 之间，因此可利用低于 300 Hz 或高于 3000 Hz 的频率来传送同步信息，这种方法叫带外单音法。

（3）带内同步头法。此法是利用 300～3000 Hz 的话音频带，传送用单音进行编码的模拟信号同步字头。比如，用两个单音进行编码，传号时的单音频率是 1200 Hz，空号的频率是 1800 Hz，采用最小频移键控调制方式，便可获得带内的同步信息码字。此码字再经过模拟通信系统传送至收端，收端解出同步信息后，按照同步指令实现跳频同步。

（4）数字（数据）跳频系统的同步方法。数字跳频系统是指传送数字话音或数据的跳频通信系统。因此，它传送跳频同步信息是以数据帧的格式进行的。数字系统跳频同步方法也不外乎同步字头法，自同步法和参考时钟法。

（5）同步字头法。发端需发送含有同步信息的码字，收端解码后，依据同步信息使收端本地跳频器与发端同步。同步信息除位同步、帧同步外，主要应包括跳频图案的实时状态信息或实时的时钟信息，即所谓的"TOD"信息（Time of the Day）。实时时钟信息包括年、月、日、时、分、秒，毫秒、微秒、纳秒等；状态信息是指伪码发生器实时的码序列状态。根据这些信息，收端就可以知道当前跳频驻留时间的频率和下一跳频驻留时间应当处在什么频率上，从而使收发端跳频器同步工作。为了保证 TOD 信息的正确接收，在如图

4 – 39 所示的同步信息数据帧格式中必须装有位同步和帧同步位。此外，对 TOD 信息位可采用差错控制技术，如纠错编码，相关编码或采用大数判决，以提高传输的可靠性。

图 4 – 39　同步信息数据帧格式

（6）参考时钟法。在一个通信网内，设一个中心站，它播发高精度的时钟信息，所有网内的用户依照此标准时钟来控制收、发信机的同步定时，达到收、发双方同步。采用这种方法进行跳频同步，需要事先约定好所采用的跳频图案和频率表，或者，需通过其他方式将跳频图案信息通知网内用户。此法需要一个精度极高的标准时钟，否则不能实现跳频通信。

（7）自同步法。它是依靠从接收到的跳频信号中提取有关同步信息来实现跳频同步的。数字跳频系统中，根据需要也可采用不同方法的组合。比如，自同步法具有同步信息隐蔽的优点，但是存在同步建立时间长的缺点；而同步字头法具有快速建立同步的优点而存在同步信息不够隐蔽的缺点。因此可将这两种方法进行组合，得到一个最佳的同步系统。图4 – 40 所示的是等待自同步法的跳频同步过程。

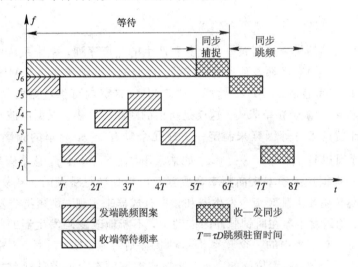

图 4 – 40　等待自同步法的跳频同步过程

图 4 – 40 中，接收端在频率 f_6 上等待接收跳频信号；发送端发送的跳频信号的载波频率依次在 f_5、f_1、f_3、f_4、f_2、f_6、…上跳变。当发端信号的载频跳变至 f_6 时，收端接收到跳频信号，这时称作同步捕获，即可从跳频信号中解出它所携带的同步字头内的同步信息。接着，就依照同步信息的指令开始同步跳频，即由等待阶段转入同步跳频的阶段，从而建立跳频系统的同步。

3. 跳频同步系统的要求

衡量同步系统性能的优劣，主要应考虑两个方面：一是跳频系统同步的可靠性；二是同步系统的抗干扰性。同步系统的可靠性，包括系统同步的建立时间，正确同步概率和假同步的概率，系统同步保持时间等项指标。一般来说，跳频同步系统的同步建立时间越短越好，同步保持时间越长越好；正确同步的概率要大，假同步的概率要小，这样才能称为一个快速、稳定而可靠的同步系统。同步系统的抗干扰性，包括抗人为干扰和噪声干扰。采用跳频技术的一个目的就是提高系统的抗干扰性，特别是在电子战的环境中，主要是抗对方有意的干扰，因此，要求同步信息的传递要隐蔽、快速，为此，需考虑如下几点：尽量使同步信号在空中存在的时间要短，使对方难以在很短的时间内发现同步信号；在多个跳变频道上传送同步信息，增大频道的随机性，使对方难以侦察；增大跳频带宽，使对方难以在宽带内施放干扰；频率跳变的速率要快，使跳频信号的驻留时间变短，可防止跟踪式干扰，从而保护同步字头；应尽量使同步信息的信号特征与通信信息的信号特征一致，以致对方难以区分同步信息，或者人为地发出伪同步信息以迷惑对方，从而提高对同步信息的保护能力。对于噪声干扰，要求在低信噪比或高误码率的信道条件下能实现跳频系统的正确同步。对此，需考虑以下各点：同步信息本身的差错控制，如纠错编码、多次重发、相关编码、交织等；同步认定的算法控制，即经过多次同步检测后才认定系统同步的策略，并选择最佳的检测次数。同步状态下的失步算法控制，即经过多次失步检测后才确定系统已失去同步的策略，并选择最佳的检测次数。

4.3.4 跳频图案的产生与选择

1. 跳频图案的产生

跳频图案是由跳频指令控制频率合成器所产生的频率序列。跳频系统中，跳频带宽和可供跳变的频率（频道）数目都是预先设定好的。比如说，跳频带宽为 5 MHz，跳频频率的数目是 64 个，频道间隔是 25 kHz。这样，在 5 MHz 带宽内可供选用的频道数远大于 64 个，那么怎样选择出 64 个频率来呢？这就是所谓的跳频频率表。根据电波传播条件、电磁环境条件以及干扰的条件等因素来制定一个或几个具有 64 个频率的频率表，即 f_1、f_2、$\cdots$、f_{64}；另一个可以是 f_1'、f_2'、$\cdots$、f_{64}'。如果采用 f_1、f_2、$\cdots$、f_{64} 这个频率表，那么跳频指令发生器则是根据这个频率表向频率合成器发出指令进行跳频的。要做到在这 64 个频率中伪随机地跳频还要由跳频指令发生器和频率合成器来实现。跳频指令发生器主要是一个伪码发生器。伪码发生器在时钟脉冲的推动下，不断地改变码发生器的状态。不同的状态对应于一个跳频频率表中的一个频率。64 种状态则对应 64 个频率。再根据此频率，按照频率合成器可变分频器、置位端的要求，转换成控制频率合成器的跳频指令。由于伪码发生器的状态是伪随机地变化，因此频率合成器输出的频率也在 64 个频率点上伪随机地跳变，便生成了伪随机的跳频图案。当频率表不同时，虽然用同一个伪码发生器，但实际所产生的跳频图案是不同的。

2. 跳频图案的选择

一个好的跳频图案应考虑以下几点：图案本身的随机性要好，要求参加跳频的每个频率出现的概率相同，随机性好，抗干扰能力也强。要求跳频图案的数目要足够多，这样抗破译的能力才会更强。各图案之间出现频率重叠的机会要尽量地小，要求图案的正交性要好，这样将有利于组网通信和多用户的码分多址。上面谈过，跳频图案的性质，主要是依赖于伪码的性质，所以选择伪码序列成为了获得好的跳频图案的关键。实用的跳频序列长度约在 2^{37}（即 10^{11}）左右。m序列的优点是容易产生，自相关特性好，且是伪随机的，但是可供使用的跳频图案少，互相关特性不理想，又因它采用的是线性反馈逻辑，就容易被破译，即保密性、抗截获性差。由于这些原因，在跳频系统中通常不采用 m 序列作为跳频指令码。M 序列是非线性序列，可用的跳频图案很多，跳频图案的密钥量也大，并有较好的自相关和互相关特性，所以它是较理想的跳频指令码，其缺点是硬件产生时设备较复杂。R－S 序列的硬件产生比较简单，可以产生大量的可用跳频图案，很适用于作跳频指令码序列。关于这些伪随机序列的产生方法与特点在讲述直接序列扩频通信系统中已经讨论过，这里从略。

4.4 混合式扩频系统

4.4.1 采用混合式扩频系统的原因

1. 直接序列扩展频谱系统的优点与缺点

直接利用码片速率极高的伪随机序列对信息比特流进行调制和利用相关接收方法进行解调的这种直接扩展频谱系统具有很多优点，但是也有不足之处。这些优点和不足在前面的相应章节都已提到，这里加以总结，同时也是为接下来要说明的混合式扩频系统做铺垫。

直接序列扩频的优点是：

（1）直扩信号的功率谱密度低，具有隐蔽性和低的截获概率，从而使得抗侦察、抗截获的能力增强。另外，功率污染小，即对其他系统引起的电磁环境污染小，有利于多种系统共存。

（2）直扩系统的伪随机性和密钥量使信息具有保密性，即系统本身具有加密的能力。因为用伪随机序列对信息比特流进行扩展频谱，就相当于对信息的加密，而所拥有的码型不同的伪随机序列的数目，就相当于密钥量。当不知道直扩系统所采用的码型时，就无法破译。

（3）利用直扩系统码型的正交性，就可构成直接序列扩展频谱码分多址系统。在这样的码分多址系统中，每个通信站址分配一个地址码（一种伪随机序列）。利用地址码的正交性通过相关接收来识别出来自不同站址的信息。码分多址系统中的用户是共享频谱资源的。

（4）直接扩展频谱系统具有抗宽带干扰、抗多频干扰及单频干扰的能力。这是因为直接扩展频谱系统具有很高的处理增益，对有用信号进行相关接收，对干扰信号进行频谱扩展，并使其大部分的干扰功率被接收机中频带通滤波器所滤除。

（5）直接扩展频谱信号的相关接收具有抗多径效应的能力。当直扩伪随机序列的码片宽度（持续时间）小于多径时延时，利用相关接收可以消除多径时延的影响。

（6）利用直接扩展频谱信号可实现精确的测距定位。直接扩展频谱系统除可进行通信外，还可利用直接扩展频谱信号的发送时刻与返回时刻的时间差，测出目标物的距离。因此，在同时具有通信和导航能力的综合信息系统中显示了直接扩展频谱系统的优势。

（7）直接扩展频谱系统适用于数字话音和数据信息的传输，这是由于扩频系统本身是数字系统所决定的。

直接序列扩频的局限性在于：

直接序列扩展频谱系统是宽带系统，虽然可与窄带系统电磁兼容，但不能与其建立通信。另外，对模拟信源(如话音)需作预先处理(如语声编码)后，才可接入直扩系统。

直接扩展频谱系统的接收机存在明显的远近效应，对此，需要在系统中采用自动功率控制以保证远端和近端电台到达接收机的有用信号是同等功率的。这一点，增加了直接扩展频谱系统在移动通信环境中应用的复杂性。

直接扩展频谱系统的处理增益受限于码片(Chip)速率和信源的比特率，即码片速率的提高和信源比特率的下降都存在困难。处理增益受限，意味着抗干扰能力受限，多址能力受限。

2. 跳频系统的优点与缺点

利用伪随机序列指令码对系统的载波频率进行控制的跳频系统也具有其独特之处和局限性。

其优点是：

(1) 跳频图案的伪随机性和跳频图案的密钥量使跳频系统具有保密性。即使是模拟话音的跳频通信，只要对方不知道所使用的跳频图案，那么跳频系统就具有一定的保密能力。当跳频图案的密钥足够大时，具有抗截获的能力。

(2) 由于载波频率是跳变的，因此具有抗单频及部分抗带宽干扰的能力。当跳变的频率数目足够多时，跳频带宽足够宽时，其抗干扰能力是很强的。

(3) 利用载波频率的快速跳变，跳频系统具有频率分集的作用，该作用使得系统具有抗多径衰落的能力。条件是跳变的频率间隔要大于相关带宽。

(4) 利用跳频图案的正交性可构成跳频码分多址系统，共享频谱资源，并具有承受过载的能力。

(5) 跳频系统为瞬时窄带系统，能与现有的窄带系统兼容通信。即当跳频系统处于某一固定载频时，可与现有的定频窄带系统建立通信。另外，跳频系统对模拟信源和数字信源均适用。

(6) 跳频系统无明显的远近效应。这是因为大功率信号只在某个频率上产生远近效应，当载波频率跳变至另一个频率时则不再受其影响。

跳频系统也有其缺点和局限性：

信号的隐蔽性差。因为跳频系统的接收机除跳频器外与普通超外差式接收机没有什么差别，它要求接收机输入端的信号噪声功率比是正值，而且要求信号功率远大于噪声功率。所以在频谱仪上是能够明显地看到跳频信号的频谱。特别是在慢速跳频时，跳频信号容易被对方侦察、识别与截获。

跳频系统抗多频干扰及跟踪式干扰能力有限：当跳频的频率数目中有一半的频率被干扰时，对通信会产生严重影响，甚至中断通信。抗跟踪式干扰要求快速跳频，使干扰机跟踪不上而失效。跳频系统的各项优点也因为技术上的原因而受到局限，主要是因为产生宽的跳频带宽、快的跳频速率。伪随机性好的跳频图案的跳频器在制作上遇到很多困难，且有些指标是相互制约的。

3. 直接序列扩频与跳频扩频的互补性

将直接序列扩频系统和跳频系统的优点与局限性作一对比，便可看出它们的优缺点是互补的，如表4－3所示。

表 4 - 3　两种系统的对比

	优　点	缺　点
直接序列扩频系统	(1) 信号隐蔽； (2) 保密； (3) 多址； (4) 抗干扰； (5) 测距、定位； (6) 宽带数字系统	(1) 远近效应严重； (2) 处理增益受限； (3) 与窄带系统不能建立通信
跳频系统	(1) 保密； (2) 多址； (3) 抗干扰； (4) 抗多径； (5) 无明显远近效应； (6) 瞬时窄带系统	(1) 信号隐蔽性差； (2) 抗多频干扰能力有限； (3) 慢跳速时抗跟踪干扰差； (4) 快速跳频器受限

因此，将这两种扩展频谱技术组合起来，取长补短，可能会是更优异的一种扩展频谱系统。这就是直接序列/跳频(DS/FH)扩展频谱系统。

4. 跳时系统的特点

跳时系统虽然也是一种扩展频谱技术，但因其抗干扰性能不强，通常并不单独使用。在时分多址通信系统中利用跳时来减少网内干扰，可改善系统中存在的远近效应。

将跳时(TH)分别与直接扩频(DS)和跳频(FH)相结合则构成直扩/跳时(DS/TH)系统和跳频/跳时(FH/TH)系统。若将直扩、跳频和跳时三者结合在一起则构成了直扩/跳频/跳时(DS/FH/TH)扩展频谱系统。

5. 混合式扩频系统的好处

正如上面所列举的，每一种扩展频谱系统都有各自的长处和短处，优点和局限性。比如，当抗干扰指标要求很高时，单独的任一种扩展频谱系统往往很难达到要求，甚至遇到技术上的难题得不到解决；或者要大大增加设备的复杂程度从而使成本也大为提高。若是采用几种基本扩展频谱系统的组合，优势互补，则可满足高抗干扰指标的要求，又可能缓解某些技术难点，降低成本，从而达到更合理的性能价格比。当然，其代价使系统的复杂程度有所增加。概括而言，混合式扩展频谱系统可以带来的好处是：提高了系统的抗干扰能力，降低了部件制作的技术难度，使设备简化，降低成本，满足使用要求。现举一例来说明采用混合式扩展频谱系统的必要性。例如某系统要求扩展频谱的射频带宽应达到1000 MHz，试设计一扩展频谱系统。若采用直接序列扩展频谱系统来满足此项指标要求时，需要产生码片速率 500 Mchip/s 的伪随机序列，这在技术上是难度极大的，如果用跳频系统来实现，假设跳频频率的间隔是 25 kHz 时，则要求跳频器输出的跳频频率数是 4万个。制作跳频带宽为 1000 MHz 这样的宽带和 4 万个输出频率的跳频器在技术上也是很困难的，但是，如果采用直接序列/跳频扩展频谱系统，直接序列的码片速率用 5 Mchip/s，跳频器输出的跳频频率数为 100 个，最小跳频频率间隔为 10 MHz 就可以满足要求。显然，这种混合式扩展频谱系统中的各部件的技术难度就大大降低了。

4.4.2　几种常用的混合式扩频系统

1. 直接序列与跳频混合式扩频系统

直接序列与跳频的组合可构成直扩/跳频(DS/FH)扩展频谱系统。直扩/跳频扩展频谱系统是在直接序列扩展频谱系统的基础上增加载波频率跳变的功能。它的基本工作方式是直接序列扩频,因此系统的同步也是以直接序列的同步为基础的。图 4 - 41 分别给出了直接序列/跳频(DS/FH)混合式扩展频谱系统的发送与接收端的构成及各点信号的频谱图。

在图 4 - 41(a)中,经编码器输出的信息码与来自伪码发生器的伪随机序列(直扩码)在模 2 加法器中进行模 2 运算,模 2 加法器的输出就是扩展频谱信号。因而可将模 2 加法器和伪码发生器叫作直接序列扩展频谱器(扩频器)。图中标示(1)及(2)处的信号频谱示于图 4 - 41(b)中,分别是信息码频谱和 DS 信号频谱。频谱所展宽的倍数代表直接序列扩展频谱系统的处理增益。模 2 加法器输出的扩展频谱信号属于基带信号,此信号送至混频频带扩展频谱信号。假设频率合成器输出的载波频率是 f_3,则有图 4 - 41(b)(4)中用竖线示出了直接序列扩频信号的频谱图。比较 f_1 与 f_3 可以看出,它们的频谱图是相同的,仅是作了一个载频的频率搬移。

由图 4 - 41(a)还可以看出,伪码发生器和频率合成器所构成的就是跳频器。在跳频码的控制下频率合成输出频率跳变的载波序列是 f_1、f_3、f_2、f_6、f_8、…、f_1。因此,跳频器加上混频器就构成了一个频率跳变扩展频谱系统。当混频器的输入信号是一个直接序列扩展频谱时,混频器输出的信号就是一个直接序列加跳频的扩展频谱信号。图 4 - 41(b)中所示为频率合成器输出的频率跳变的载波信号频谱。箭头示出其跳变的规律;图(4)中所示即为直扩加跳频的扩展频谱信号的频谱,图中虚线所示的信号频谱表示随着载波频率的跳变而形成的宽带谱的样子。

在图 4 - 41(a)中,直扩系统用的伪随机序列和跳频系统用的伪随机跳频图案,都是由一个伪码发生器产生的,因此,它们在时间上是相互关联的,可由一个时钟来定时控制。

图 4 - 41(c)中给出接收端的方框图。假若频率合成器输出的载波频率固定不变,并且接收的也是载波频率不变的一个直接序列扩展频谱信号。那么此信号经第一次混频后仍为宽频带信号,然后和本地伪码发生器产生的随机序列相乘,进行解扩,恢复成窄带信号,再经过窄带通滤波器及解调器将信息码输出。其中,伪码发生器和乘法器构成了直接序列解扩展频谱器(解扩器)。当接收直扩加跳频的扩展频谱信号其载波频率跳变的规律是 f_1、f_3、f_2、f_6、…时,本地频率合成器输出的跳变频率规律也应相同,只是高出外来信号一个中频频率,即 f_1'、f_3'、f_2'、f_6'、…。当收、发跳频同步时,直扩/跳频扩展频谱信号经过混频器后即变成载波频率为一固定中频的直接序列扩展频谱信号了。各点信号的频谱图如图 4 - 41(b)所示。我们可以将接收端跳频码控的频率合成器和混频器叫作解跳器。所以,对直扩/跳频扩展频谱信号的接收而言,是先进行"解跳"再进行"解扩",然后通过常规的解调来获得信息码的输出。这个接收过程恰好与发送的先直扩后跳频的过程相反。混合式扩展频谱系统可以提高抗干扰能力。一般而言,扩展频谱系统的处理增益可以表征系统的抗干扰能力。对于直扩/跳频混合式扩展频谱系统其处理增益的计算是这样的,若已知直接

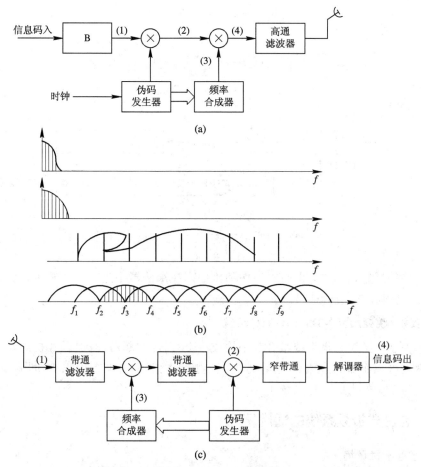

(1) 信息码频谱；(2) 直接扩频信号频谱；(3) 调频信号频谱；(4) DS/FH信号频谱

图 4-41　DS/FH 系统频谱图

(a) 发送；(b) 各点的信号谱线；(c) 接收

序列扩频系统处理增益是 G_{DS}，跳频系统处理增益是 G_{FH}，则 DS/FH 混合扩展频谱系统的总处理增益 $G_{DS/FH}$ 是它们的乘积。即 $G_{DS/FH} = G_{DS} \cdot G_{FH}$。如果用 dB 表示处理增益，则有 $G_{DS/FH}(\text{dB}) = G_{DS}(\text{dB}) + G_{FH}(\text{dB})$。例如，若 $G_{DS} = 40$ dB，$G_{FH} = 13$ dB，则 $G_{DS/FH} = 53$ dB。

2. 直扩/跳时(DS/TH)系统

直扩/跳时系统是在直接序列扩展频谱系统的基础上增加了对射频信号突发时间跳变控制的功能，如图 4-42 所示。

图 4-42(a)为发送端方框图，图 4-42(b)为接收端方框图。由图 4-42(a)中可以看出，当射频开关接通时，就输出直接扩展频谱信号，当射频开关断开时，则停止输出信号。射频开关的通断受触发器控制，触发器的状态是由控制逻辑指令来控制的，控制逻辑指令又是由伪码发生器产生的。所以射频开关的接通与断开的起止时间是跳变的。图中的控制逻辑、触发器及射频开关可视作一个整体，起码控射频开关的作用，因此，可称作是跳时器。图 4-42(b)所示的接收过程，可以看作是发送的逆过程。首先进行解跳，再经混频变

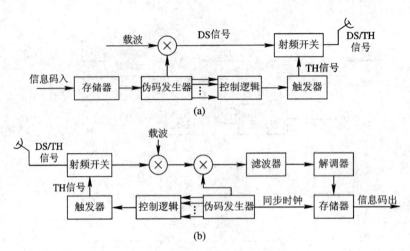

图 4 - 42　DS/TH 混合式扩展频谱系统

(a) 发送；(b) 接收

成中频直接扩展频谱信号，再与本地伪随机序列在乘法器中进行相关解扩，恢复成窄带信号，最后经解调器输出信息码。

3. 直扩/跳频/跳时(DS/FH/TH)系统

将三种基本扩展频谱系统组合起来构成一个直扩/跳频/跳时混合式扩展频谱系统，其复杂程度是可想而知的。因此，在一般的具有抗干扰能力的电台中很少使用，而多用于以时分多址为基础的大的信息系统中。

4.4.3　混合式扩频系统的适用环境

1. 严重干扰环境

在电磁环境异常恶劣的条件下，或者要求通信系统的抗干扰指标非常高，单独一种扩展频谱系统难以满足要求时，可采用混合式扩展频谱系统。例如，某数字话音通信系统要求处理的增益为 50 dB，数据率为 16 kb/s，若采用直接序列扩展频谱系统时，要求伪码码片速率为 1500 Mchip/s，这样高的速率目前的技术水平是达不到的。若采用直扩/跳频混合式扩展频谱系统，则可以满足系统总处理增益为 50 dB 的要求。比如，若直接序列扩展频谱系统的伪码速率为 50 Mchip/s，数据率为 16 kb/s，则可获得直扩系统的处理增益 35 dB，剩下的 15 dB 处理增益则由跳频系统来完成。当跳频处理增益为 15 dB 时，要求频率跳变的数目是 32 个。这样，采用直扩/跳频混合式扩展频谱系统既能满足指标要求，又容易实现。这种直扩与跳频混合式扩频系统，可实现优势互补，使其具有全面的抗干扰能力。

2. 移动通信环境

在移动通信中，移动体的相对运动将引起收、发信机之间电波传播距离的随机变化。当系统内多用户同时工作时，对直扩系统而言，会在接收机输入端产生近距离大功率无用信号抑制远端小功率有用信号的现象，即所谓远近效应。如图 4 - 43 所示。正常的通信路径是卡车 Tx_1 发信，卡车 Rx_1 收信和轿车 Tx_2 发信，轿车 Rx_2 收信。当 Tx_1 与 Tx_2 同时发信时，卡车 Rx_1 将同时收到来自远端卡车 Tx_1 的信号和近端轿车 Tx_2 的信号。由于近端信号的干扰，会使卡车 Rx_1 与卡车 Tx_1 的通信质量下降，严重时，会引起通信中断。直接序列扩展频谱通信系统，要求接收端的有用信号的功率必须大于或等于无用信号的功率，即所谓等功率的条件，否则系统就不能正常工作。因此，在移动环境下，直接序列扩展频谱系统必须采取严格的功率控制措施，否则将存在严重的远近效应。

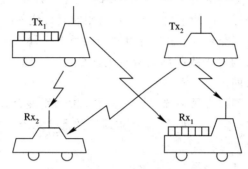

图 4 - 43　远近效应

跳频扩展频谱系统由于其载波频率是跳变的，只有当网内用户的跳频频率出现相互重叠的时候才会引起远近效应，因此，跳频扩展频谱系统的远近效应远比直接扩展频谱系统的要小。为了解决远近效应的影响，还可以采用跳时系统。利用发射信号时间的不同，在时间上避免网内用户信号的相互重叠，从而免除了近端大功率信号对远端小功率信号的干扰影响。因此，在移动通信环境中，为了消除远近效应对通信系统的影响，多采用混合式扩展频谱通信系统，如跳频/跳时扩展频谱通信系统。若综合考虑抗干扰性能，可采用直扩/跳频/跳时(DS/FH/TH)混合式扩展频谱系统。

3. 多径传播环境

多径效应是指电波传播过程中的多条路径使到达接收端的信号产生了衰落与展宽的现象。在短波的天波传播通信以及城市地面移动通信中，都存在着严重的多径效应，因此，它们属于典型的多径传播环境。短波电离层信道的传播时延约在 0.1～2 ms；移动通信中的传播时延因地形地物的限制而不同，开阔地区小于 0.2 ms，郊区约为 0.5 ms，市区约为3 ms。

直接序列扩展频谱通信系统由于采用相关接收，它具有抗多径效应的能力。跳频系统由于其载波频率的跳变而起到了频率分集的作用，并具有一定的抗多径效应的能力。对于跳时系统，可以看作是对信号进行时间分集接收。但是这三种系统的抗多径能力都是在一定的条件下才成立的。直接序列扩频系统要求码片宽度小于或等于最小的传播时延；跳频系统要求跳频频率间隔要大于相关带宽，并采用快跳频，即保证每一比特信息应在一跳或多跳中传输。对跳时系统，也要求每一比特信息应在一跳或多跳中传输，只有这样才能起到分集的效果。一般的，直接序列的码片宽度要小于 0.2 ms 还是容易达到的，它只需码片速率为 5 Mchip/s。对于跳频速率要等于或大于信息比特速率，比如说大于或等于16 kb/s，就不容易实现，因为跳速要等于或大于 1.6 万次/秒才行。跳时系统也存在类似快速的问题。直接序列扩频系统虽然容易满足抗多径的条件，具有良好的抗多径能力，但它不适于移动通信环境。因此，在移动通信抗多径的环境下，以混合式扩展频谱系统为好。比如说，直扩与跳频，直扩与跳时，直扩、跳频与跳时的组合。

4. 多网工作环境

组网通信中，存在着两个问题：一是网内可容纳的用户地址数目；二是可承受网间干扰的能力。对于直扩系统，网内同时可工作的地址数与系统的处理增益成正比。当处理增益给定时，网内用户数也就一定了。否则，会使网内的干扰加重，影响通信质量。若是多个直接扩频网同时工作，则存在网间干扰问题，这将限制允许建网的数目。

对于跳频系统，若按正交组网方式，可组网的数目等于跳频频率的数目，若按非正交组网方式，可组网的数目约等于跳频频率数目的四分之一。通常，跳频频率数是有限的，因此，可组网数也是受限的。

为了满足多个网、大用户容量和抗干扰的要求，常采用混合式扩频系统来解决。在数字通信系统，还可采用时分多址、跳时、直扩加跳频的混合系统来实现多网、多用户、高质量、抗干扰的通信。

综上所述，混合式扩展频谱系统适用于：

(1) 抗干扰性能要求高的系统，特别是军事通信系统；

(2) 抗多径、抗衰落要求高的系统，特别是移动通信和短波通信系统；

(3) 多网、多用户，卫星通信系统、导航定位系统等。

习　题

1. 扩频通信的优点是什么？
2. 信道带宽与信道容量的区别是什么？
3. 扩频通信适合于哪些应用场合？
4. 扩频通信系统有哪几种主要调制方式？
5. 比较 DS 和 FH 系统在抗多径干扰方面的优劣性。
6. 请写出小 m 序列的自相关函数。
7. 请列举当前实际应用中的几种典型扩频通信系统。
8. 为什么要采用混合式扩频系统？有哪些常用的混合式扩频系统？
9. 请说明 m 序列与 M 序列的区别是什么。
10. 如何由 m 序列构造 Gold 码序列？
11. 简要说明直接序列扩频系统有哪些主要组成部分，各部分的功能是什么？
12. 试说明跳频图案是如何定义的。
13. 请举例说明跳频系统有哪些主要同步方法。
14. 跳频系统的同步可分为哪两个主要步骤？
15. 请简要说明直接序列扩频系统的同步原理是什么。

第五章 微波通信系统

5.1 微波通信概述

5.1.1 微波通信的发展

微波的发展与无线通信的发展是分不开的。1901 年马克尼使用 800 kHz 中波信号进行了从英国到北美纽芬兰的世界上第一次横跨大西洋的无线电波的通信试验,开创了人类无线通信的新纪元。无线通信初期,人们使用长波及中波来通信。20 世纪 20 年代初人们发现了短波通信,直到 20 世纪 60 年代卫星通信的兴起,短波通信一直是国际远距离通信的主要手段,并且对目前的应急和军事通信仍然很重要。

微波通信是 20 世纪 50 年代的产物。由于其通信容量大、投资费用省(约占电缆投资的五分之一)、建设速度快、抗灾能力强等优点而取得了迅速的发展。20 世纪 40 年代到 50 年代产生了传输频带较宽,性能较稳定的微波通信,成为长距离大容量地面干线无线传输的主要手段。其模拟调频传输容量高达 2700 路,也可同时传输高质量的彩色电视,尔后逐步进入中容量乃至大容量数字微波传输。20 世纪 80 年代中期以来,随着频率选择性色散衰落对数字微波传输中断影响的发现以及一系列自适应衰落对抗技术与检测技术的发展,使数字微波传输产生了一个革命性的变化。特别应该指出的是 20 世纪 80 年代至 90 年代发展起来的一整套高速多状态的自适应编码调制解调技术与信号处理及信号检测技术的迅速发展,对现今的卫星通信、移动通信、全数字高清晰度电视(HDTV, High Definition Tele-Vision) 传输、通用高速有线/无线的接入,乃至高质量的磁性记录等诸多领域的信号设计和信号的处理应用,起到了重要的作用。

国外发达国家的微波中继通信在长途通信网中所占的比例高达 50% 以上。据统计,美国为 66%,日本为 50%,法国为 54%。我国自 1956 年从东德引进第一套微波通信设备以来,经过仿制和自发研制,已经取得了很大的成就,在 1976 年的唐山大地震中,在京津之间的同轴电缆全部断裂的情况下,六个微波通道全部安然无恙。20 世纪 90 年代的长江中下游的特大洪灾中,微波通信又一次显示了它的巨大威力。进入 20 世纪 90 年代后,出现了容量更大的数字微波通信系统(512QAM 和 1024QAM 等),并且出现了基于 SDH 的数字微波通信系统。在当今世界的通信革命中,微波通信仍是最有发展前景的通信手段之一。

由于光纤技术的发展,长途传输干线的容量大大提高,光纤已取代微波中继作为长途传输干线的主要角色。但是世界上已经存在着大量的微波通信系统,因此在将来的很长一段时间内,数字微波将与光纤共存,与卫星通信系统一起作为光纤通信系统的辅助手段。并且数字微波具有建站快、成本低、不需铺设线路的特点,尤其适合于紧急通信、临时通信、无线接入等用途。

5.1.2 微波通信的基本概念

微波是指频率在 300 MHz～300 GHz 范围内的电磁波,微波通信则是指利用微波携带信息,通过电波空间进行传输的一种通信方式。

当两点之间的通信距离超过 50 km 时,那么只要在其传输路径上建立中继站,就构成了微波中继通信。

微波的传播与光波类似,具有以下一些特性。

1. 似光性

微波波长短,它的波长比地球上的宏观物体(如建筑物、飞机和军舰等)的尺寸小得多,其传播特性与光相似:沿直线传播、遇到障碍物时会产生反射。利用这一特点,可以制造出高方向性微波天线,用来发射或接收微波信号,从而为雷达、微波中继通信、卫星通信和导弹制导等提供了必要的条件。

2. 频率高

与普通无线电波相比,微波的频率要高得多,在同样的相对带宽条件下微波的可用绝对带宽特别宽,能容纳的信息容量很大。因此,微波可作为多路通信的载频。另外,微波受外界干扰小且不受电离层变化的影响,故通信质量高于普通无线电波。由于微波的频率高,其振荡周期(10^{-9}～10^{-12} s)与低频器件电子的渡越时间(一般为 10^{-9} s)属于同一个数量级,因此,在低频波段可以忽略的一些物理现象,如极间电容、引线电感、趋肤效应和辐射效应等,在微波波段必须加以考虑。

3. 极化特性

电磁波在传播过程中,电场和磁场在同一地点随时间 t 的变化存在着某种规律,这种规律称之为极化特性,并规定电场矢量 E 的方向为极化方向。当电场矢量 E 的端点随时间 t 的变化轨迹在一条直线上时,称这种极化为线极化。若变化轨迹为圆或椭圆时,则分别称为圆极化或椭圆极化。若线极化的轨迹与地面平行,则称为水平极化;若线极化的轨迹与地面垂直,则称为垂直极化。若圆极化或椭圆极化中 E 的旋转变化方向为顺时针,则称为左旋极化;若圆极化或椭圆极化中 E 的旋转变化方向为逆时针,则称为右旋极化。微波通信中常采用不同的极化方式来解决同频信号间的干扰或扩充通信的容量。

5.1.3 地面微波中继通信

由于微波具有与光一样的传输特性,因此微波在自由空间中只能沿直线传播,其绕射能力很弱,且在传播中遇到不均匀的介质时,将产生折射和反射现象。正因为如此,在一定天线高度的情况下,为了克服地球的凸起而实现远距离通信就必须采用中继接力的方式,如图 5-1 所示,否则 A 站发射出的微波射线将远离地面而根本不能被 C 站接收。微波采用中继方式的另一种原因是,电磁波在空间传播过程中因受到散射、反射、大气吸收等诸多因素的影响,而使能量受到损耗,且频率越高,站距越长,微波能量损耗越大。因此微波每经过一定距离的传播后就要进行能量补充，这样才能将信号传向远方。由此可见，一条上千千米的微波通信线路是由许许多多的微波站连接而成的，信息是通过这些微波站逐站由一端传向另一端的。

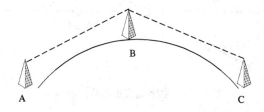

图 5 - 1　微波中继示意图

5.1.4　微波中继通信系统在整个通信网中的位置

微波中继通信作为通信网的一种传输方式，可以同其他传输方式一起构成整个通信传输网。微波、光纤、卫星一体的通信组网方式如图 5 - 2 所示。

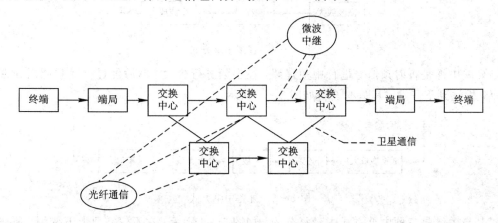

图 5 - 2　微波通信系统在全网中的位置

5.2　微波通信系统

5.2.1　数字微波中继通信系统的基本组成

一条数字微波中继通信线路由两端的终端站、若干中继站和电波的传播空间所构成，其中中继站根据对信号的处理方式不同又分为中间站和再生中继站。再生中继站又包括需要上下话路和不需要上下话路两种结构。此外，在两条及两条以上微波线路交叉点上的微波站又称为枢纽站。图 5 - 3 示意了一条数字微波中继通信线路的典型组成结构。

微波中继站的中继方式可以分成直接中继（射频转接）、外差中继（中频转接）、基带中继（再生中继）三种中继方式。不同的中继方式的微波系统构成是不一样的。在图 5 - 3 中，中间站的中继方式可以是直接中继和中频转接，枢纽站为再生中继方式且可以有上下话路。

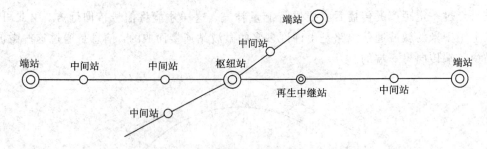

图 5-3　数字微波中继线路的组成

直接中继最简单，仅仅是将收到的射频信号直接移到其他射频上，无需经过微波－中频－微波的上下变频过程，因而信号传输失真小。这种方式的设备量小，电源功耗低，适用于无需上下话路的无人值守中继站，其基本设备如图 5-4 所示。

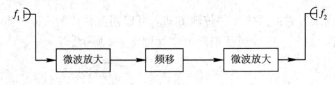

图 5-4　直接中继方式

外差中继是将射频信号进行中频解调，在中频进行放大，然后经过上变频调制到微波频率，发送到下一站，其基本设备如图 5-5 所示。

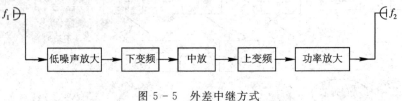

图 5-5　外差中继方式

基带中继是三种中继方式中最复杂的，如图 5-6 所示。它不仅需要上下变频，还需要调制解调电路，因此基带中继可以用于上下话路中，同时由于数字信号的再生消除了积累的噪声，传输质量得到保证。因此基带中继是数字微波中继通信的主要中继方式。一般在一条微波中继线上，可以结合使用三种中继方式(见图 5-3)。

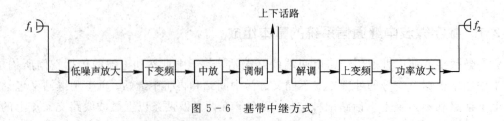

图 5-6　基带中继方式

5.2.2　数字微波中继通信的波道及其射频频率的配置

在微波通信中，一条微波线路提供的可用带宽一般都非常宽，如 2 GHz 微波通信系统的可用带宽达 400 MHz，而一般收发信机的通频带较之小得多，大约为几十兆赫兹，因此如何充分利用微波通信的可用带宽是一个十分重要的问题。

1. 波道的设置

为了使一条微波通信线路的可用带宽得到充分利用，将微波线路的可用带宽划分成若干频率小段，并在每一个频率小段上设置一套微波收发信机，构成一条微波通信的传输通道。这样在一条微波线路中可以容纳若干套微波收发信机同时工作，亦即在一条微波线路中构成了若干条微波通信的传输通道，这时我们把每个微波传输通道称为波道，通常一条微波通信线路可以设置 6、8、12 个波道。

2. 射频波道配置

由于一条微波线路上允许有多套微波收发信机同时工作，这就必须对各波道的微波频率进行分配。频率的分配应尽可能做到：在给定的可用频率范围内尽可能多地安排波道数量，这样可以在这条微波线路上增加通信容量；减少各波道间的干扰，以提高通信质量；有利于通信设备的标准化、系列化。

1）一个波道的频率配置

一个波道的频率配置目前主要有两种方案，即二频制和四频制。二频制指一个波道的收发只使用两个不同的微波频率，如图 5-7 所示。图中的 f_1，f_2 分别表示收、发对应的频率。它的基本特点是，中继站对两个方向的发信使用同一个微波频率，两个方向的收信用另一个微波频率。二频制的优点是占用频带窄，频谱利用率高；缺点是存在反向干扰。由于在微波线路中站距一般为 30～50 km，因此反向干扰比较严重。从图 5-7 中可以看到这种频率配置方案中干扰还包括越站干扰。

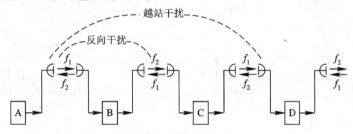

图 5-7　二频制频率分配

四频制指每个中继站方向收发使用 4 个不同的频率，间隔一站的频率又重复使用，如图 5-8 所示。四频制的好处是不存在反向接收干扰，缺点是占用频带要比二频制宽一倍，越站干扰同样存在于四频制中。

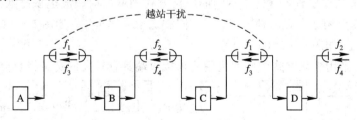

图 5-8　四频制频率分配

无论二频制还是四频制，它们都存在越站干扰。解决越站干扰的有效措施之一是，在微波路由设计时，使相邻的第四个微波站的站址不要选择在第 1、2 两个微波站的延长线上，如图 5-9 所示。

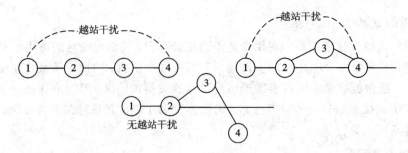

图 5 - 9　越站干扰及无越站干扰示意图

2）多个波道的频率配置

多个波道的频率配置一般有两种排列方式，一是收发频率相间排列；二是收发频率集中排列。图 5 - 10(a)示意一个微波中继系统中 6 个波道收发频率相间排列的排列方案，若每个波道采用二频制，则其中收信频率为 $f_1 \sim f_6$，发信频率为 $f_1' \sim f_6'$。这种方案的收发频率间距较小，导致收发往往要分开使用天线，因此要用多副天线，这种方案目前一般不采用。图 5 - 10(b)为一中继站 6 个波道收发频率集中排列的方案，每个波道采用二频制，收信频率为 $f_1 \sim f_6$，发信频率为 $f_1' \sim f_6'$。这种方案中的收发频率间隔大，发信对收信的影响很小，因此可以共用一副天线，也就是说，只需两副天线分别对着两个方向收发即可。目前的微波通信大多采用这种方案。

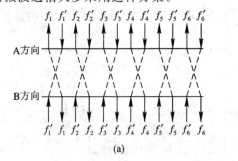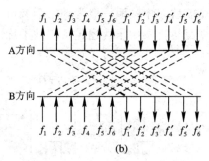

图 5 - 10　多波道频率配置

3. 射频波道的频率再用

由微波的极化特性可以知道，利用两个相互正交的极化方式（如水平和垂直极化），可以减少它们之间的干扰，由此可以对射频波道实行频率再用。所谓频率再用，就是指在相同和相近的波道频率位置，借助于不同的极化方式来增加射频波道安排数量的一种方式。射频波道的频率再用通常有两种可行方案：同波道型频率再用，如图 5 - 11(a)所示；插入波道型频率再用，如图 5 - 11(b)所示。

必须指出，采用极化方式的频率再用要求接收端具有较高的交叉极化分辨率。

图 5 - 11　波道频率再用

4. 微波通信中的备份与切换

一条微波线路的通信距离一般都很长，通信容量大，因此如何保证微波通信线路的畅通、稳定和可靠是微波通信必须考虑的问题。采用备份是解决上述问题切实可行的一种方法。在微波通信中备份方式有两种：一种是设备备份，即设一套专用的备用设备，当主用设备发生故障时，立即由备用设备替换；另一种是波道备份，即将 n 个波道中的某几个波道作为备用波道，当主用波道因传播的影响而导致通信质量下降到最小允许值以下时，自动将信号切换到备用波道中进行传输。对于 n 个主用波道 1 个备用波道的情况，我们经常称之为 $n:1$ 备用。

一般来讲，主用和备用波道同时在工作，如 $1:1$ 备份时，主用波道和备用波道同时传输同一个信号，只是在接收端，正常情况下接收主用波道传来的信号，只有当主用出现问题时，才切换到备用波道。这种备份方式叫热备份方式。切换的执行可以是人工的，但是随着微型计算机在通信中的应用，目前切换大多采用自动切换。

5. 监控与勤务信号

在一条微波通信系统中，除了用于传输信号的设备和通道以外，还包括一些用于保证通信系统正常运行和为运行人员提供维护手段的辅助设备，如监控系统、勤务联络系统等。

监控系统实现对组成微波通信线路的各种设备进行监视和控制，它的作用就是将各微波站上的通信设备和电源设备的工作状态、机房环境情况，以及传输线路的情况实时地报告给维护工作人员，以便于日常维护和运行管理。监控系统的任务主要有以下两个方面：

（1）对本站的通信状况进行实时监测和控制，一旦发现通信中断，即将恶化波道上的信号切换到备用波道。

（2）对远方站点进行监视和控制。

勤务联络的作用是为线路中各微波站上的维护人员传递业务联络电话，以及为监控系统提供监控数据的传输通道。勤务联络系统提供的传输通道有三种途径：

① 配置独立的勤务传输波道；

② 在主通道的信息流中插入一定的勤务比特来传输勤务信号；

③ 通过对主信道的载波进行附加调制来传送勤务信号，如通过浅调频的方式实现勤务电话的传输。

5.3 微波传输信道

5.3.1 传播特性

在微波频段，由于频率很高，电波的绕射能力弱，因此信号的传输主要是利用微波在视线距离内的直线传播，又称视距传播。与短波相比，这种传播方式虽然具有传播较稳定、受外界干扰小等优点，但在电波的传播过程中，难免受到地形、地物及气候状况的影响而引起反射、折射、散射和吸收现象，从而产生传播衰落和传播失真。

1. 天线高度和传播距离

收发两点的天线高度分别为 h_1, h_2 时，最大视距的距离为

$$d = \sqrt{(R_0 + h_1)^2 - R_0^2} + \sqrt{(R_0 + h_2)^2 - R_0^2}$$
$$= \sqrt{2R_0 h_1 + h_1^2} + \sqrt{2R_0 h_2 + h_2^2}$$
$$\approx \sqrt{2R_0}(\sqrt{h_1} + \sqrt{h_2}) \tag{5-1}$$

其中，$R_0 \approx 6370$ km 是地球半径，如图 5 - 12 所示。

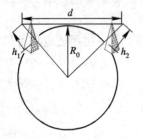

图 5 - 12　视距与天线高度

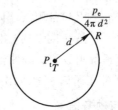

图 5 - 13　自由空间传播

2. 自由空间传播

图 5 - 13 中 T 为发射天线，R 为接收天线，T 和 R 相距 d。若发送端的发射功率为 P_t，采用无方向性天线时距离 d 处的球面面积为 $4\pi d^2$，则在接收天线的位置上，每单位面积上的功率为 $\dfrac{P_t}{4\pi d^2}$（W/m²）。如果接收端也采用无方向性接收天线，那么根据天线理论，天线的有效面积是 $\lambda^2/4\pi$，因此接收到的功率为

$$P_r = \frac{P_t}{4\pi d^2} \cdot \frac{\lambda^2}{4\pi} = P_t \left(\frac{\lambda}{4\pi d}\right)^2 = P_t \left(\frac{c}{4\pi d f}\right)^2 \tag{5-2}$$

路径损耗为

$$L_s = \frac{P_t}{P_r} = \left(\frac{4\pi d}{\lambda}\right)^2 = \left(\frac{4\pi d f}{c}\right)^2 \tag{5-3}$$

自由空间传播损耗的实质是能量因电波扩散而损失，基本特点是接收电平与距离的平方成反比，与频率的平方成反比。自由空间损耗写成分贝值为

$$L_s(\text{dB}) = 92.4 + 20 \lg d + 20 \lg f \tag{5-4}$$

微波在自由空间传播除上述损耗之外，还要受到大气和地面的影响，下面分别进行论述。

5.3.2　大气效应

无线电波在传输过程中，我们都认为自由空间是均匀的介质。然而实际上，电磁波传输的实际介质是大气层，而大气是在不断变化的，这种变化对微波的传输会产生影响，特别是距地面约 10 km 以下的被称为对流层的低层大气层对微波的传输影响最大。因为对流层集中了大气层质量的 3/4，当地面受太阳照射温度上升时，地面放出的热量使低层大气受热膨胀，因而造成了大气的密度不均匀，于是产生了对流运动。在对流层中，大气成分、压强、温度、湿度都会随着高度的变化而变化，会使得微波产生吸收、反射、折射和散射等影响。

1. 大气吸收衰落

我们知道,任何物体都是由带电的粒子组成的,这些粒子都有其固定的电磁谐振频率。当通过这些物质的电磁频率接近这些物质的谐振频率时,这些物质对微波就会产生共振吸收。大气中的分子具有磁偶极子,水蒸汽分子具有电偶分子,它们能从微波中吸收能量,使微波产生衰减。

一般来说,水蒸汽的最大吸收峰在 $\lambda = 1.3$ cm 处,氧分子的最大吸收峰则在 $\lambda = 0.5$ cm 处。对于频率较低的电磁波,站与站之间的距离是 50 km 以上时,大气吸收衰落相对于自由空间产生的衰落是微不足道的,可以忽略不计。

2. 雨雾衰落

雨雾中的小水滴会使电磁波产生散射,从而造成电磁波的能量损失,产生散射衰落。一般来讲,10 GHz 以下频段雨雾的散射衰耗并不太严重,通常 50 km 两站之间只有几分贝。但若在 10 GHz 以上,散射衰耗将变得严重,使得站与站之间的距离受到散射的限制,通常只有几千米。

5.3.3 地面效应

电波传播受到地面的影响主要表现在障碍物阻挡引起的附加损耗和平滑地面反射引起的多径传播,进而产生接收信号的干涉衰落。

1. 费涅耳半径和余隙

在电波传播中,当波束中心刚好擦过障碍物时,电波也会受到阻挡衰落。为了避免或者减少阻挡衰落,设计的电波传播路径在最坏的大气条件时离障碍物顶部要有足够的"余隙",如图 5-14 所示的 h_c。为了确定余隙,利用费涅耳绕射原理。在工程设计中,可利用如图 5-15 所示的附加衰落与费涅耳相对余隙之间的关系曲线(T、R 是费涅耳区的焦点)。

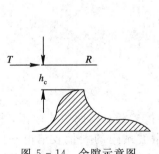

图 5-14　余隙示意图

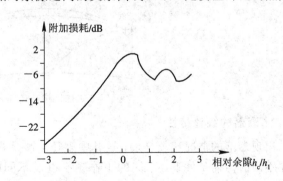

图 5-15　阻挡损耗和相对余隙的关系

图中相对余隙是余隙 h_c 对一阶费涅尔半径 h_1 的归一化值。可以看出,当余隙为 0,即波束中心线刚擦过障碍物顶部时,附加衰耗为 6 dB(这是刀刃障碍物的情况。对于平滑表面的障碍物,附加衰耗还要大)。而相对余隙大于 0.5 时,附加衰耗才可以忽略。

根据费涅尔原理,一阶费涅尔半径 h_1 为

$$h_1 = \sqrt{\frac{\lambda d_1 d_2}{d_1 + d_2}}$$

$$(5-5)$$

比如，对于 4 GHz 的频段，$\lambda = 7.5$ cm，若 $d_1 = d_2 = 25$ km，则 $h_1 = 30.6$ m。于是，当取相对余隙大于 0.5 时，电波波束中心线离障碍物顶端应该有大于 15.3 m 的余隙，否则障碍物阻挡将带来明显的附加耗损。

2. 地面反射

电波在较平滑的地面(如水面、沙漠、草原及小块平地等)将产生强的镜面反射。电波经过这一反射路径也可以到达接收天线，形成多径传播。也就是说，接收信号是来自于直射波和反射波信号的叠加。合成的场强与地面的反射系数和由于不同路径延时差造成的两干涉信号间的相位差有关。当来自不同路径的信号相位相同时，合成信号增强；而相位相反时相互抵消。由于反射系数随着地面条件的变化反射点也可能不一样(使多径信号相位差变化)，因此接收的合成信号电平将起伏不定，形成所谓的多径传播衰落。

5.3.4 衰落及分集接收

前面讨论了在正常传播条件下，微波中继通信中保证无线电磁波畅通无阻的条件，如通过合理的选择站址和天线高度以及引入等效地球半径等措施。但是由于气象条件是随时间变化的，因而接收的信号电平也是随时间而起伏变化的。有时在收信点的收信电平会突然降低，甚至造成通信中断，且持续时间长短不一。我们把这种收信电平随时间起伏变化的现象称为衰落。衰落产生的原因种类很多，且具有随机性和无法避免的特性。

1. 多径传播衰落

由于地面反射和大气折射的影响，使发信天线到收信天线之间会有 2 条、3 条甚至更多条不同传播路径的射线，如图 5-16 所示。因为接收的信号是多条射线的矢量和，所以接收到的信号与自由空间传播的信号不同，又由于气象参数随时间变化，因而接收到的信号电平也随时间而明显地起伏变化，这种现象称为多径衰落。

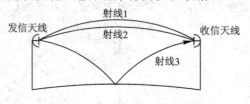

图 5-16 多径传输示意图

2. 衰落的统计特性

出现衰落的情况比较复杂，这其中多径干涉是视距传播深衰落的主要原因，根据对工作在不同的传播条件下，不同的工作频率以及不同的微波站距的大量收信电平的资料整理、分析得知，多径干涉造成的收信电平衰落的分布特性服从瑞利分布，即收信电平的概率为

$$P(V) = \begin{cases} 0 & V \leqslant 0 \\ \dfrac{2V}{\sigma^2} e^{-v^2/\sigma^2} & V > 0 \end{cases} \tag{5-6}$$

式中，σ^2 为信号电平的平均功率。

对低于某给定电平 V_s (一般指不能保证传输质量的门限电平值)，收信点衰落电平小于 V_s 的概率分布函数为

$$P(V \leqslant V_s) = \int_0^{V_s} P(V) \mathrm{d}V = \int_0^{V_s} \frac{2V}{\sigma^2} \mathrm{e}^{-V^2/\sigma^2} \, \mathrm{d}V = 1 - \mathrm{e}^{-V_s^2/\sigma^2} \qquad (5-7)$$

式中，$V_s^2/\sigma^2 = P_r/P_0$，P_r 为衰落发生时的接收功率，P_0 为平均接收功率。它近似等于没有深衰落时经自由空间传播到达接收点的功率。若考虑深衰落出现的概率为 P_s，则实际收信电平中断的全概率（总中断率）为

$$P_r = P_s \times P(V \leqslant V_s) \qquad (5-8)$$

在系统设计中，为确保较高的传输可靠性，常要求系统能提供较高的储备余量，用于抵消必不可少的自由空间传播损耗。在发生深衰落时，要确保收信电平大于或等于 V_s，以保证中断概率低于系统设计要求。

3. 克服多径衰落

提高设备能力，增加收信电平余量，在很大程度上是克服多径衰落的行之有效的方法，不过对于站距大（50 km，挂高 50 m），且在炎热潮湿的平滑地形的区段，有限的衰落储备量还不能保证通信的可靠传输。

克服多径衰落一般采用分集接收技术，如频率分集、空间分集以及混合分集等几种方法。其理论基础是假设在两个射频通道上不可能同时发生衰落。据此将衰落信道传输中两个或两个以上彼此衰落概率不同的信号，在接收端以一定的方式合并起来，这就是分集接收的原理。当其中一个信号衰落时，另一个或多个信号并不一定也发生衰落，采用合适的信号合成方法便可克服衰落的影响。

频率分集如图 5-17 所示，是把同一个数字信息发送到两部发信机，这两部发信机的射频频率间隔较大。在接收端同时接收这两个频道的信号，然后合并成输出信号。由于工作频率不同，电波间的相关性很小，因此当某一个频道的信号发生衰落时，另一个频道的信号不一定同时发生衰落，所以能获得较好的系统性能。

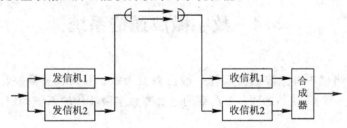

图 5-17 频率分集

空间分集如图 5-18 所示，它是在收信端采用空间位置相距足够远的两副天线，同时接收同一个发射天线发出的信号。因为接收天线的高度不同，这样无线电波经过不同的传播途径，它们的行程差也不一样，所以当某一副天线接收到的电波发生衰落时，另一副天线收到的电波不一定同时发生衰落，即彼此的衰落是无关的。采用适当的信号合成方法，就可以克服衰落的影响。空间分集的代价是增加了一套收信系统。

为了充分利用射频波道，在数字微波中继通信系统中空间分集接收技术应用更广泛，有时将两种分集技术结合使用，成为混合分集。

为说明分集接收的抗衰落效果，不妨举一个简单的例子。有一微波中继通信传输系统，在无分集时的中断率 $P_1 = 0.01$，若采用两重空间分集，假设两个信号具有相同的中断率，则只有当两信号同时中断时合成信号才会中断。故采用分集合并后的合成信号的中断

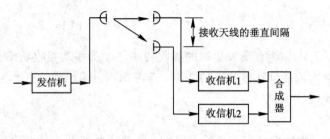

图 5 - 18　空间分集

率为 $P = P_1 \times P_2 = 0.0001$，即中断率降低了 99%。如果单纯用提高设备能力的办法取得相同的效果，相当于把微波发信机的功率从 1 W 提高到了 100 W。

4. 分集信号合成

无论用哪种分集手段，都要解决如何对分集信号进行合成的问题。常用的合成方法有三种：

（1）优选开关法。根据信噪比最大、误码率最低的原则，在两路信号中选择信噪比最大的一路作输出。开关的切换可以在中频进行，也可以在解调后的基带进行，这种方法电路简单，并利用了现有的备份切换技术。

（2）线性合成法。将两路信号经相位校正后线性叠加。这一过程通常在中频上进行，电路较为复杂。当两路衰落都不是很严重时，对改善信噪比有利，但当某一路发生深衰落时，合成效果不如第一种方法。

（3）非线性合成法。当两路衰落都不是太严重时用第二种方法，当一路发生深衰落时，则用第一种方法。综合两种方法的优点，达到满意的合成效果。

5.4　数字微波通信系统

典型的基带再生中继微波通信系统一般由微波天线、射频收发模块、基带收发部分、传输等部分组成。如图 5 - 19 是一个典型的三次群数字微波传输系统的组成方框图。

1. 双工器

微波通信站都有接收和发射两套系统，为了节省设备，通常收发系统都连到同一个天线上去，这就是公用收发天线系统。在图 5 - 19 中，双工器的作用是将发送和接收的信号分隔开，即从天线接收的信号经过双工器后进入接收设备而不通向发送设备，发送信号经过双工器后直接经天线发射出去而不通向接收设备。

2. 波道滤波器

波道是指无线通信设备的不同射频通道。在微波通信中，经常将一段微波频段分成若干波道，每个微波中继站使用若干波道。图 5 - 19 是 1 备 1 波道的系统，实际上占用两个波道。

波道滤波器的作用是分隔各个波道的信号，避免造成波道间干扰。另外，由于双工器的隔离度一般为 20~30 dB，因此波道滤波器进一步减少了波道间的干扰。

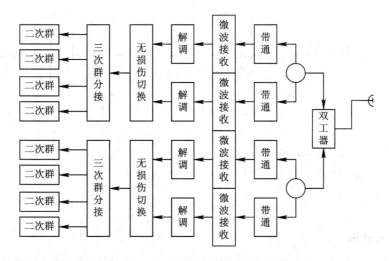

图 5 - 19　三次群数字微波系统组成方框图

3. 微波收信机

微波收信机多采用超外差式接收机结构。通过本振与接收的微波信号进行混频，得到固定中频的信号，然后对中频进行放大和滤波供解调用。由于采用固定中频，设备在中频以下部分是通用的，因此，设备具有重用性。典型的微波收信机如图 5 - 20 所示。

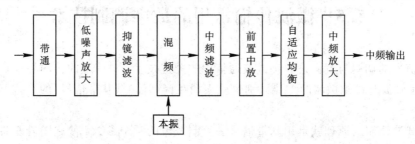

图 5 - 20　典型微波收信机

4. 微波发信机

不同的中继站形式有不同的发信设备组成方案，下面以外差式微波发信设备为例进行简单介绍。如图 5 - 21 所示，在发信设备中，信号的调制方式可分为中频调制和微波直接调制，目前的微波中继系统中大多采用中频调制方式，这样可以获得较好的设备兼容性。中频信号是已经经过中频调制的信号，上变频器将中频信号搬移到指定的微波波道上，然后经过微波功放放大，经天线发送出去。这里的勤务信号经过浅调频的方式将信号调制在载波上，由于微波频率高，浅调频的方式对载波的影响很小，因此几乎不影响上变频器的工作。上变频后的信号功率很小，通常要把微波信号功率放大到瓦级以上，通过分路滤波器送到天线并发送出去。为了保持末级功放不超出直线工作范围，要用自动增益控制电路把输出维持在合适的电平。

5. 调制与解调设备

调制是将数字基带信号调制到中频信号，解调是将中频信号解调为数字基带信号。在数字微波通信中，为了提高频谱利用率，经常采用高频谱利用率的调制方式。常用的调制方式有 DQPSK、8PSK、16QAM、64QAM、9QPR 等，解调一般采用相干解调方式。

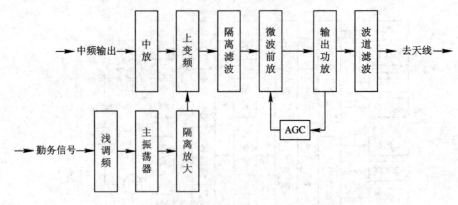

图 5 - 21　微波发信机方框图

6. 无损伤切换

在数字微波系统中，为了提高系统的可靠性，对抗信道衰落，改善系统误码性能，大多采用波道备份方式，无损伤切换是保证主用设备与备用设备切换的关键。对无损伤切换的两个基本要求是：切换前主备用波道间的时变时延和残留固定时延能够快速均衡，以保证主备用码流对齐；即使在快衰落下，全部切换过程必须在门限误码率到来之前完成。

5.5　微波传输常用的数字调制技术

数字信号的调制与解调是数字微波通信中的关键技术，对信道的传输性能起着重要的作用。数字微波与模拟微波的主要区别也就表现在调制信号（基带信号）的形式和调制方式等方面。

数字载波调制的原理就是用基带信号去控制载波的某个参数，使之随着基带信号的变化而变化。传输数字信号时有三种基本的调制方式：幅度键控（ASK，Amplitude Shift Keying）、频移键控（FSK，Frequency Shift Keying）和相移键控（PSK，Phase Shift Keying）。调制信号为二进制数字信号时，载波的幅度、频率或相位只有两种变化。

5.5.1　二进制幅度键控(2ASK)

在 ASK 中载波幅度是随着调制信号而变化的。最简单的形式是载波在二进制调制信号 1 或 0 的控制下通或断，这种二进制 ASK 方式称为通－断键控(OOK)。它的时域表达式为

$$s_{OOK}(t) = a_n \cdot A \cos\omega_c t \qquad (5-9)$$

式中，A 为载波幅度；ω_c 为载波频率；a_n 为二进制数字，即

$$a_n = \begin{cases} 1, & \text{出现概率为 } P \\ 0, & \text{出现概率为 } 1-P \end{cases} \qquad (5-10)$$

典型波形如图 5 - 22 所示。

在一般情况下，调制信号可以是具有一定波形形状的二进制序列（二元基带信号），即

$$B(t) = \sum_n a_n g(t - nT_s) \qquad (5-11)$$

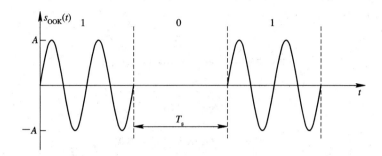

图 5 - 22 OOK 信号的典型波形

式中，T_s 为信号间隔；$g(t)$ 为调制信号的时间波形；a_n 为式(5 - 12)表示的二进制数字信息。2ASK 的一般时域表达式为

$$s_{ASK}(t) = \left[\sum_n a_n g(t - nT_s) \right] \cos\omega_c t \tag{5 - 12}$$

由上式可知，这是双边带调幅信号的时域表达式，它说明 2ASK 信号是双边带调幅信号。

若二进制序列的功率谱密度为 $P_B(\omega)$，2ASK 信号的功率谱密度为 $P_{ASK}(\omega)$，则有

$$P_{ASK}(\omega) = \frac{1}{4}[P_B(\omega + \omega_c) + P_B(\omega - \omega_c)] \tag{5 - 13}$$

由此可知 ASK 信号的功率谱是基带信号功率谱的线性搬移，其频谱宽度是二进制基带信号的两倍。图 5 - 23 中给出了 OOK 信号的功率谱示意图。由于基带信号是矩形波，因此从理论上来说这种信号的频谱宽度为无穷大。以载波 ω_c 为中心频率，在功率谱密度的第一对过零点之间集中了信号的主要功率，因此通常取第一对过零点的带宽作为传输带宽，称之为谱零点带宽。

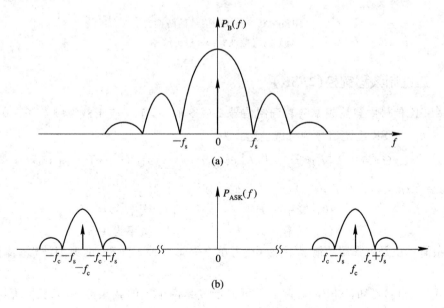

图 5 - 23 OOK 信号的功率谱

（a）基带信号功率谱；（b）已调信号功率谱

2ASK 信号的调制器可以用一个相乘器来实现，如图 5-24 所示。对于 OOK 信号来说，相乘器可用一个开关电路来代替。

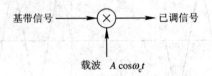

基带信号 ——→ ⊗ ——→ 已调信号

载波　$A\cos\omega_c t$

图 5-24　2ASK 信号的调制器

2ASK 信号的解调有包络检波和相干解调两种方式。这两种解调器的方框图如图 5-25 所示。由于被传输的是数字信号 1 和 0，因此在每个码元间隔内，对低通滤波器的输出还要经抽样判决电路做出一次判决。相干解调需要在接收端产生一个本地载波，因为设备复杂，所以在 2ASK 系统中很少使用。

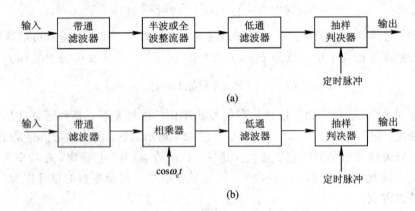

(a)

(b)

图 5-25　2ASK 信号的解调器

（a）包络检波；（b）相干解调

5.5.2　二进制频移键控(2FSK)

在 2FSK 信号中载波频率随着调制信号 1 或 0 而变，1 对应于载波频率 f_1，0 对应于载波频率 f_2。2FSK 已调信号的时域表达式为

$$s_{2\text{FSK}}(t) = \Big[\sum_n a_n g(t - nT_s)\Big]\cos\omega_1 t + \Big[\sum_n \bar{a}_n g(t - nT_s)\Big]\cos\omega_2 t \qquad (5-14)$$

这里，$\omega_1 = 2\pi f_1$，$\omega_2 = 2\pi f_2$；$\bar{a}_n$ 是 a_n 的反码，有

$$a_n = \begin{cases} 0, & \text{概率为 } P \\ 1, & \text{概率为 } 1-P \end{cases}, \qquad \bar{a}_n = \begin{cases} 1, & \text{概率为 } P \\ 0, & \text{概率为 } 1-P \end{cases} \qquad (5-15)$$

在最简单也是最常用的情况下，$g(t)$ 为单个矩形脉冲。2FSK 的典型波形如图 5-26 所示。

由式(5-14)可知，2FSK 已调信号可以看成是两个不同载频的 ASK 已调信号之和，因此它的频带宽度是两倍基带信号带宽(B)与 $|f_2 - f_1|$ 之和，即

$$\Delta f = 2B + |f_2 - f_1| \qquad (5-16)$$

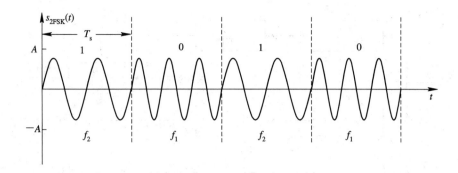

图 5-26 2FSK 信号的典型波形

图 5-27 中给出了它的功率谱示意图。

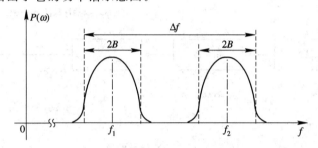

图 5-27 2FSK 信号的功率谱

在 FSK 信号中，当载波频率发生变化时，载波的相位一般来说是不连续的，这种信号称为相位不连续的 FSK 信号。相位不连续的 FSK 信号通常用频率选择法产生，方框图如图 5-28 所示，两个独立的振荡器作为两个频率的载波发生器，它们受控于输入的二进制信号，按照 1 或 0 分别选择一个载波作为输出。

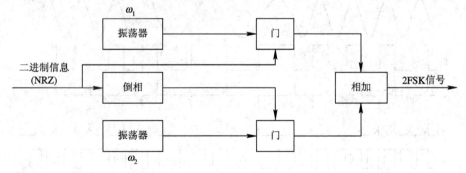

图 5-28 2FSK 信号的调制器

2FSK 信号的解调也有非相干和相干两种，分别如图 5-29(a) 和图 5-29(b) 所示，其原理与 2ASK 时相同，只是使用两套电路而已。另一种常用而简便的解调方法是过零检测法，其原理方框图及各点波形如图 5-30 所示。其基本原理是根据 FSK 的过零率的大小来检测已调信号中的频率变化。输入已调信号经限幅、微分、整流后形成与频率变化相应的脉冲序列，由此形成一定宽度的矩形波，经过低通滤波器滤除高次谐波后，再经抽样判决即可得到原始的调制信号。

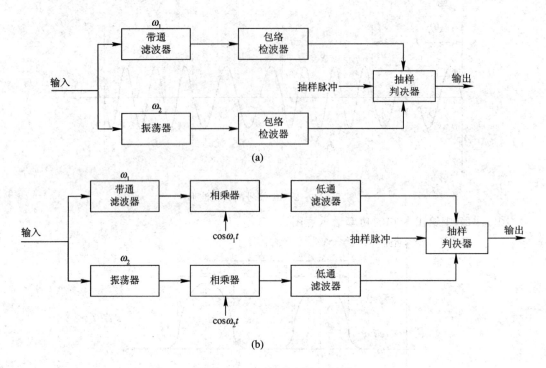

图 5 - 29　2FSK 信号的解调器

（a）非相干解调；（b）相干解调

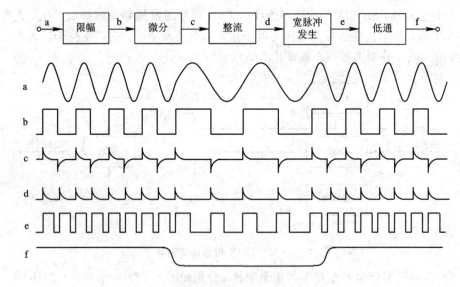

图 5 - 30　2FSK 信号的过零检测法

5.5.3　二进制相移键控(BPSK 或 2PSK)及二进制差分相移键控(2DPSK)

1. 二进制相移键控(BPSK 或 2PSK)

BPSK 中，载波的相位随调制信号 1 或 0 而改变，通常用相位 0°和 180°来分别表示 1

或 0。BPSK 已调信号的时域表达式为

$$s_{BPSK}(t) = \left[\sum_n a_n g(t - nT_s) \right] \cos\omega_c t \qquad (5-17)$$

这里，a_n 为双极性数字信号，有

$$a_n = \begin{cases} +1, & \text{概率为 } P \\ -1, & \text{概率为 } 1-P \end{cases} \qquad (5-18)$$

因此在某个信号间隔内观察 BPSK 已调信号时，若 $g(t)$ 是幅度为1，宽度为 T_s 的矩形脉冲，则有

$$s_{BPSK}(t) = \pm \cos\omega_c t = \cos(\omega_c t + \varphi_i), \quad \varphi_i = 0 \text{ 或 } \pi \qquad (5-19)$$

当数字信号传输速率($1/T_s$)与载波频率间有确定的倍数关系时，典型的波形如图 5-31 所示。

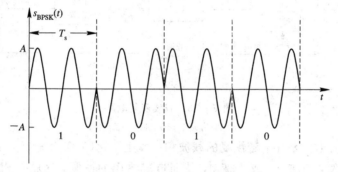

图 5-31　BPSK 信号的典型波形

将式(5-19)所示的 BPSK 信号与式(5-9)所示 OOK 信号相对比可知，它们的表达式在形式上是相同的，其区别在于 BPSK 信号是双极性非归零码的双边带调制，而 OOK 信号则是单极性非归零码的双边带调制。由于双极性不归零码没有直流分量，因而 BPSK 信号是抑制载波的双边带调制。由此可见，BPSK 信号的功率谱与 OOK 信号的相同，只是少了一个离散的载频分量。

BPSK 调制器可以采用相乘器，也可以用相位选择器来实现，如图 5-32 所示。

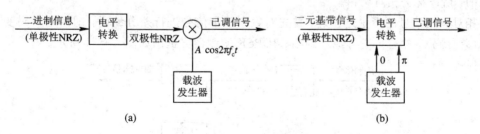

图 5-32　BPSK 调制器
(a) 相乘法；(b) 相位选择法

BPSK 解调必须采用相干解调。在相干解调中，如何得到同频同相的载波是个关键问题。由于 BPSK 信号是抑制载波双边带信号，不存在载频分量，因而无法从已调信号中直接用滤波法提取本地载波，只有采用非线性变换才能产生载波分量。常用的载波恢复电路有两种，一种是图 5-33(a)所示的平方环电路；另一种是图 5-33(b)所示的科斯塔斯环(Costas)电路。

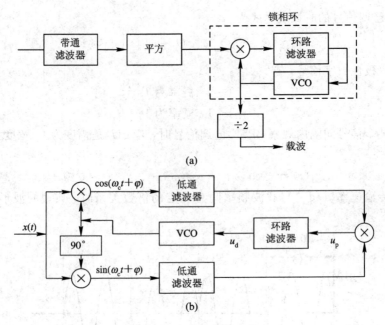

图 5 - 33　载波恢复电路

(a) 平方环；(b) 科斯塔斯环

在 BPSK 的接收过程中，若恢复的载波相位发生变化(0°变为 π 或 π 变为 0°)，则恢复的数字信息就会发生 0 变 1，或 1 变 0，从而造成错误的恢复，这就是相位模糊问题。在 BPSK 系统中这一现象称为倒 π 现象或反向工作现象。在实际中经常用相对(或差分)相移键控来解决这个问题。

2. 二进制差分相移键控(2DPSK)

在 BPSK 信号中，相位变化是以未调载波的相位作为参考基准的。由于它是利用载波相位的绝对值传送数字信息的，因而又称为绝对调相。二进制差分相移键控(2DPSK，2Diffential Phase Shift Keying)方式则是利用前后相邻码元的相对载波相位值来表示数字信息的，所以称为相对调相。

相对调相信号的产生过程是，首先对数字基带信号进行差分编码，即由绝对码变为相对码(差分码)，然后再进行绝对调相。2DPSK 调制器方框图如图 5 - 34 所示。

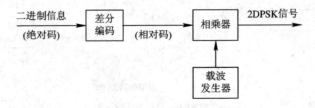

图 5 - 34　2DPSK 调制器

在 2DPSK 中实现差分编码的规则如下：

$$b_n = a_n \oplus b_{n-1} \quad 或 \quad a_n = b_n \oplus b_{n-1} \qquad (5-20)$$

式中，$\oplus$ 为模 2 加，$\{b_n\}$ 为差分码序列，$\{a_n\}$ 为基带信号序列；b_{n-1} 为 b_n 的前一个码元，最初的 b_{n-1} 任意设定。

2DPSK 的解调一般有相干解调和差分相干解调，其原理方框图如图 5 - 35 和图 5 - 36 所示。采用差分相干解调的相对调相除了不需要相干载波外，在抗频率漂移能力、抗多径效应及抗相位慢抖动能力方面均优于采用相干解调的绝对调相，但在抗噪声能力方面略有损失。

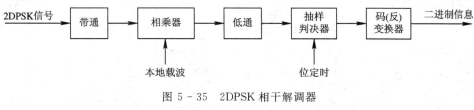

图 5 - 35　2DPSK 相干解调器

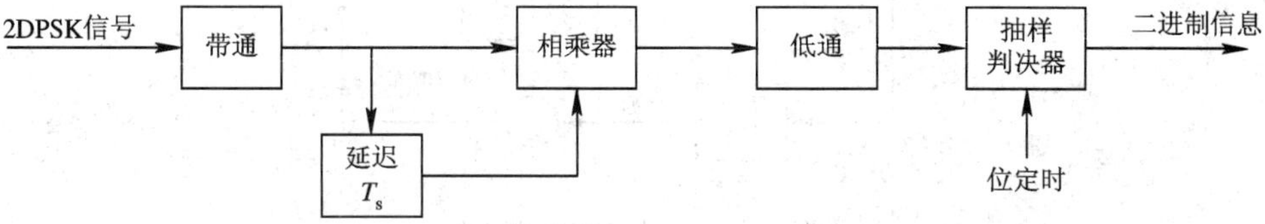

图 5 - 36　2DPSK 差分相干解调

5.5.4　四相相移系统(QPSK)

在中容量数字微波通信系统中四相相移系统(QPSK, Quadrature Phase Shift Keying) 得到了广泛的应用，这是因为 QPSK 方式能取得较高的频谱利用率，很强的抗干扰性及较高的性能价格比。

1. QPSK 调制器

QPSK 的一般表达式可写作

$$s(t) = \sum_n \cos(\omega_c t + \varphi_n) g(t - nT_s) \qquad (5-21)$$

其中，φ_n 是代表信息的相位参数，它共有四种相位取值，在任一码元的持续时间内，φ_n 将取其一。当 $\varphi_n = \dfrac{\pi}{4}(2n+1)$，$n=0，1，2，3$ 时，QPSK 系统称为 $\dfrac{\pi}{4}$QPSK 系统；当 $\varphi_n = \dfrac{\pi}{2}$，$n=0，1，2，3$ 时，该系统称为 $\dfrac{\pi}{2}$QPSK 系统。无论哪种系统，QPSK 系统均可看成是载波相位相互正交的两个 BPSK 信号之和，即

$$s_i(t) = \sum_k I_k g(t - kT_s)，\quad s_q(t) = \sum_k Q_k g(t - kT_s) \qquad (5-22)$$

式中

$$I_k = \cos\varphi_k，\quad Q_k = \sin\varphi_k \qquad (5-23)$$

把 φ_n 与二进制信息对应，可得如下的对应关系：

$$
\begin{array}{llll}
0° \to 00 & \text{或} & 45° \to 00 \\
90° \to 01 & & 135° \to 01 \\
180° \to 11 & & 225° \to 00 \\
270° \to 10 & & 315° \to 10 \\
\end{array}
$$

根据式(5 - 22)、式(5 - 23)以及相位与二进制信息的对应关系，可得 $\dfrac{\pi}{4}$QPSK 系统调

制器的方框图如图 5 - 37 所示。图中略去了乘法器前电平变换电路。其中串/并变换电路将串行输入的二进制信息序列变换成两路并行的二进制序列 $\{b_k\}$、$\{c_k\}$。显然 QPSK 信号包含同相与正交两个分量，每个分量都是用宽度为 T_s 的二进制序列分别进行键控。码元宽度 T_s 为输入信息序列 $\{a_i\}$ 比特宽度 T_b 的两倍。

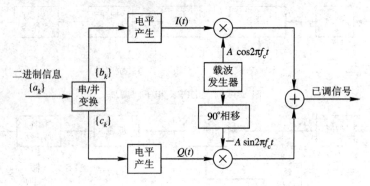

图 5 - 37　$\dfrac{\pi}{4}$QPSK 调制器

2. QPSK 解调器

QPSK 相干解调器的工作原理见图 5 - 38。输入 QPSK 已调信号 $s(t)$ 送入两个正交乘法器，载波恢复电路产生与接收信号载波同频同相的本地载波，并分为两路，其中一路经移相 $90°$ 后产生正交相干载波。将此两路信号分别送入两个正交乘法器。经低通、取样判决后产生两路码流 $\{b_k\}$、$\{c_k\}$，再经并/串转换后恢复数据流 $\{a_k\}$。取样判取器的判决准则是根据调制器的工作原理确定的。

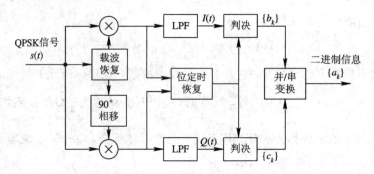

图 5 - 38　QPSK 相干解调器

5.5.5　正交幅度调制(QAM)

两路独立的信号对正交的两个载波进行幅度调制后合成的信号称为正交幅度调制（QAM，Quadrature Amplitude Modulation）。二电平正交幅度调制有四种状态，称为 4QAM，四电平正交幅度调制有 16 个状态，称为 16QAM，依次类推，我们称此为多进制正交幅度调制（MQAM，Multi Quadrature Amplitude Modulation）。16QAM 和 64QAM 在微波通信中有较广泛的应用。

多进制相移键控(MPSK，Quadrature Phase Shift Keying)信号的矢量端点在一个圆上分布，随着 M 增大，这些矢量端点之间的最小距离随之减小。通常，将信号矢量端点的分布图称为星座图。以十六进制为例,采用16PSK时,其星座图如图5-39(a)所示;若采用16QAM,星座图如图5-39(b)所示。对比它们的星座图可知,由于MQAM的信号点均匀地分布于整个平面,因此在信号点数相同时,信号点之间的距离加大了。

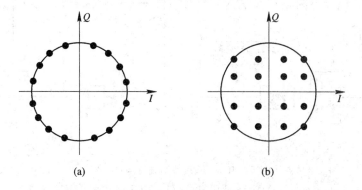

图 5 - 39 16PSK 和 16QAM 星座图
(a) 16PSK;(b) 16QAM

假设已调信号的最大幅度为1,MPSK星座图上信号点之间的最小距离为

$$d_{\mathrm{MPSK}} = 2\sin\left(\frac{\pi}{M}\right) \tag{5-24}$$

而MQAM时,若星座图为矩形,则最小距离为

$$d_{\mathrm{MQAM}} = \frac{\sqrt{2}}{L-1} = \frac{\sqrt{2}}{\sqrt{M}-1} \tag{5-25}$$

式中,$M=L^2$,L为星座图上信号点在水平轴和垂直轴上投影的电平数。

由式(5-26)及式(5-27)可知,当$M=4$时,$d_{4\mathrm{PSK}}=d_{4\mathrm{QAM}}$。事实上,4PSK与4QAM的星座图相同。但当$M>4$时,$d_{4\mathrm{QAM}}>d_{\mathrm{MPSK}}$,这说明MQAM的抗干扰能力优于MPSK。

MQAM信号可以用正交调制的方法产生,MQAM调制器的一般方框图如图5-40(a)所示。串/并变换器将速率为R_b的输入二进制序列分成两个速率为$R_\mathrm{b}/2$的两电平序列,2-L电平变换器将每个速率为$R_\mathrm{b}/2$的两电平序列变成速率为$R_\mathrm{b}/\mathrm{lb}M$的$L$电平信号,然后分别与两个正交的载波相乘,相加后即产生MQAM信号。需要指出的是,MPSK信号也可以用正交调制的方法产生,但当$M>4$时,其同相与正交两路基带信号的电平不是互相独立的,而是互相关联的,以确保合成矢量端点落在同一个圆上。而MQAM的同相和正交两路基带信号的电平则是互相独立的。

MQAM信号的解调可以采用正交的相干解调方法,其方框图如图5-40(b)所示。同相路和正交路的L电平基带信号用有$(L-1)$个门限电平的判决器判决后,分别恢复出速率等于$R_\mathrm{b}/2$的二进制序列,最后经并/串变换器将两路二进制序列合成一个速率为R_b的二进制序列。

调制过程表明,MQAM信号可以看成是两个正交的抑制载波双边带调幅信号的相加,因此MQAM与MPSK信号一样,其功率谱都取决于同相路和正交路基带信号的功率谱。MQAM与MPSK信号在相同信号点数时功率谱相同,带宽均为基带信号带宽的两倍。在理想情况下,MQAM与MPSK的最高频带利用率均为$\mathrm{lb}M(\mathrm{bit/s})\mathrm{Hz}$。

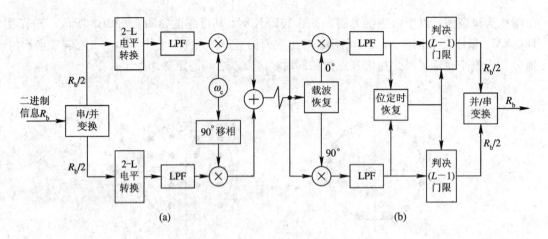

图 5 - 40　MQAM 调制器与解调器

(a) MQAM 调制器；(b) MQAM 解调器

5.5.6　调制方式的选择

选择调制方式时，应根据数字微波中继通信系统的容量等级，并综合考虑各种因素来选择。对于小容量系统，以选择 4PSK/4DPSK 为主，也可选择 2PSK/2DPSK 或 2FSK；对于中容量系统，以选择 4PSK/4DPSK 为主，也可选择 8PSK 或 2PSK/2DPSK；对于大容量系统，以选择 16QAM 为主，也可选择 8PSK。现在已经逐步采用频谱利用率更高的调制方式，如 64QAM、256QAM 等。

2PSK/2DPSK 设备简单、抗干扰能力强，对衰落信道和非线性信道的适应能力强，但频谱利用率不高。2FSK 设备简单，对衰落信道和非线性信道的适应能力强，但其频谱利用率和抗干扰能力都比 2FSK/2DPSK 弱。4PSK/4DPSK 的频谱利用率是 2PSK/2DPSK 的两倍，抗干扰能力与后者一样，设备复杂程度只有少许增加，对衰落信道的适应能力适中，对信道的线性指标要求也不太高。8PSK 与 4PSK/4DPSK 相比，具有更高的频谱利用率，但设备复杂程度有所增加，对信道的衰落和失真特性也比后者敏感，需要采取一定措施来改善性能。16QAM 的频谱利用率很高，设备也不太复杂，但对信道的幅相畸变、线性性能以及电波传播的频率选择性衰落都比较敏感，需要采取信道线性化措施和均衡措施。这将增加设备的复杂性和设备的成本。其他多信号状态调制方式（如 64QAM、256QAM 等）都在具有很高频谱利用率的同时存在类似 16QAM 需要解决的问题。但这些问题随着技术的进步，已经得到了不同程度的解决。

5.6　我国微波通信的发展趋势

随着技术的不断发展，除了在传统的传输领域外，数字微波技术在固定宽带接入领域也越来越引起人们的重视。工作在 28 GHz 频段的本地多点分配业务（LMDS，Local Multipoint Distribution Service）已在发达国家大量应用，预示数字微波技术仍将拥有良好的市场前景。

目前数字微波通信技术的主要发展方向有：

1. 提高 QAM 调制级数及严格限带

为了提高频谱利用率，一般多采用多电平 QAM 调制技术，目前已达到256/512QAM，很快就可实现 1024/2048QAM。与此同时，对信道滤波器的设计提出了极为严格的要求：在某些情况下，其余弦滚降系数应低至0.1，现已可做到0.2左右。

2. 网格编码调制及维特比检测技术

为降低系统误码率，必须采用复杂的纠错编码技术，但由此会导致频带利用率的下降。为了解决这个问题，可采用网格编码调制（TCM）技术。采用 TCM 技术需利用维特比算法解码。在高速数字信号传输中，应用这种解码算法难度较大。

3. 多载波并联传输

多载波并联传输可显著降低发信码元的速率，减少传播色散的影响。运用双载波并联传输可使瞬断率降低到原来的1/10。

4. 其他技术

微波通信的其他技术还有多重空间分集接收、发信功放非线性预校正、自适应正交极化干扰消除等。

习　　题

1. 什么是数字微波通信？它一般使用电磁波的哪些波段？

2. 简述微波中继系统在通信网中的用途。

3. 微波中继按中继方式可分为几种？

4. 简述微波中继中常用的波道配置方法。

5. 衰落的原因是什么？如何抵抗衰落？

6. 在已经确定了微波系统的工作频率和站间距离的情况下，是否天线越高收信效果就越好？为什么？

7. 对于小、中、大容量数字微波系统，分别选择哪些调制方式为宜？简述 2ASK 调制器的两种实现方法。

第六章 卫星通信系统

6.1 概　述

卫星通信是指利用人造地球卫星作为中继站转发无线电信号，在多个地球站之间进行的通信。由于作为中继站的卫星离地面很高，因此经过一次中继转接之后即可进行长距离的通信。用于实现通信目的的这种人造地球卫星被称为通信卫星。卫星通信是宇宙通信的形式之一，采用的是微波频段。

6.1.1 卫星通信的基本概念

利用通信卫星和广播卫星传输话音及广播电视节目是卫星应用技术的重大发展。那么，通信卫星是怎样工作的呢？卫星通信系统是由空间部分（通信卫星）和地面部分（通信地面站）两大部分构成的。在这一系统中，通信卫星实际上就是一个悬挂在空中的通信中继站。它居高临下，视野开阔，只要在它的覆盖照射区以内，不论距离远近都可以通信，通过它转发电报、电视、广播和数据等无线信号。

通信卫星工作的基本原理如图 6 - 1 所示。从地面站 A 发出无线电信号，这个微弱的信号首先被通信卫星内的转发器所接收，由转发器进行处理（如放大、变频）后，再通过卫星天线发回地面，被地面站 B 接收，完成从 A 站到 B 站之间的信号传递。从地面站到通信卫星信号所经过的路线称为上行线路，由卫星到地面站信号所经过的路线称为下行线路。同样，地面站

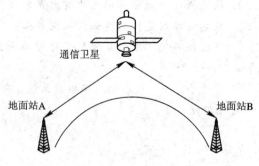

图 6 - 1　卫星通信示意图

B 也可以通过卫星转发器向地面站 A 发送信号，从而实现两个地面站或多个地面站的远距离通信。举一个简单的例子：如北京市某用户要通过卫星与大洋彼岸的另一用户打电话，先要通过长途电话局，由它把用户电话线路与卫星通信系统中的北京地面站连通，地面站把电话信号发射到卫星，卫星接收到这个信号后通过功率放大器，将信号放大再转发到大西洋彼岸的地面站，地面站把电话信号取出来，送到受话人所在的城市长途电话局转接用户。

随着航天技术日新月异的发展，通信卫星的种类也越来越多。按服务区域划分，有全球、区域和国内通信卫星。按用途分，有一般通信卫星、广播卫星、海事卫星、跟踪和数据中继卫星以及各种军用卫星。

如果卫星相对于地面站来说是运动的，这样的卫星称为移动卫星或非同步卫星，用移动卫星作中继站的卫星通信系统称为移动卫星通信系统；如果卫星的位置相对于地面站来说是静止的，这样的卫星称为静止卫星或同步卫星。同步卫星是位于赤道的上空，纬度为0°，距地球表面 35 786.62 km 的圆形轨道，置于这个轨道上的物体在万有引力的作用下绕地球一周的时间恰好是地球自转一周的时间(24 小时)，因此从地面上看是静止的。按通信系统的实际需要适当配置三颗静止通信卫星，就能建立除两极之外的全球通信系统。利用这种卫星来转发通信信号的系统叫作静止卫星通信系统。目前的卫星通信系统几乎都采用静止卫星通信系统。

6.1.2　卫星通信的电波传播特点

1. 卫星通信的频段选择

卫星通信的工作频段选择是十分重要的问题，它直接影响到传输质量、地面站发射机功率以及天线尺寸和设备的复杂程度等各项指标。

通常在选择卫星通信用的工作频段时，主要从以下一些方面来考虑：

(1) 工作频段内的噪声与干扰小；

(2) 电波传播过程中的损耗小；

(3) 尽可能有较宽的频带，以满足通信业务的要求；

(4) 充分利用现有的通信技术与现有的通信设备；

(5) 与其他通信或雷达等微波设备之间的干扰尽可能小。

综合以上各方面考虑，将工作频段选择在微波波段是最合适的，因为微波波段有很宽的频带，已有的微波通信设备可以稍加改造就可利用。而且，频率越高，天线增益越大，天线尺寸越小。因此，从降低系统噪声的角度来考虑，卫星通信工作波段最好选择在1~11 GHz 之间。

早期的同步通信卫星使用的工作频段主要是 C 波段(4~6 GHz)，因为当时同一波段的微波接力通信技术比较成熟，开发费用低，并且该波段处于地球的无线电窗口范围内，大气层吸收很小。随着通信技术的发展和通信业务的增加，新的波段不断被开发，目前 Ku 波段(11~14 GHz)大量应用于民用卫星通信和卫星广播业务，20~30 GHz 频段也已投入使用。

2. 自由空间的传播损耗

由于卫星通信用的无线电波主要是在大气层以外的宇宙空间内传播，而宇宙空间是接近真空状态的，并且由于在目前所使用的频段范围内，与自由空间的传播衰耗相比，大气层的衰减损耗很小，因此基本上可以认为，电波是在均匀媒质的自由空间内传播的，信道的特性较稳定。所以，从信道性质来说，一般都认为是恒参信道。

6.1.3 卫星通信系统的特点

1. 卫星通信的优点

（1）通信距离远，建站成本与通信距离无关。一颗静止卫星可覆盖地球表面积的42.4%，3颗等间隔（120°）的静止卫星，就可以建立除地球两极以外的全球通信。卫星通信目前仍是远距离越洋通信的主要手段。

（2）组网灵活，便于多址连接。在卫星所覆盖的通信区域内，所有地面站都可以利用卫星作为中继站进行相互间的通信，即多址连接。

（3）通信容量大。卫星通信工作在米波至毫米波范围内，可用带宽在 575 MHz 以上，加上频率复用等措施，大大提高了卫星通信的通信容量。IS-Ⅶ卫星话路容量 180 000 路（可达到 90 000 路），电视通道 3 条，除毫米波与光缆通信外，其他通信手段均难以比拟。

（4）通信线路质量稳定可靠。卫星通信的电磁波主要在大气层以外的宇宙空间传播，而宇宙空间可以看作是均匀介质，电波传播比较稳定，且不受地形、地物影响，传输通信稳定可靠。

（5）机动性能好。卫星通信不仅能作为大型地球站之间的远距离通信，而且可以为车载、船载、地面小型终端、个人终端以及飞机提供通信，能够迅速组网，在短时间内将通信延伸至新的区域。

由于卫星通信具有上述这些优点，30 多年来迅速发展，成为强有力的现代化通信手段之一。卫星移动通信和移动卫星通信，在近几年也得到了较大的发展。

2. 卫星通信的缺点

（1）两极地区为通信盲区，高纬度通信效果不好。

（2）卫星的发射、测控技术比较复杂。

（3）存在日凌中断和星蚀现象。在每年春分和秋分前后数日，太阳、卫星和地球在同一直线上，因太阳干扰太强，每天会造成几分钟通信间断称为日凌中断。而当卫星进入地球阴影区时，会造成卫星的日蚀，称为星蚀，也会对通信造成影响。

（4）抗干扰性能差。任何一个地面站，发射功率的强度和信息质量都可能造成对其他地球站的影响。人为因素可以使转发器功率达到饱和状态而中断通信。

（5）保密性能差。卫星通信具有与广播通信相同的特性，不利于信息传输的保密性。保密卫星通信只有依靠信息自身加密。

（6）通信时延长。地球站—卫星—地球站传播时延为 0.273 s。

当然这些缺点与优点相比是次要的，而且，有些缺点随着卫星通信技术的发展，已经得到或正在得到解决。

6.1.4 卫星通信传输线路性能参数

卫星通信中，要求发射机和发射天线具有强大的发射功率和很高的天线增益，接收机要有极高的灵敏度和极低的噪声，因此，通常用下列参数来表征这些特征。

1. 等效各向同性辐射功率（EIRP）

$EIRP$（Equivalent Isotropic Raditated Power）也称为等效全向辐射功率，它的定义是

地球站或卫星的天线发送出的功率(P)和该天线增益(G)的乘积，即 $EIRP = P \cdot G$ 如果用 dB 计算，则为

$$EIRP(\text{dB/W}) = P(\text{dB/W}) + G(\text{dB/W})$$

式中，$EIRP$ 表示了发送功率和天线增益的联合效果。

2. 噪声温度(T_e)

在地面微波系统中，设备产生的噪声功率是用噪声系数来表示的。在卫星系统中，经常要求噪声预算的精度在几分之一分贝以内，否则在一个具有许多站的大型卫星系统内，线路计算和系统性能中的 1 dB 误差可能会造成很大的一笔费用支出。噪声温度是将噪声系数折合为电阻元件在相当于某一温度下的热噪声，这里温度以绝对温度 K 计算。对于低噪声接收机来说，采用等效噪声温度比噪声系数具有更高的计算精度。噪声温度(T_e)和噪声系数(N_f)的关系如下：

$$N_f = 10 \lg(1 + T_e/290) \text{ dB} \quad (\text{在室温 } 17°)$$

卫星接收机的典型 T_e 在 1000 K 左右($N_f = 7$ dB)，地球站接收机的典型 T_e 在 20~1000 K 范围内。

3. 品质因数(G/T_e)

G/T_e 是天线增益与噪声温度之比。在卫星通信系统中，T_e 的高低严重影响接收信号的实际效果，因此必须在 G 中减去 T_e 的影响才能正确反映接收系统的实际质量，G/T_e 值的计算公式如下：

$$G/T_e = G(\text{dB}) - 10 \lg T_e(\text{dB/K})$$

从 G/T_e 值来看，接收天线增益越大越好，从 T_e 来看，接收部分的等噪声越小越好，这就直接反映了接收端的性能优劣，所以一般称为地面站或者卫星接收机的性能指数。

6.2 卫星通信系统的组成

卫星通信系统是由空间的一颗(或多颗)通信卫星和多个地面站组成，如图 6-2 所示。通信卫星上的卫星转发器起中继作用，把从地面收到的信号变频和放大后再发回地面。地球站是卫星通信系统与地面系统的接口，地面网络通过地球站与卫星系统连接，形成网络。

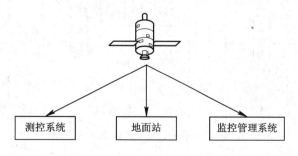

图 6-2 卫星通信系统的基本组成

为了保证通信卫星的正常工作，通信卫星必须有测控系统和监测系统。

1. 测控系统

测控系统的任务是对卫星进行跟踪测量，控制其准确进入静止轨道上的指定位置；卫星正常运行后，测控系统将对它的轨道校正、位置和姿态保持进行控制。测控系统由指挥控制中心、数据交换中心及各地的测控站组成。

2. 监控管理系统

监控管理系统的任务是对定点的卫星在业务开通前、后进行通信性能的监测和控制，例如对卫星转发器功率、卫星天线增益以及各地面站发射的功率、射频频率和带宽等基本通信参数进行监控，以保证通信正常。

3. 通信卫星

通信卫星主要起无线电中继作用，它是靠星上转发器和天线系统来完成的。图6-3是卫星通信系统的通信部分方框图。来自地面通信网的多路信号首先进入终端多路复用设备（可以是传送模拟电话信号的频分复用载波机，也可以是传送数字电话的时分复用的复接设备），合成的多路信号对中频进行调制，在发射机中由上变频器将频率变换至上行频率（6 GHz），再经功率放大后发往卫星。在卫星转发器中，双工器对发送和接收两条支路的信号进行隔离，并将接收的上行频率变换为下行频率（4 GHz），经功率放大后发往地面站。

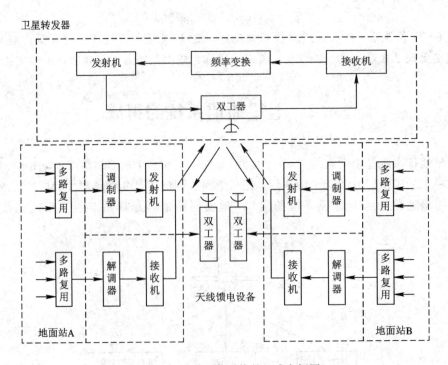

图 6-3 卫星通信系统的组成方框图

地面站接收到的来自卫星的信号十分微弱，在接收机中经低噪声放大器放大后，用下变频器将频率变换至中频，然后解调为基带群路信号，经多路分解后送往市内通信网。

4. 地面站

卫星通信地面站是卫星通信系统中重要的组成部分，它是连接卫星线路和用户的中枢。卫星中继站类似于微波接力通信系统的中继站，地面站相当于接力通信系统中的终端站，所以卫星通信地面站也叫卫星通信系统的终端站。由于卫星通信的应用范围不仅在陆地上，而且在海面上、空中都已广泛设站，因此地面站也称为地球站。

一个卫星通信系统可有很多个地面站，每个地面站的构成及设计规模按照其业务范围与业务量的不同会有一些差别，但其基本功能是相同的。一般地面站系统分为 5 个主要分系统：天线馈电系统、发射系统、接收系统、终端系统、电源系统。

6.3　卫星通信的多址连接方式

多址连接方式是卫星通信系统的一个重要特点。所谓多址连接方式，就是许多个地面站通过共同的通信卫星，实现覆盖区域内的相互连接，同时建立各自的信道，而无需中间转接。

从技术上来说，多址连接技术与多路复用技术有很多相似之处，但是，多址连接技术是多个地面站的射频信号在射频信道中的复用，以达到多个通信站间多址通信的目的。而多路复用技术是一个通信站的多路信号在中频信道上的复用，以达到两个站间的双边多路通信的目的，因此多址连接技术又有它自己的特点。

当进行卫星通信的地面站数目很多时，如何保证这些地面站发射的信号通过同一颗卫星而不致于相互干扰，这是一个重要的技术问题。这就要求各个地面站发向其他地面站的信号之间必须有区别，目前主要从信号的频率、信号通过的时间、信号波束空间以及数字信号的码型上来区分，相应的多址连接方式分别被称为频分多址（FDMA）、时分多址（TDMA）、空分多址（SDMA）和码分多址（CDMA）。

6.3.1　多址方式的信道分配技术

在卫星通信系统中，如何将信道分配给系统内需要通信的两个站，这是信道分配技术需要解决的问题。这里的"信道"在 FDMA 中是指频带，在 TDMA 中是指时隙，而在 CDMA 中是指地址码。

如果将特定的频段、时隙或地址码预先给各站分配好（当然，业务量较大的站应分得较宽的频带或较多的时隙），在系统运行中不再改变分配方案，则称为预分配方式。这种预分配方式的优点是通信线路的建立和控制非常简单，缺点是信道的利用率低。所以，这种分配方式只适用于通信业务量大的通信系统。

为了克服预分配方式的缺点，提出了按需分配方式，也叫作按申请分配方式。按需分配方式的特点是所有的信道为系统中所有地面站公用，信道的分配根据当时的各站通信业务量而临时安排，信道的分配灵活。显然，这种信道的分配方式的优点是信道的利用率大大提高了，缺点是通信线路的控制变得复杂了。通常都要在卫星转发器上单独规定一个信道作为专用的公用通信信道，以便各地面站进行申请、分配信道时使用。

6.3.2 多址连接方式

1. 频分多址方式(FDMA)

频分多址是根据各地面站发射的信号频率不同，按照频率的高低，顺序排列在卫星的频带里，各地面站的信号频谱需要排列的互相不重叠。也就是说，按照频率不同来区分是哪个站址。图 6-4 为频分多址方式的示意图。图中 f_1、f_2、$\cdots$、f_k 为各个地面站所发射的载波频率，f_B 为卫星转发器的带宽。

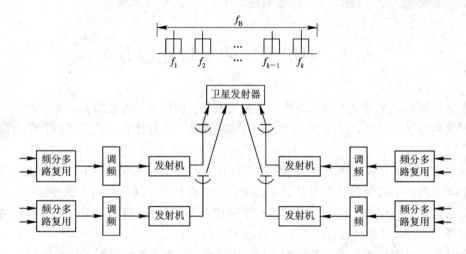

图 6-4　频分多址方式示意图

频分多址方式是国际卫星通信和一些国家的国内卫星通信较多采用的一种多址方式。这主要是因为频分多址方式可以直接利用地面微波中继通信的成熟技术和设备，也便于与地面微波系统接口直接连接。所以，尽管这种多址方式存在一些缺点，但仍是卫星通信中采用的多址方式之一。

频分多址方式可以根据多路复用和调制方式的不同，分成如下几种方式：

(1) FDM/FM/FDMA 方式。这种方式是把要传送的电话信号进行频分多路复用处理，即 FDM，再对载波进行调频，即 FM，最后按照载波频率的不同，区分四个地面站址，即 FDMA。

(2) SCPC/FDMA 方式。SCPC(Single Channel Per Carrier，单路单载波)方式的含义是每个话路使用一个载波。这种多址方式中的调制方法可以是 PCM/PSK 或 ΔM/PSK，也可以是比较简单的 FM。SCPC 多址方式是预分配的，当采用按需分配时，就叫作 SPADE 方式。所谓"SPADE"就是"每路单载波－脉冲编码调制－按需分配频分多址方式"的简称。它是目前卫星通信系统实现按需分配的典型实例。

(3) PCM/TDM/PSK/FDMA 方式。这种多址方式是把话音信号进行 PCM 编码，再经过 TDM，即时分多路复用，然后对载波进行 PSK，即相移键控，最后根据载波频率的不同来区分站址，即 FDMA。

除了上面所提到的几种多址方式外，还可以采用其他多址方式。具体采用哪种方式，要根据对卫星通信系统的用途和要求来决定。

2. 时分多址方式(TDMA)

时分多址方式是将通过卫星转发器的信号在时间上分成"帧"来进行多址划分的,在一帧内又划分成若干个时隙(分帧),再将这些时隙分配给地面站,并且只允许各地面站在所规定的时隙(分帧)内发射信号。图6-5示出了时分多址的帧结构图。图中,在 $T_0 \sim T_1$ 内, A 站的信号通过转发器;在 $T_1 \sim T_2$ 内,B 站的信号通过转发器;在时间 $T_{n-1} \sim T_n$ 内,第 n 站的信号通过转发器,然后重新轮到 A 站、B 站、…、发送信号。为了有效利用卫星而又不使各站信号相互干扰,地面站信号所占的时隙排列应该是紧凑且互不重叠的。

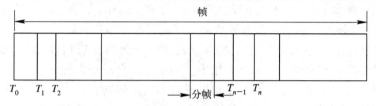

图 6-5   时分多址的帧结构

典型的 PCM-TDM-PSK-TDMA 系统的原理方框图如图6-6所示。从长途电话局送来的多路电话信号(例如24路),经地面线路终端装置将模拟信号变换为 PCM 信号,经时分多路复用后存储在时分多路控制装置内。它与该装置产生的"报头"(前置脉冲)一起在调制器中对载波进行相移键控(PSK)调制。最后,经发射机上变频器变换为微波信号并放大到额定电平后发向卫星。各站发射信号的时间应有共同的基准,以保证在指定的时隙进入卫星转发器。

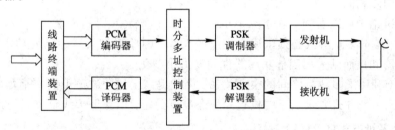

图 6-6   PCM-TDM-PSK-TDMA 方式

地面站在进行接收时,先将接收到的微波信号送至接收机内,经放大、下变频器得到中频相移键控信号,然后利用解调器得到"报头"和携带信息的 PCM 信号。根据"报头"可以判定是哪个站发给本站的信号。解调后的信号送至时分多址控制装置。根据"报头"控制分帧同步电路,将选出的脉码信号经 PCM 译码器还原为模拟信号,最后经电话网送至用户。

不难看出,在这个系统中维持正常工作,一个非常重要的问题是需要精确的同步控制。具体来说,就是解决用户时钟与地面站时钟之间的接口以及地面站时钟与卫星时钟的接口问题。为把送到地面站的低速数据压缩为在某个时隙发射的高速突发序列,还要在时分多址控制装置内配置发送时用的压缩缓冲存储器和接收时用的扩张缓冲存储器。

从以上简单说明可以看出,TDMA 方式有以下 3 个特点:

(1) 各地面站发射的信号是射频突发信号,或者说它是周期性的间隙信号。

(2) 由于各站信号在卫星转发器内是串行传输的,因此需要提高传输效率。但是各站输入的是低速数据信号,为了提高传输速率,使输入的低速率数据信号提高到发往卫星的高速率(突发速率)数据信号,需要进行变速。速率变化的大小根据帧长度与分帧长度之比来确定。

(3) 为使各站信号准确地按一定时序进行排列,以便接收端正确地接收,需要精确的系统同步、帧同步和位同步。

3. 空分多址方式(SDMA)

空分多址方式是以卫星天线指向地面的波束来区分站址的,即利用波束的方向性来分割不同区域地面站电波,使各地面站发射电波在空间不相互重叠,即使在同一时间,不同区域站使用同一频率工作,它们之间也不会形成干扰。这样,频率、时间都可以再用,可以容纳更多的用户,减少干扰,这就对天线波束指向提出了更高的要求。

空分多址实际上一般都是与时分多址方式相结合而构成所谓 TEMA/SS/SDMA 的。这里的卫星转发器应有信号处理功能,相当于一个电话自动交换机。

在空分多址系统工作中,特别要注意以下几个同步问题:

(1) 由于空分多址方式是在时分多址方式的基础上进行工作的,因此各地面站的上行 TDMA 帧信号进入卫星转发器时,必须保证帧内各分帧的同步,这与时分多址的帧同步相同。

(2) 在卫星转发器中,接通收、发信道和窄波束天线的转换开关的动作,分别与上行 TDMA 帧和下行 TDMA 帧保持同步,即每经过一帧,天线的波束就要相应转换一下。这是空分多址方式特有的一个同步关系。

(3) 每个地面站的相移键控调制和解调必须与各个分帧同步,这与数字微波中继通信系统的载波同步相同。

从以上讨论中可以看到,空分多址方式有以下 3 个特点:

(1) 由于空分多址方式必须采用窄波束的天线,因此卫星天线的辐射功率集中,有利于卫星转发器和地面站采用固体功率器件而变得小型化。

(2) 由于利用了多波束之间的空分关系,因此提高了抗同波道干扰的能力。

(3) 空分多址方式要求卫星的位置和姿态高度稳定,以保证天线窄波束的指向准确。

4. 码分多址方式(CDMA)

所谓码分多址,就是用码型来区别地面站址。码分多址方式属于拓宽频带、低信噪比的工作方式。利用了扩展频谱的方法,用自相关性非常强而互相关性比较低的周期性码序列作为地址信息(称地址码),对被用户信息调制过的已调波进行再次调制,使其频谱大为展宽(称为扩频调制)。经卫星信道传输后,在接收端以本地产生的已知的地址码为参考,根据相关性的差异对收到的所有信号进行鉴别,从中将地址码与本地地址码完全一致的宽带信号还原为窄带而选出,其他与本地地址码无关的信号则仍保持或扩展为宽带信号而滤去(称为相关检测或扩频解调)。它一般用于用户容量小,但地面站址多的系统,由于有抗干扰、保密、隐蔽、机动、灵活分配信道及多址的特点而广泛用于军事、公安、国防等重要部门。此技术在移动通信中已经广泛应用。

6.3.3 四种多址连接方式的比较

目前上述的四种多址方式在卫星通信中得到了应用。表 6-1 列出了各种多址方式的特点,识别方法,主要优、缺点以及适用场合。

表 6-1 各种多址方式的比较

多址方式	特点	识别方法	主要优缺点	适用场合
频分多址	各地面站所发的载波在转发器内所占频带并不重叠；各载波的包络恒定；转发器工作于多载波	滤波器	优点：可沿用地面微波通信的成熟技术和设备；设备比较简单，不需要网同步 缺点：有互调噪声；不能充分利用卫星功率和频带；上行功率、频带需要监控；FDM/FM/FDMA 方式多站运用时效率低；大小站不易兼容	FDM/FM/FDMA 方式适合站少、容量大的场合 TDM/PSK/FDMA 适合站少、容量中等的场合
时分多址	各地面站的突发信号在转发器内所占的时间不重叠；转发器工作于单载波	时间选择门	优点：没有互调问题，卫星的功率和频率能充分利用；上行功率不需要严格控制；便于大小站兼容，站多时通信容量仍然较大 缺点：对卫星控制技术要求严格；星上设备较复杂，需要交换设备	中、大容量线路
空分多址	各地面站所发的信号只进入该站所属通信区域的窄波束中 可实现频率重复使用。转发器成为空中交换机	窄波束天线	优点：可以提高卫星频带利用率、增加转发器容量或降低对地面站的要求 缺点：对卫星控制技术要求严格；星上设备较复杂，需要交换设备	大容量线路
码分多址	各地面站采用不同的地址码进行扩展频谱调制；各载波包络恒定，在时域和频域均相互混合	相关器	优点：抗干扰能力强；信号功率谱密度低，隐蔽性好，使用灵活 缺点：频带利用率低，通信容量较小；地址码选择较难；接收时地址码的捕获时间较长	军事通信；小容量线路

6.4　通信卫星的组成

通信卫星是卫星通信系统的重要组成部分。在卫星通信系统中，所有地面站发出的信号都是经过卫星中继转发到地面接收站的。为了完成这一转发任务，卫星上必须配备转发无线电信号的通信设备（即转发器）与天线系统。除此之外，为了保证通信卫星的正常工作，还必须配备控制系统、遥测指令系统和电源系统。图 6-7 是通信卫星的组成方框图。

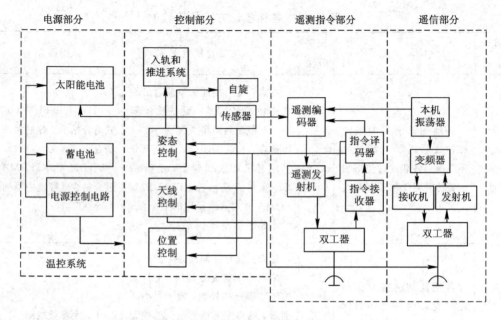

图 6 – 7　通信卫星的组成方框图

6.4.1　控制系统

1. 位置控制

从理论上讲，静止卫星的位置相对于地球来说是静止不动的，但是实际上它并不是经常能够保持这种相对静止的状态，这是因为地球并不是一个真正的圆球形状。同时，当太阳、月亮的辐射压力发生强烈变化时，由于它们所产生的对卫星的干扰，也往往会破坏卫星对地球的相对位置。这些都会使卫星漂移出轨道，使得通信无法进行。负责保持和控制自己在轨道上的位置就是轨道控制系统的任务之一。位置控制有时也称轨道控制。

2. 姿态控制

仅仅使卫星保持在轨道上的指定位置还远远不够，还必须使它在这个位置上有一个正确的姿态，因为星上定向天线的波束必须永远指向地球中心或覆盖区的中心。由于定向波束只有十几度或更窄，波束指向受卫星姿态变化的影响相当大，再加上卫星距离地球表面有 36 000 km，姿态差之毫厘，将导致天线的指向谬以千里。再者，太阳电池的表面必须经常朝向太阳，所有这些都要求对卫星姿态进行控制。

为对卫星的姿态进行控制，必须了解卫星的姿态是否正确，通常利用装在卫星上的传感器来完成这一任务。

6.4.2　入轨和推进系统

静止卫星的轨道控制系统主要是由轴向和横向两个喷射推进系统构成的。轴向喷嘴是用来控制卫星在纬度方向的漂移，横向喷嘴是用来控制卫星在经度方向的漂移。喷嘴是由小的气体(一种气体燃料)火箭组成的，它的点火时刻和燃气的持续时间是由地面测控站发给卫星的控制信号来控制的。

推进系统的另一职能是采用自旋稳定、重力梯度稳定和磁力稳定等方法对卫星进行姿态控制的。姿态控制方法就是自旋控制。卫星被送上天时，在与火箭分离之前由火箭中的一个旋转装置使它以每分钟10～100转的速度旋转。旋转的卫星好像陀螺一样，旋转轴始终指向一个方向，就不会随意翻滚了。但是装在卫星轴上的天线，却不能随着星体旋转，所以要装上一个消旋装置，使天线稳稳地瞄准地球。

6.4.3 天线系统

通信卫星的天线系统包括通信天线和遥测指令天线，它是用来完成通信卫星上所有信号的接收和发射任务的。由于它们装在卫星上，因此要求两种天线体积小、重量轻、又便于在卫星上组装，且可靠性高，寿命长、增益高、波束永远指向地球，为此，在自旋稳定卫星中，一般采用消旋天线。遥测指令天线通常使用全方向性天线。

6.4.4 遥测指令系统

遥测指令系统分为两部分：遥测部分和遥控指令部分。

1. 遥测部分

此部分主要收集卫星上设备的工作数据，如电流、电压、温度、传感器信息、气体压力指令证实信号。这些数据经过处理后送到地面监测中心站。

2. 遥控指令部分

地球上收到卫星遥测的有关数据时，要对卫星的位置姿态进行控制。设备中的部件转换，大功率电源开关等，都要由遥控指令来进行。地面控制中心把指令发向卫星，在卫星上经过处理后送到控制设备，控制设备根据指令的准备、指令、执行几个阶段来完成对卫星上各部分设备的控制和备用部件的倒换。

6.4.5 卫星转发器（通信系统）

转发器是通信卫星的核心，它把接收到的地面站的信号放大并利用变频器变换成下行频率后再发送出去。对转发器的基本要求是：以最小的附加噪声和失真，并以足够的工作频带和输出功率来为各地面站转发无线电信号。

转发器按照变频方式和传输信号形式的不同可分为三种：单变频转发器、双变频转发器和星上处理转发器。

1. 单变频转发器

这种转发器是先将输入信号进行直接放大，然后变频为下行频率，经功率放大后，通过天线转发给地球站。图6-8所示为单变频转发器的组成方框图。一次变频方案适用于载波数量多、通信容量大的多址连接系统。

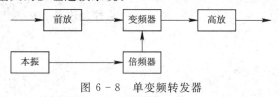

图 6-8 单变频转发器

2. 双变频转发器

这种转发器是先把接收信号变频为中频，经限幅后，再变换为下行发射频率，最后经功放由天线发向地面站。图 6 - 9 是双变频转发器的组成方框图。双变频方式的优点是转发增益高(800~100 dB)，电路工作稳定；缺点是中频带宽窄，不适于多载波工作。它适用于通信容量不大，所需带宽较窄的通信系统。

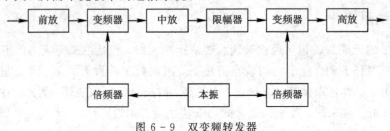

图 6 - 9　双变频转发器

3. 处理转发器

这种转发器除了进行转发信号外，还具有信号处理的功能。在数字卫星通信系统中，常采用处理式转发器。图 6 - 10 是处理转发器的组成方框图。对于接收到的信号，先经微波放大和下变频后，变为中频信号，再进行解调和数据处理后得到基带数字信号，然后再经调制，上变频到下行频率上，经功放后通过天线发回地面。

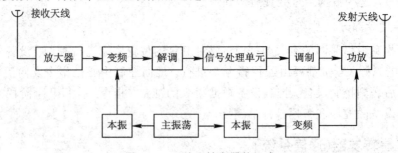

图 6 - 10　处理转发器的组成

星上的信号处理主要包括：一是对数字信号进行解调再生，以消除噪声积累。另一类是在不同的卫星天线波束之间进行信号变换。还有一类是进行其他更高级的信号变换和处理，如上行频分多址方式(FDMA)变为下行时分多址方式(TDMA)，解扩、解跳抗干扰处理等。

6.4.6　电源系统

在通信卫星中包含许多电子装置和设备，它们都需要电源才能工作。通信卫星的电源除要求体积小、重量轻、高可靠和高效率外，还要求能在长时间内保证足够的功率输出。

通信卫星的能源电源一般由太阳能电池来提供，辅助以原子能电池和化学电池。为了保证卫星上的设备供电，在卫星上特别设置了电源控制电路，在特定的情况下进行电源的控制。

6.4.7　温控分系统

通信卫星里的设备都是在密闭的环境下工作的。电器设备工作，特别是本振设备，要求温度恒定，因此就必须对星上温度进行控制。卫星上的温度传感器，随时监测卫星的温度并把信号送回监测站，如果发生了异常，地面通过遥控指令进行控制，以恢复保持预定的温度。

6.5 卫星地面站

地面站是卫星通信系统的重要组成部分。它的作用有两个，一是向卫星发射信号；二是接收经卫星转发的，来自其他地面站的信号。

按照安装方式及规模不同，地面站可分为固定站、移动站和可拆卸站。可拆卸站是指在短时间内能够拆卸并改变地点的站。按照用途不同，地面站又可分为民用、军用、广播、航海、气象、通信、探测等多种地面站。按天线口径的大小不同，可分为 30 m 站、10 m 站、5 m 站、3 m 站和 1 m 站等。

如图 6-11 所示，一个标准的地面站是由天线系统、发射系统、接收系统、通信控制系统、终端系统和电源系统等六部分组成的。

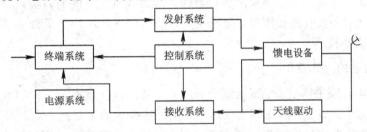

图 6-11　地面站系统的总体组成方框图

市内的电话和电视信号经微波线路或电缆送到地面站的终端接口设备。对于电视信号，通常把它分成图像信号和伴音信号分别传输。发送系统将来自终端的基带信号（多路复用信号）进行高频调制且放大到足够的功率后送至天线系统。从天线上接收到的卫星转发来的信号通过馈电设备送至接收系统，接收系统完成解调、放大和滤除干扰等任务，输出基带复用信号至终端系统。终端系统将各路电话信号、电视信号以及数据等分离，再分别送至用户。

下面分别介绍地面站的各个组成部分。

6.5.1 天线馈电系统

天线是地面站最具特色的设备，是地面站射频信号的输入和输出通道，是决定地球站最大 $EIRP$ 能力和品质因数（G/T 值）的关键设备之一。它具有以下几个特点：发射和接收共用一副天线，高增益，低旁瓣以及低的天线接收噪声温度。就工作在 C 频段和 Ku 频段的地面站来说，常常是根据其天线口径的大小来划分站型的大、中、小的。一般大型站的天线口径约在 15～33 m 之间，中型站的天线口径在 7～15 m 之间，小型站的天线口径在 3～7 m 之间或更小一些，而 VSAT 类的微型站天线口径则在 0.6～4 m 之间。地面站的天线馈电系统是决定地面站容量和通信质量的关键设备之一。天线系统的建设费用约占整个地面站的三分之一。因此，在馈电系统中，尽量使接收和发射信号很好地分离，以便收发共用一副天线。这样，设计天线时必须同时满足收、发信频带内的各种电气性能的要求。

1. 天线系统的主要技术要求

（1）高增益。为了达到标准地面站的要求，天线的增益 G 应在 57 dB 以上。这样天线的直径要求大于 25 m，但是考虑到风力负载和建设费用等因素，不能单从增大天线口径来着眼，还要尽量提高天线的效率 η（可达 75%），并使馈线损耗 L_{f} 尽可能地接近 1。

（2）低噪声温度。为了降低接收系统的总噪声温度，除了减少馈线损耗 L_{f} 外，重要的是减小进入天线噪声的等效噪声温度 T_{a}。当天线仰角为 5°时，天线的等效噪声温度 T_{a} 一般为 50 K 左右，天线仰角为 90°时，T_{a} 约为 25 K。

（3）宽频带特性。收发信设备在 500 MHz 的频带范围内都应该具有增益高和匹配好等特性。因此，要求天线和馈电电路的特性具有宽频带特性。

（4）旋转性好。国际卫星通信组织规定，地面站天线的可旋转范围以静止卫星方向为中心，其方位角及仰角至少都应在 10°以上，一般希望天线波束方向能在很广的范围内变化。对整个天空中任何轨道的卫星都能指向的天线，叫作全天域指向天线。仅能对限定范围的轨道进行指向的天线，叫作有限指向天线。

（5）机械精度要高。为达到和保持规定的天线方向性，应该提高辐射器和主、副反射镜反射面的精度，并且有机械刚性，保证在强风的条件下或不同的天线姿态下，辐射系统的相对位移和畸变很小。

2. 天线系统的主体设备

天线系统由天线主体设备、馈电设备和跟踪设备三部分组成。

（1）天线主体设备。目前能够比较好地满足上述要求的天线是一种双反射镜式微波天线。因为它是根据卡塞格伦望远镜的原理研制的，所以一般称为卡塞格伦天线。图 6 - 12 是卡塞格伦天线的原理结构图。卡塞格伦天线是双反射面天线的一种，它由主反射面和副反射面组成。它的主反射面是一个旋转抛物面，副反射面为一旋转双曲面，且旋转抛物面的焦点和旋转双曲面的其中一个焦点在同一位置上。馈源置于旋转双曲面的另一个焦点上。从馈源辐射出的电波在旋转双曲面上被反射到旋转抛物面上，在抛物面上再次被反射，向空间辐射出去。经典卡塞格伦天线由于副反射面的存在阻挡了相当一部分能量，使得天线效率降低，并且能量分布不均匀。修正型卡塞格伦天线，通过天线镜面修正，使得天线效率提高到 0.7～0.75，并且能量分布均匀。这种天线的特点是天线效率高，噪声温度低，馈源和低噪声放大器可安装在主反射面后方的射频箱里，方向性较好。目前，大多数地面站均采用修正型卡塞格伦天线。

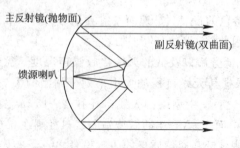

图 6 - 12　卡塞格伦天线结构示意图

（2）馈电设备（馈线）。馈电设备是指从馈源喇叭至收、发信机之间的设备，主要有馈源喇叭、双工器、线/圆极化变换器等波导器件和传输波导等。它的作用主要是馈送信号和分离信号。

（3）跟踪设备。静止通信卫星实际上并非完全静止，虽然星上有位置控制设备，但它还是有一定的漂移，而一般地球站天线的波束很窄，因此卫星的漂移可能导致其晃出地球站天线瞄准的最佳指向范围，从而大大减弱卫星收到的信号能量。为使地球站天线始终对准卫星，需要跟踪设备。另外，出于某种目的需转动天线方向时，也要用到这个设备。

天线跟踪设备通常由信标接收机、伺服控制设备和驱动设备（驱动电机和减速器等）组成。

跟踪方法主要有以下三种：

① 手动跟踪。通过人工操作控制驱动设备，使天线转到指定方向上。主要作用是当需要时，使天线波束由某一通信卫星转移到另一通信卫星；或遇大风时使天线口面向天穹锁定；或使天线指向某一特定方向等。对于卫星的漂移，用这种方法显然难以解决，这就需要用下面讲的跟踪方法。

② 程序跟踪。它根据预测的卫星轨道数据（卫星的漂移有一定的规律）和天线指向角度数据，编成程序，由电子计算机控制，驱动天线瞄准卫星。

③ 自动跟踪。平时卫星不断地向地面发送信标信号，地球站用跟踪接收机接收。若天线对准了卫星，跟踪接收机无误差信号输出；否则它将指出一个与偏离角度（方位角或仰角）成正比、具有一定极性的误差信号，经伺服控制设备处理后控制驱动设备，让天线在方位角或仰角方向上转动一定的角度。

程序跟踪和上述自动跟踪方式在早期卫星漂移幅度较大的情况下跟踪效果较好，但现在的通信卫星由于轨道位置控制精度的提高，轨道漂移很小。对于小型站，因天线波束较宽，可以不跟踪。对于大型站，只需使用较简单的步进跟踪方式，就能满足跟踪要求。步进跟踪方式的基本工作原理是当地球站跟踪接收机收到卫星的信标信号后，使天线做一个起始的小角度（步进角）转动，然后比较转动前后接收到的信标电平的高低，若电平增高了，则天线下一次（隔一段时间）继续朝该方向转动；反之，朝相反方向转动。这种过程在天线的俯仰和方位两个方向上交替地持续进行，以使天线一步一步地趋近接收信号峰值（对准卫星）。

6.5.2 地面站发射系统

1. 大功率发射机分系统的组成及要求

在标准地面站中，要产生出几百瓦甚至十几千瓦的大功率微波信号向卫星发射。同时，在 FDMA 情况下，有时一个地面站还要同时向其他多个地面站发射多个载波，所有这些任务都是由地面站大功率发射系统来完成的。

地面站大功率发射系统的主要设备如图 6-13 所示。从模拟电话信号和电视终端设备来的多路电话、电视或数据基带信号，以及外加的导频信号和能量扩散信号，经过基带转换后都加到调制器上。对模拟信号一般通过宽带调频器变成 70 MHz 的 FM 信号；对数字信号一般经过 PSK 调制器变成 70 MHz 的 PSK 信号。紧接着在中频放大器和中频滤波器中对它们进行放大并滤除干扰，然后在上变频器中变换成微波频段的射频信号（在频分多址方式中）。

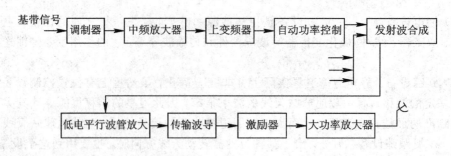

图 6-13 地面站大功率发射系统的组成

对大功率发射机分系统的主要要求如下：

（1）输出功率要大。发射系统的发射功率主要取决于转发器的 G/T 值和它所需要的输入功率密度 W_s，同时也与地面站发射信道容量及天线增益有关。

（2）宽频带。为了适应多址通信的特点和卫星转发器的技术性能，卫星通信中对地面站大功率发射系统要求具有很宽的频带。例如在国际通信卫星 IS-Ⅳ 号系统中规定，发射系统应能在 5.925～6.425 GHz 频带范围内的任何频段同时发射一个或多个载波。也就是说，要求发射系统能在 500 MHz 宽的频带范围内工作。

（3）增益稳定性要高。为了避免同本地面站实现通信的对方地面站性能变坏，在 IS-Ⅳ 号卫星通信系统中，国际电信卫星组织（ITSO，International Telecommunications Satellite Organization）规定，除恶劣气候条件外，卫星方向的有效全向辐射功率应保持在额定值的 ±0.5 dB 范围内。这个容差考虑了所有能引起变化的因素，如发射机射频功率电平不稳定、天线发射增益不稳定（由于天线抖动、风效应等引起）、天线波束指向误差等。因此，对大功率发射系统的放大器增益的稳定度要求就更高。所以大多数地面站的大功率发射系统都装有自动功率控制电路。

（4）放大器线性要好。为了减少在频分多址方式中放大多载波时的互调干扰，大功率放大器的线性要好。通常规定多波互调分量的有效全向辐射功率，在任一 4 kHz 的频带内，不超过 23 dB。

2. 大功率放大设备

卫星通信线路，根据其线路容量，需要使用能够稳定发射数千瓦输出功率的大功率放大设备。目前，在地面站大功率发射系统中，主要采用大功率行波管和速调管作为放大管。当地面站发射系统要求发射多个载波时，用大功率放大管组成大功率设备的方式有两种：一种是用一个大功率放大管共同放大多个载波的所谓"共同放大式"；另一种是用多个大功率放大管分别放大各个载波，然后再合成的所谓"分别放大-合成"方式。下面分别介绍这两种方式的工作原理。

（1）分别放大-合成方式。在这种方式中，各载波先用频带较窄的大功率微波管或滤波器放大设备分别放大（通常用大功率速调管完成这种任务），然后用混合连接波导或滤波器来合成各个载波，如图 6-14(a)所示。

（2）共同放大方式。这种方式是在末级大功率放大以前，先把多个想要发射的载波合成在一起，然后加到宽频带大功率放大设备进行共同放大，见图 6-14(b)。在这种方式中，必须采用具有宽频带特性的行波管（具有 500 MHz 以上的带宽）。

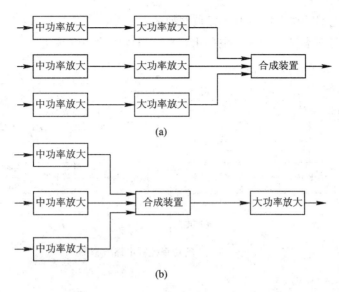

(a)

(b)

图 6-14 输出大功率放大方式示意图

（a）分别放大-合成方式；（b）共同放大方式

实际应用的设备无论采用上述哪一种放大方式，大功率放大设备都由装有小功率行波管的激励器部分和装在它后面的大功率放大设备部分组成。图 6-15 是共同放大式大功率放大设备方框图。其大功率放大设备部分由大功率行波管及附属于它的高压整流电源电路、功率自动控制电路、冷却系统（水冷或风冷）以及电子管保护和监视显示系统所组成。

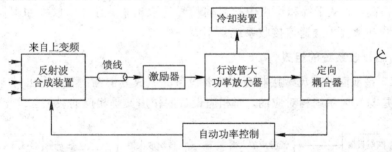

图 6-15 大功率放大设备方框图

大功率行波管放大器工作时，由于高电压大电流通过收集极，使收集极急剧发热，为了确保行波管的正常工作和使用寿命，必须采用冷却措施。目前大部分采用循环水冷却方式，冷却设备包括热交换器和纯水制造装置。热交换器通常置于室外，行波管与热交换器之间用两根钢管连接，通过由纯水制造装置提供的冷却水在管内循环，就可以把行波管的热量带走。

激励器是一个小功率高增益的行波管放大器。从上变频器来的 6 GHz 低电平发射信号，经过激励器放大后，能在 500 MHz 带宽内获得 40～50 dB 的增益，因而保证了大功率行波管放大器所必需的激励电平。为了保护行波管，在激励器上还装有二极管电子开关，以防止大功率放大器的过载信号冲击激励器。

自动功率控制电路用来将大功率行波管放大器输出电平的波动值控制在 ±0.5 dB 以内。实现自动功率控制的方法很多，图 6-16 所示是比较简单的方法。首先通过定向耦合器取出行波管功率放大器输出的一部分，然后用控制检波器将它检波，得到一个与输出电平成正比的直流信号，与来自发射装置控制架的直流基准电压进行比较，再把它们的差值电压加到二极管可变衰减器的偏压电路上，来控制放射波的衰减量，从而控制放大器的输出电平。

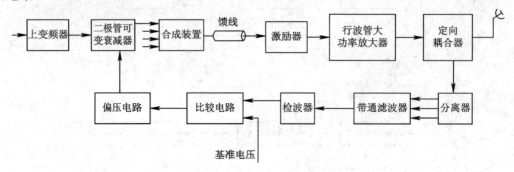

图 6 - 16　自动功率控制电路方框图

6.5.3　地面站接收系统

卫星地面站接收系统的作用是从噪声中接收来自卫星转发器的微弱信号。由于卫星的重量受到限制，因此卫星转发器的发射功率一般只有几瓦至几十瓦，而卫星上的通信天线的增益也不高，所以卫星转发器的有效全向辐射功率一般情况下比较小。同时卫星转发下来的信号，经下行线路约 4×10^4 km 的远距离传输后，衰减了 200 dB 左右，因此当信号到达地面站时就变得极其微弱，一般只有 $10^{-17} \sim 10^{-18}$ W 数量级。所以，地面站接收系统的灵敏度必须很高，能从干扰和噪声中把微弱信号提取出来，且加以放大和解调。可见，地面站接收系统和微波中继通信接收系统是不大一样的。

1. 地面站接收系统的组成

图 6 - 17 是地面站高灵敏接收系统主要设备的组成方框图。不难看出，接收系统的各个组成设备是与发射系统相对应的，而相应设备的作用又是相反的。

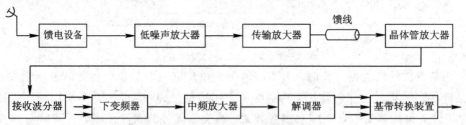

图 6 - 17　地面站高灵敏度接收系统主要设备的组成方框图

由地面站接收天线接收到的来自卫星转发器的微弱信号，经过馈电设备，加到低噪声放大器进行放大。因为信号微弱，所以要求低噪声放大器要有一定的增益和低噪声温度，一般使用低噪声制冷参量放大器或其他低噪声放大器。

从低噪声放大器输出的信号，在放大器中进一步放大后，经过馈线（椭圆波导）传输给接收系统下变频器（也叫混频器）。为了补偿波导传输损耗，在信号加到下变频器之前，还要经多级晶体管放大器进一步放大。如果接收多个载波，还要经过接收波分离装置分配到不同的下变频器去。在下变频器中，把接收载波变成中频信号。经过中频放大和滤波等作用后，加到解调器。为了提高解调灵敏度，模拟信号一般采用门限扩展型调频解调器。对于 PSK 数字信号，一般采用相干解调器或差动相干解调器。解调后的基带信号，送到基带转换装置中，去掉发射时加进来的能量扩散信号，同时取出导频信号。

2. 主要技术要求

（1）噪声温度要低。为满足国际卫星通信组织所规定的标准地面站所要求的 $G/T \geqslant$ 40.7 dB/K，若天线增益为 59 dB（直径为 27 m 天线），则接收系统总的噪声温度不得大于 18.3 dB，相当于 68 K。而天线噪声温度在仰角 5°时约为 50 K，所以接收机的噪声温度应控制在 18 K 以下，因此，必须采用低噪声放大器。

（2）工作频带要宽。卫星通信的显著特点是实现多址连接和大容量通信。一般要求低噪声放大器必须具有 500 MHz 以上的带宽。

（3）其他要求。为了满足卫星通信系统的通信质量，要求低噪声放大器增益稳定、相位稳定、带内频率特性平坦和互调干扰要小等。

3. 低噪声放大器

在微波频段使用的低噪声放大器主要是低噪声晶体管放大器、场效应管放大器和参量放大器等。

由于地面站要求低噪声放大器应有 40 dB 的增益，因此常用 2～3 级参量放大器组成前级，后面再接几级低噪声晶体管或场效应管放大器。

为了降低参量放大器的噪声，除适当选择参量放大器所用的变容管和泵源外，还可采用制冷参量放大器。参量放大器所用的泵源可以是发射式速调管、雪崩二极管和场效应管等组成的振荡器。由于场效应管振荡器具有体积小、寿命长、工作稳定、噪声电平低等优点，因而目前采用得较多。

4. 下变频器

经低噪声放大器放大的微波信号，需要到下变频器变换成中频信号，再经过中频放大后送到解调器去。地面站接收系统中的中频，通常都是 70 MHz。如果采用两次变频方式，则第一中频常用 1 GHz、1.4 GHz 或 1.7 GHz，第二中频仍用 70 MHz。

6.5.4 信道终端系统

信道终端系统可以分为上行和下行两部分，这两部分都工作在 70 MHz 中频以下。

1. 上行部分

上行部分即发端信道终端设备，它包括电话和电视两个通道。它的作用是分别对多路电话、电视和勤务信号进行基带处理，用合成的基带信号将 70 MHz 的载波调制成调频信号，然后送到发射系统进行上变频。在调频制电话通道里进行预加重、加权、能量扩散以及加导频信号等处理。

2. 下行部分

信道终端设备下行部分的任务是把从低噪声接收机来的 70 MHz 信号，经过中放、解调和基带处理后输出基带信号，然后送到终端接口设备，把基带信号进行分解。与上行部分相同，下行部分也可分为电话和电视两个通道。下行部分还包含去加重电路和滤除能量扩散信号的高通滤波器。

上述信道终端设备的上、下行部分，是以模拟通信调频制系统为例来讨论的。

6.5.5　通信控制系统

为使操作人员随时掌握各种设备的运行状态，在设备有故障时迅速处理，以及有效地对设备进行维护管理，地面站需配置必要的监测控制设备。

地面站大多采用集中监视方式，即将主要设备的指示、告警和控制都集中到监控台上，操作人员通过监控台来监控各种设备的工作情况。这种方式便于操作控制，对于设备分设于几个机房的地球站和许多设备机房无人值守的情况是很适用的。

地面站需要监控系统监视和控制的项目很多，如各种设备是否发生故障、主要设备的工作参数是否正常等，都能在监控台上通过监视仪表、告警灯和声响告警装置等显示出来。监控台的控制部分能对高功率放大器的输出功率、天线仰角和方位角以及设备的主备用倒换等直接控制和调整。

由于各地面站的大小不同，因此所需的监控设备的繁简也有差别。

另外，为使卫星通信线路与地面通信网（如市话网、长途网）连通，地面站与地面网之间还需架设地面接续（延伸）线路，如微波中继或电缆线路等。因此，地面站中还有一定数量的地面接口与传输设备。至于地面站中诸如回波抵消器、按需分配控制设备（DAMA）等设备，这里不再一一介绍。

6.5.6　电源系统

地面站电源系统要满足整个卫星地面站的所有设备所需的电能，特别是大型地面站（国际、国内卫星网站）。由于市电的定期停电或偶然断电对地面站的影响很大，对于大功率发射机，如果断电超过 60 秒则不能重新自动工作，因此要求地面站的供电，必须是定电压、定频率、高可靠、不间断的。为了满足其要求，通常设有两种电源设备，即应急电源和交流不间断电源。

（1）对于市电，一般都要求可由几条线供电，或者由不停电的专网供电。

（2）应急电源设备，当市电发生重大事故或供电不足等情况时，在地球站特配两台全自动控制的并联运用的柴油发电机，并辅助以高压配电房和并联控制等设备，以保证供电的充足。

（3）蓄电池，平时储存稳定的电能以备万一停电或者补充电力不足。

（4）交流不间断电源，这里主要指向地面站供电，特别是向大功率发射机提供定频率、定电压、不间断的、稳定性的电源设备。

6.6　卫星通信的新技术

近年来、卫星通信技术发展很快，为适应各种业务的需求，许多新技术不断产生。其中开始应用的或有较大发展前途的新技术有 VSAT 系统、低轨道卫星移动通信系统、星上信号处理通信卫星等等。

6.6.1 VSAT 卫星通信系统

VSAT 是 VERY SMALL APERTURE TERMINAL 的缩写,直译为"甚小孔径终端",意译应是"甚小天线地球站"。由于源于传统卫星通信系统,因此也称为卫星小数据站或个人地球站(IPES)。这里的"小"指的是 VSAT 系统中小站设备的天线口径小,通常为 0.3~2.4 m。VSAT 是 20 世纪 80 年代中期利用现代技术开发的一种新的卫星通信系统。利用这种系统进行通信具有灵活性强、可靠性高、成本低、使用方便以及小站可直接装在用户端等特点。借助 VSAT 用户数据终端可直接利用卫星信道与远端的计算机进行联网,完成数据传递、文件交换或远程处理,从而摆脱了本地区的地面中继线问题,这在地面网络不发达、通信线路质量不好或难于传输高速数据的边远地区,使用 VSAT 作为数据传输手段是一种很好的选择。目前,广泛应用于银行、饭店、新闻、保险、运输、旅游等部门。VSAT 卫星通信网一般是由大量 VSAT 小站与一个主站(Hub)协同工作,共同构成的一个广域稀路由(站多,各站业务量小)的卫星通信网。

VSAT 的迅速发展还得益于 20 世纪 80 年代计算机的大量普及和计算机联网需求的大量增加。由于相当多的计算机通信业务是在一个主计算机与许多远端计算机之间进行的,而 VSAT 网能非常经济、方便地解决地面通信网很难处理的这种点对多点寻址;加上当时的 VSAT 已综合了许多新的技术(如分组传输与交换技术、高效的多址接续技术、微处理器技术、协议的标准化、地球站射频技术、天线的小型化及高功率的卫星等),使得 VSAT 基本具备了下一节所述的主要优点。因此,VSAT 从 20 世纪 80 年代开始得到了迅速的发展,成为卫星通信中发展最快的一个领域。

VSAT 系统工作在 14~11 GHz 的 Ku 频段以及 C 频段。系统中综合了分组信息传输与交换、多址协议、频率扩展等多种先进技术,可以进行数据、语言、视频图像、传真、计算机信息等多种信息的传输。

1. VSAT 系统的特点

(1) VSAT 卫星通信系统是卫星通信技术演变的产物,是一系列先进技术综合运用的结果。这些技术包括了调制/解调技术,处理模块 LSI 和维比特译码器 VLSI 阵列的数字技术及通信控制器和处理器。

(2) 波段扩展新技术(C 波段、Ku 波段)以及扩频通信技术。

(3) 有效的多址和复接技术,分组交换和通信协议标准化。

(4) 天线小型化及高功率卫星发展。

(5) VSAT 的组网优点有:成本低、体积小、易于安装维护,不受地形的限制;组网方便,通信效率高;性能质量好、可靠性高,通信容量自适应且扩容简便等。

VSAT 系统在商业、服务业、医疗、金融业、教育、交通能源、政府、新闻、科研等部门都能方便地组成自己独立的卫星网,可开通的业务有低速随机数据传输业务、批量数据传输业务和实时性要求较高的业务等。

VSAT 网络可作为较经济的专用通用网,在网络寿命期间能灵活地满足网络业务增长的要求。此网络无需地面公用交换网的支持,对网络的故障诊断和维护较为容易。

2. VSAT 网络结构

典型的 VSAT 卫星通信网络主要由主站、卫星和许多远端小站(VSAT)三部分组成。

从网络结构上分为星形网、网状网和混合网三种，如图 6-18 所示。

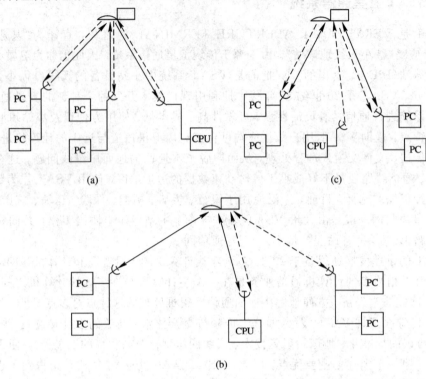

图 6-18　VSAT 组网形式

(a) 单跳形式的网络；(b) 混合形式的网络；(c) 全连接网形式的网络

星形网又称为卫星通信的单(双)跳形式，如图 6-18(a)所示。此种通信方式是各远端的站(VSAT 站)与处于中心城市的枢纽站间，通过卫星建立双向通信信道。这里通常把远端站(PC)通过卫星到枢纽站(计算中心)叫作内向信道，反之称为外向信道。这种方式使各远端站之间不能直接进行通信，称之为单跳方式，只经过一次卫星转发。另外一种情况为双跳方式，如图 6-18(b)所示，当各小站内要进行通信时，必须首先通过内向信道与枢纽站联系，主站再与另一小站通过外向信道联系，即小站→卫星→枢纽站→卫星→另一小站，以"双跳"方式完成信号的传送过程。这是 VSAT 系统最典型的常用结构，其核心部分是枢纽站，或称主站。它通过卫星数字基带处理器及通信控制器与各子网的主计算机或交换机接口，通过网络控制中心对全网的运行进行监测管理，此种通信一般用于数据通信和计算机通信。

网状网如图 6-18(c)所示，这种结构为全连接网形式，各站可通过单跳直接进行相互通信，为此，对各站的 $EIRP$、G/T 值均有较高的要求。此种系统虽然不经过枢纽站进行双向通信，但必须有一个控制站来控制全网，并根据各站的业务量大小分配信道。此种系统的地面站设备技术复杂一些，成本较高，但时延小，可开展话音业务。

混合网，它兼顾了星形网和网状网的特性，如图 6-18(b)所示。它可实现在某些站间以双跳的形式进行数据、录音电话等非实时业务，而在另一些站内进行单跳形式的实时话音通信，它比网状网的成本要低。此种形式可以收容成千上万个小站组成特殊的 VSAT 卫星通信系统。

3. VSAT 系统的多址方式

卫星通信都是以多址方式工作的，由于 VSAT 系统均采用小口径天线和低功率发射，速率较低，鉴于组网及其业务的要求，因此对多址方式也有特殊的要求：有较高的卫星信道共享效率；有较短的时延；信道在一定的容量附近有相对的稳定性。

在 VSAT 卫星通信系统中，可以灵活地应用 FDMA、TDMA、CDMA 等几种方式来实现组网。

1）SCPC 方式

由于 SCPC 系统组网方便、灵活，对于容量小，稀路由多址通信非常适宜。SCPC 设备可做成模块式的，每个站扩容很方便。它采用了话音激活和按需分配的信道分配技术等，这样可节省功率，减小互调干扰，增加通信容量，提高信道利用率等。许多国际卫星公司都推出了此设备。如美国休斯公司的 TES 系统等，它可以开通 ADPCM 话音和数据通信，其基带速率为 32 kb/s，16 kb/s 及 9.6 kb/s。

2）CDMA 方式

由于 CDMA 多址方式具有抗干扰能力强，能降低互调干扰，有保密通信的能力，实现多址连接灵活方便等优点，因此在现代的某些特殊环境和部门得到了广泛应用。美国的赤道公司推出的 C-200 型即是此种多址方式（CDMA 系统）的例证。由于这种方式在外向、内向信道中均采用扩频码位和多址方式中的非对称结构，因此主站接收 VSAT 信号时起到了明显的抗窄带干扰作用。由于 CDMA 的优越性，使美国赤道公司推出的 CDMA 产品在全球很有竞争力。

3）TDMA 方式

TDMA 方式是以时隙来分配站址的，每个地面站只能在规定的时隙内以突发的形式发射已调信号，这里是把 TDMA 方式具体应用到 VSAT 系统中来讲述的。在 VSAT 系统中的 TDMA 方式与传统的 TDMA 方式是有很大的差别的。主要的应用有 P-ALOHA，S-ALOHA，R-ALOHA，SREJ-ALOHA 以及 AA/TDMA 等方式。下面介绍几种 VSAT 的 TDMA 方式。

（1）P-ALOHA。P-ALOHA 是一种为交互计算机传输信号而设计的时分多址方式。在网中的各地面站都有三个控制单元，其作用是将数据分成若干段，每一数据段前面加一个报头，称为分组报头。报头中含有收、发双方的地址及某些控制比特，共 32 bit，其后的信息数据比特为 640 bit。在这段数据后加上强有力的检错编码（32 bit），就构成了一个数据分组，如图 6-19 所示。在对检错码的检错能力要求高时，有的数据分组采用两段检错码，前面一段检错码专门检测分组报头，后一段检测整个数据分组，一般要求分组报头差错率小于 10^{-6}，数据段差错率小于 10^{-7}。

报　头	数　据	检　错　码
32 bit	640 bit	32 bit

图 6-19　P-ALOHA 数据分组结构

此种方式中发射控制主要留下发送"副本"，接收检测信息，经检验没有发现差错，使发出应答信号（ACK）；若发端未收到应答，发端应重发，直到收到 ACK。如多次不成功应停发，查找原因。

此种方式有一个弱点就是可能发生重叠,即碰撞。因为 P-ALOHA 系统有一个显著的特点:全网不需要定时和同步,各站发射时间完全是随机的。当发送数据分组数目不多时,P-ALOHA 工作会很出色,而且有一定的抗干扰能力,但当数据业务量大,数据分组数目多时,发生重叠碰撞的次数(概率)也会增加,甚至会使系统进入阻塞,呈现瘫痪状态。

(2) S-ALOHA。S-ALOHA 是在前一种方式的基础上,对发射时隙控制从地面站移到空中。其基本特征是,以转发器输入口为参考点的时间轴上等间隔分成众多时隙,这样,各站发射时隙不是随机的,这种系统需要的定时由系统统一时钟同步系统完成。这种系统的优点是碰撞概率比前一种要小,数据流通量大一倍,但需要全网定时同步系统,分组持续时间固定。

(3) SREJ-ALOHA 系统。这是 P-ALOHA 的修正,称为选择拒绝 ALOHA,当多个分组发生碰撞时,只重发信息重叠部分。这是一种较好的非时隙随机多址方式,具有 P-ALOHA 系统不用定时同步和适于可变长度报文这两个重要优点。此种系统在实际应用中,对每个分组需要再分组,无形中增加了报文长度和重叠的发生。综合各种因素,SREU-ALOHA 的实际工作性能比 S-ALOHA 优越。

P-ALOHA,S-ALOHA 以及 SREJ-ALOHA 三者均为随机争用卫星信道,它们共同的特点是延迟小,易于传送突发信息,对于业务量不大的信息网络是一种较好的通信方式。但它们的信息量均不高,会发生重叠和碰撞。这三种方式的比较如表 6-2 所示。

表 6-2 三种 ALOHA 多址方式表示

多址方式	最大信道流通量	延迟	稳定性	VSAT 成本/复杂性	特　点
P-ALOHA	0.13~0.18	短	差	很低	简单,适合短且长度可变信号
S-ALOHA	0.25~0.368	短	好	中等	最简单的时隙技术,适于固定长度信息
SREJ-ALOHA	0.2~0.3	短	中等	低	适于短到中等且长度可变信息,流通量与 S-ALOHA 可比

(4) R-ALOHA。这是一种预约的时分多址方式,它以牺牲传输时延来取得较高的信息流通量。它的工作原理是:当 VSAT 要发送数据时,用 TDMA 先向主站的中心处理器提出申请,中心处理器指定被发数据将占用的时隙,同时禁止其他各站在此时隙内发射信息,于是,数据分组即在指定的时隙内发送,不会发生碰撞。由于一个分组在发送前要经过预约申请和时隙指定两个阶段,因此这种方式延迟增加,至少为单跳的三倍左右,特别是要经过预约登记排队还会增加延迟。这也是此种方式的缺点,而且信道的稳定性也还有待研究解决。

经理论分析,R-ALOHA 系统的优点是解决了长、短消息兼容,提高了信道利用率(可达到 83.3%),但是缺点也很明显,其平均延迟较长,可达 270×3 ms,而且稳定性还未解决。

(5) AA/TDMA 方式。AA/TDMA 系统是一种自适应 TDMA,它对于交互或信息或批量数据都适用，其原理是综合了交互式的 S-ALOHA 方式(减少时延)和 R-ALOHA 方式(传送批量数据业务获得高流通量)。

4. VSAT 网组成

VSAT 通信网由 VSAT 小站、主站和卫星转发器组成。

1) 主站

主站也叫中心站或中央站，是 VSAT 网的心脏。它与普通地球站一样，使用大型天线，天线直径一般约为 3.5～8 m(Ku 波段)或 7～13 m(C 波段)。在以数据业务为主的 VSAT 卫星通信网(下面简称数据 VSAT 网)中，主站既是业务中心也是控制中心。主站通常与主计算机放在一起或通过其他(地面或卫星)线路与主计算机连接，作为业务中心(网络的中心节点)；同时在主站内还有一个网络控制中心(NCC，Network Control Center)负责对全网进行监测、管理、控制和维护。在以话音业务为主的 VSAT 卫星通信网(下面简称话音 VSAT 网)中，控制中心可以与业务中心在同一个站，也可以不在同一个站，通常把控制中心所在的站称为主站或中心站。由于主站涉及整个 VSAT 网的运行，其故障会影响全网正常工作，故其设备皆有备份。为了便于重新组合，主站一般采用模块化结构，设备之间采用高速局域网的方式互连。

2) VSAT 小站

VSAT 小站由小口径天线、室外单元(ODU，Out Door Unit)和室内单元(IDU，In Door Unit)组成。在相同的条件下(例如相同的频段、相同的转发器条件)话音 VSAT 网的小站为了实现小站之间的直接通信，其天线明显大于只与主站通信的 VSAT 小站。

3) 卫星转发器

一般采用工作于 C 或 Ku 波段的同步卫星透明转发器。在第一代 VSAT 网中主要采用 C 波段转发器，从第二代 VSAT 开始，已采用 Ku 波段为主的转发器。具体采用何种波段不仅取决于 VSAT 设备本身，还取决于是否有可用的星上资源，即是否有 Ku 波段转发器可用，如果没有，那么只能采用 C 波段。

5. VSAT 系统的发展

VSAT 系统主要在以下 4 个方面进行改进。

(1) 降低成本和安装费用。在端站和枢纽站中，利用微波集成电路、数字集成电路、小口径天线和安装方面的新技术进行批量生产，重视软件开发和微处理机的应用，从而提高设备性能且降低成本。

(2) 扩大业务范围。除数据通信业务外，VSAT 系统将逐渐开设压缩编码的话音业务和电视业务。改进数字调制、解调技术和误差编码技术，使话音编码的速率降低到 16 kb/s 以下，视频编码的速率降成 56 kb/s，研制能够满足通信质量要求的更低速率，如 9.6 kb/s、4.8 kb/s、2.4 kb/s 的话音编码器。

(3) 能与各种用户设备、地面网进行连接。由于将来的 VSAT 系统应能与地面上的 ISDN 网连接，因此应当考虑 VSAT 系统接口的标准化。发展对各种接口，如网络之间的接口、国内与国际网间的接口、与移动通信的接口等都能连接，发展成全连接型 VSAT 网络系统。

(4) 开发新的使用、管理、维护更为方便、灵活的网络系统。卫星通信的发展必然会对

VSAT 系统的发展产生很大影响。例如,将来的通信卫星具有更大的功率、多个点波束、星上处理和交换、卫星间的直接连接等特点。目前正在使用或即将使用的 INTELSAT - Ⅷ 代通信卫星 INMARSAT - M、B 等卫星已部分地或大部分地具备了上述特点。这必然满足和推动了 VSAT 系统的发展。

总之,VSAT 系统主要在减小天线直径,降低设备成本,提高系统性能,架设灵活,以及开展双向交互式话音、数据、图像业务等方面迅速发展。

6.6.2 移动卫星通信系统

自 1982 年 Inmarsat 正式提供商业通信以来,移动卫星通信引起了世界各国的浓厚兴趣和极大关注。20 世纪 80 年代后期,人们相继提出了个人通信网(PCN)和个人通信业务(PCS)的新概念,从而促进了移动卫星通信的发展。

基于地面移动通信的飞速发展及个人通信概念的提出,移动卫星通信已在通信领域引起强烈反响,并相继提出了许多相同或不相同的系统,其中比较著名的有 Motorola 公司的 lridum(铱)系统、Qualcomm 等公司的 Globalstar(全球星)系统、TRW 公司的 Odyssey(奥得赛)系统、Teledesic 等公司提出的 Teledesic 系统,以及 Inmarsat 和其他公司联合提出的 ICO(中轨道)系统。

移动卫星通信系统尽管多种多样,但若从卫星轨道来看,一般可分为静止轨道、中轨道以及低轨道三类。

1. 静止轨道移动卫星通信系统

利用静止轨道卫星建立的移动卫星通信系统是移动卫星通信系统中最早出现并投入商用的系统,Inmarsat 系统就是一个典型的代表。此后,又相继出现澳大利亚的 MSAT(Mobilesat)系统、北美的 MSS 系统,以及亚太地区的 APMT 系统。由于静止轨道高,传输路径长,信号时延和衰减都非常大,因此多用于船舶、飞机、车辆等移动体,极少考虑到个人通信的需求。事实上,静止轨道系统对个人通信的实现,也存在着巨大的困难,其中最大的问题就是个人终端问题。众所周知,个人终端与车载终端的性能参数相差很大,以致对卫星性能的要求也相差很大。值得一提的是,拟建的 APMT 系统虽然采用静止轨道卫星,但却期望系统能支持个人手持机的工作。当然,要实现这一目标,对通信卫星的性能要求就会提高。例如 APMT 为了支持手持机工作,其星体 L 波段的天线直径将为 $13\sim16$ m。卫星性能的提高,意味着投资费用的增加。对于 APMT 的运营商而言,系统的经济测算、市场调研、效益分析等都是一系列必须予以正视的关键问题。

2. 低轨道移动卫星通信系统

低轨道移动卫星通信系统是 20 世纪 80 年代后期提出的,也是目前移动卫星通信发展的一大热点,竞争十分激烈。因为这种系统中的卫星离地球表面高度较低,一般为 $500\sim2000$ km,所以叫作低轨道卫星。由于卫星离地球表面较近,每颗卫星能够覆盖的地球表面就比静止卫星的覆盖区要小很多,但仍比地面上移动通信的基站覆盖的面积大得多,从而使系统中卫星的覆盖区能布满整个地球表面。

低轨道卫星移动通信系统与地面蜂窝式移动电话系统的基本原理相似,都采用划分小区和重复使用频率的方法进行通信;不同的是低轨道卫星移动通信系统相当于把地面蜂窝式移动电话系统的基站安装在天空上，一个卫星就相当于一个基站。由于形成覆盖区的天线和无线电中继器等都安装在卫星上，因此随着卫星的移动，基站、天线等都是不停地移动着的。

在低轨道卫星移动通信网内，分配给低轨道卫星使用的频率范围分为 L 和 K 两个频带。其中，L 频带是卫星直接与移动电话用户设备进行连接的频段，具体采用的频率为 $1.6\sim1.7$ GHz，由于这个频率是电波窗口范围中最低的，因此传播损耗较小。而 K 频带则用于卫星之间直接连接的通路工作频率，以及卫星与地球上的出口局、入口局、汇接局等之间的连接通路工作频率，具体的频率范围为 $18\sim30$ GHz 之间的某个频段。

L 频带的波束是用相控阵天线发出的，可以形成 48 个互不重叠的点波束，即在地面上形成 48 个覆盖小区。其中，每个波束都是独立工作的，可以覆盖的地面小区直径约为 689 km，能为 236 个同时使用移动电话的用户服务。整个卫星移动通信系统共占用 14 MHz 频带宽度，可以提供 283 000 个信道。由此可见，频带的利用率是很高的，这是因为采用了频率重复使用技术的缘故。

低轨道系统一经提出，立即反响巨大，并提出了许多不同的系统。

Iridium 系统(铱系统)是最早提出的低轨道系统，它采用近极地轨道，轨道高度为 780 km，轨道倾角为 $86.4°$。经优化后，整个系统的卫星数已由原设计的 77 颗减少到现在的 66 颗，这些卫星被均匀分布在 6 个轨道面上。

系统的主要特点是：有星际电路；具有星上处理和星上交换功能。这些特点使性能极为先进，同时也增加了系统的复杂性，提高了成本。Iridium 系统所需的工作卫星和备用卫星均已陆续发射完毕。除了提供电话业务外，还提供传真、全球定位(GPS)、无线电定位以及全球寻呼业务。

Globalstar 系统与 Iridium 一样都是低轨道系统，但系统结构和采用技术却很不同。Globalstar 系统设计简单，既没有星际电路，也没有星上处理和星上交换，仅仅作为地面蜂窝系统的延伸，从而扩大了移动通信系统的覆盖，因此降低了系统资源，而且也减少了技术风险。Globalstar 由 48 颗卫星组成，均匀分布在 8 个轨道面上，轨道高度为 1389 km。主要特点是：系统设计简单，可降低卫星成本和通信费用；移动用户可利用多径和多颗卫星的双重分集接收，提高接收质量；频谱利用率高；地面关口站数量较多。

Teledesic 系统是一个着眼于宽带业务发展的低轨道移动卫星通信系统。系统由 840 颗卫星组成，均匀分布在 21 个轨道平面上。由于每个轨道面上另有 4 颗备用卫星，实际卫星数为 44 颗，因此整个系统的卫星数达到 924 颗。据称，经设计简化后，Teledeisc 系统已将卫星数降至 288 颗。Teledesic 系统的每颗卫星可提供 10 万个 16 kb/s 的话音信道，整个系统峰值负荷时，可提供超出 100 万个同步全双工 E1 速率的连接。因此，该系统不仅可提供高质量的话音通信，同时还能支持电视会议、交互式多媒体通信，以及实时双向高速数据通信等宽带通信业务。

Teledesic 系统主要特点是：

(1) 系统用户终端最小俯角均大于 $40°$；

(2) 采用太阳同步轨道，轨道倾角设计为 $98.2°$；

(3) 具有快速分组交换功能，吞吐量高达 5 Gb/s；

(4) 具有自适应路由分配能力。

3. 中轨道移动卫星通信系统

中轨道移动卫星通信系统也是近几年来提出的，由于它兼有静止轨道和低轨道的优点，并能克服相应轨道的不足，所以颇具吸引力。比较典型的中轨道系统是 ICO 系统和 Odyssey 系统。两者具有许多相同或相近的性能，比如轨道高度、系统卫星数、用户终端工作仰角等，但由于系统设计不同，仍有许多差别。中轨道系统与静止轨道系统、低轨道系统相比，具有其独特的优点。

习 题

1. 卫星通信系统由哪几部分组成？
2. 简述卫星通信的主要优缺点。
3. 什么是多址连接？它与多路复用有什么相似之处？又有什么不同？
4. 卫星通信正在使用的工作频段有哪几个？
5. 点波束与覆球波束有何区别？
6. 星上跟踪、遥测、指令分系统的作用是什么？
7. 信道的分配方式有哪几种？各有什么特点？
8. 卫星发射到静止轨道上后，为什么还要对卫星进行位置控制和姿态控制？
9. 简述频分多址、时分多址、码分多址、空分多址的各自主要特点。
10. 地面站应由哪几个分系统组成？
11. 解释 G/T 值的含义。
12. 地面站天线的主要要求有哪些？常用的天线有哪些类型？
13. 试述 ALOHA 系统的基本工作原理和特点。
14. 试画出典型的 VSAT 网络设备组成示意图，并说明各部分的功能。

第七章　移动通信系统

7.1　移动通信的定义与特点

所谓移动通信，系指通信双方或至少一方是在运动中进行信息交换的。例如移动体（车辆、船舶、飞机）与固定点之间，或移动体之间，以及人与人之间或人与移动体之间的信息交换。这里所讲的信息交换不仅指双方的通话还包括数据、图像等信息的传递交换。

7.1.1　移动通信的特点

移动通信采用的是无线通信方式，可以应用于任何条件下，特别是在有线通信不可及的情况（如无法架线、埋电缆等）。由于是无线方式，而且是在移动中进行通信，因此形成了它的许多特点。

1. 移动性

物体在移动状态中的通信必须是无线通信，或无线通信与有线通信的结合。

2. 电波传播条件复杂

因移动体可能在各种环境中运动，电磁波在传播时会产生反射、折射、绕射、多卜勒效应等现象，产生多径干扰、信号传播延迟和展宽等效应。

3. 噪声和干扰严重

在城市环境中的汽车火花噪声、各种工业噪声，移动用户之间的互调干扰、邻道干扰、同频干扰等。

4. 系统和网络结构复杂

移动通信系统是一个多用户通信系统或网络，而且该系统必须使用户之间互不干扰能协调一致地工作。此外，移动通信系统还应与市话网、卫星通信网、数据网等互连，整个网络结构是很复杂的。

7.1.2　移动通信的分类

随着移动通信应用范围的不断扩大，移动通信系统的类型越来越多，其分类方法也多种多样。

1. 按设备的使用环境分类

按设备的使用环境主要有陆地移动通信、海上移动通信和航空移动通信三种类型。作为特殊使用环境，还有地下隧道矿井、水下潜艇和太空航天等移动通信。

2. 按服务对象分类

按服务对象分类，有公用移动通信和专用移动通信两种类型。在公用移动通信中，目前我国有中国移动、中国联通经营的移动电话业务。由于它是面向社会各阶层人士的，因此称为公用网。专用移动通信是为保证某些特殊部门的通信所建立的通信系统，由于各个部门的性质和环境有很大区别，因而各个部门使用的移动通信网的技术要求有很大差异，例如公安、消防、急救、防汛、交通管理、机场调度等。

3. 按系统组成结构分类

（1）集群移动通信。集群移动通信是一种专用调度系统，它采用大区制组网结构。它由控制中心、基站、调度台、移动台(车载台、手持机)组成。它的特点是只有一个基站，天线高度为几十米至百余米，覆盖半径为 $30 \sim 50$ km，发射机功率可高达 200 W。用户数约为几十到几百，可以是车载台，也可以是手持台，它们可以与基站通信，也可以通过基站与其他移动台及市话用户通信，基站与市话网采用有线网连接。

（2）蜂窝移动通信。它的特点是把整个大范围的服务区划分成许多小区，每个小区设置一个基站，负责本小区各个移动台的联络与控制，各个基站通过移动交换中心相互联系，并与市话局连接。利用超短波电波传播距离有限的特点，离开一定距离的小区可以重复使用频率，使频率资源可以充分得到利用。每个小区的用户可在 1000 户以上。

（3）卫星移动通信。利用卫星转发信号也可实现移动通信。对于车载移动通信可采用赤道固定卫星，而对于手持终端，采用中低轨道的多颗卫星较为有利。

（4）无绳电话系统。无绳电话系统是一种市话网延伸的双工系统，它基于两个模拟音频通道进行工作，它能够实现在小范围内的无线通信。

7.1.3 移动通信的工作方式

按通话状态和频率使用方法可将移动通信的工作方式分为单工制、半双工制和双工制三类。

1. 单工制

单工制通信系统根据使用频率的情况分为同频单工和异频单工两种。图 7 - 1(a)所示为同频单工的情况。同频是指通信的双方，使用相同工作频率 f_1；单工是指通信双方的操作采用"按一讲"方式。平时双方的接收机均处于守听状态。如果 A 方需要发话，可按压"按一讲"开关，A 方关掉接收机，使其发射机工作，这时由于 B 方接收机处于守听状态，即可实现由 A 至 B 的通话；同理，也可实现由 B 至 A 的通话。在该方式中，同一部电台（如 A 方）的收发信机是交替工作的。故收发信机可使用同一副天线，而不需要使用天线共用器。

这种工作方式，设备简单，功耗小，但操作不便，如使用不当，会出现通话断断续续的现象。此外，若在同一地区多部电台使用相邻的频率，相距较近的电台间，将产生严重的干扰。

双频单工是指通信的双方使用两个频率 f_1 和 f_2，而操作仍采用"按一讲"方式，一个频率用于接收，一个频率用于发射，如图 7 - 1(b)所示。两个频率之间具有一定的频率间隔。同一部电台(如 A 方)的收发信机也是交替工作的,只是收发各用一个频率,其优缺点大致与单频单工相同。单工制适用于用户少、专业性强的移动通信系统中。

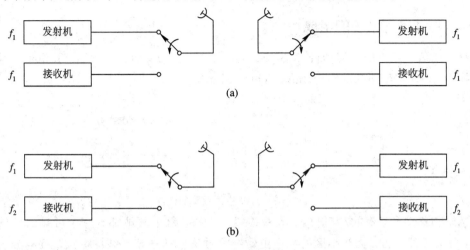

图 7 - 1 单工方式
(a) 同频单工方式;(b) 异频单工方式

2. 半双工制

半双工制是指通信的双方,有一方(如 A 方)使用双工方式,即收发信机同时工作,且使用两个不同的频率 f_1 和 f_2;而另一方(如 B 方)则采用双频单工方式,即收发信机交替工作,如图 7 - 2(a)所示。平时,B 方是处于守听状态,仅在发话时才按压"按-讲"开关,切断收信机使发信机工作。其优点是:设备简单、功耗小、克服了通话断断续续的现象。但操作仍不太方便。所以半双工制主要用于专业移动通信系统中,如汽车调度等。

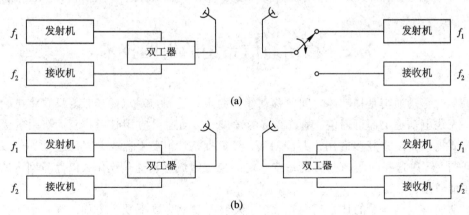

图 7 - 2 双工方式
(a) 半双工方式;(b) 全双工方式

3. 双工制

双工制指通信的双方,收发信机均同时工作,即任一方在发话的同时,也能收听到对方的话音,无需按压"按-讲"开关,与普通市内电话的使用情况类似,操作方便,如图7 - 2(b)所示。但是采用这种方式,在使用过程中,不管是否发话,发射机总是工作的,故电能消耗大。这一点对以电池为能源的移动台是很不利的。为此,在某些系统中,移动台的发射机仅在发话时才工作，而移动台接收机总是工作的，通常称这种系统为准双工系统，它可以和双工系统相兼容。目前，这种工作方式在移动通信系统中获得了广泛的应用。

7.1.4 移动通信系统的组成

移动通信系统一般由移动台(MS，Mobile Station)、基站(BS，Base Station)、移动业务交换中心(MSC，Mobile Switching Center)等组成，如图 7 - 3 所示。

图 7 - 3 移动通信系统的组成

基站和移动台设有收/发信机和天线馈线等设备。每个基站都有一个可靠通信的服务范围，称为无线小区。无线小区的大小主要由发射功率和基站天线的高度决定，分为大区制和小区制两种。大区制是指一个城市由一个无线区覆盖，此时基站发射功率很大，无线覆盖半径可达 25 km 以上。小区制一般是指覆盖半径为 2～10 km 的多个无线区联合而成的制式，此时的基站发射功率很小。目前小区制发展方向是将小区划小，成为微区、宏区和毫区，其覆盖半径降至 100 m 左右。

移动交换中心主要用来处理信息和整个系统的集中控制管理。移动交换中心还因系统不同而有几种名称，如在美国的 AMPS(Advanced Mobile Phone Service)系统中被称为移动交换局 MTSO(Mobile Telephone Switching Office)，而在北欧的 NMT - 900(Nordic Mobile Telephone - 900)系统中被称为移动交换机 MTX(Mobile Telephone eXchange)。

7.2 移动通信系统的组网技术

最早的移动通信是移动体之间或移动体与固定点之间点对点的通信，只要将电台设定在同一无线电信道上即可通信。随着经济的发展，移动通信应用日益广泛，有限的无线电频率需要提供给越来越多的用户共同使用，频道拥挤，相互干扰成为阻碍移动通信发展的首要问题。解决这些问题的办法就是按一定的规范组成移动通信网络，以保障网内所有用户有序地通信。

移动通信组网涉及的技术问题非常多，大致可以分为以下几个方面。首先是频率资源的管理与有效利用。频率是人类所共有的一种特殊资源，需在全球范围内统一管理，在不同的空间域、时间域和频率域可以采用多种技术手段来提高它的利用率。其次是有关区域覆盖和网络结构方面的问题。随着移动通信服务区域的扩大，需有合理方法对全服务区进行划分并组成相应的网络，根据各种不同的业务需求，网络结构也有所不同。为保证全网用户有序地进行通信，必须对网内的设备实施各种控制，这些控制信号的总体称为信令系统，是通信网的重要组成部分。在信令的控制之下，要适时地将主叫用户与被叫用户的线路(有线和无线链路)连接起来，这就是网络的交换。这些都是移动通信组网的共性问题，在此将逐一加以阐述。当然，移动通信组网涉及的技术问题还远不止这些，并且还在不断发展之中，读者可参阅专门的书籍。

7.2.1 频率管理与有效利用技术

无线通信是利用无线电波在空间传递信息的，所有用户共用同一个空间，因此不能在同一时间、同一场所、同一方向上使用相同频率的无线电波。某一用户发射了某一频率的电波就要限制其他用户使用相同的频率，否则就会形成干扰。当前移动通信发展所遇到的最突出问题，就是有限的可用频率如何有效地提供给越来越多的用户使用，并且不产生相互干扰，这就涉及到频率的管理与有效利用。

1. 频率管理

无线电频率资源是人类所共有的一种特殊资源，它并非取之不尽用之不竭的，和其他资源相比，它有一些特殊的性质，例如无线电频率资源是非消耗性的，用户只是在某一空间和时间内占用，用完之后依然存在，不使用或使用不当都是浪费，这和煤炭、石油等资源的不可再生性是有本质上区别的。其次，电波传播不分地区与国界。另外，它还具有时间、空间和频率的三维特性。了解了频率资源的这些特性后，我们就可以从与此相对应的三方面实施有效利用，提高其利用率。除此之外，无线电在空间传播时易受到来自大自然和人为的各种噪声及电磁干扰的污染。考虑到以上这些特点，频率的分配和使用需在全球范围内制定统一的规则。

在国际上，由国际电信联盟(ITU, International Telecommunication Union)通过召开世界无线电行政大会，制定无线电频率分配、使用规则，包括各种无线电系统的定义，国际频率分配表和使用频率的原则、频率的分配和登记、抗干扰的措施、移动业务的工作条件以及无线电业务的分类等。国际频率分配表按照大区域和业务种类来确定。全球被划分为三个大区域：第1区是欧洲、非洲和俄罗斯、中亚五国及蒙古国；第2区是南北美洲(包括夏威夷)；第3区是亚洲(除第一区的亚洲部分)和大洋洲。业务类型划分为固定业务、移动业务(分陆、海、空)、广播业务、卫星业务和遇险呼叫等。

世界各国以国际频率分配表为基础，根据本国的具体情况，制定本国频率分配表和无线电使用规则。我国位于第3区，结合我国具体情况作些局部调整，分配给民用移动通信的频段主要有 150 MHz、450 MHz、900 MHz 和 1800 MHz。例如对讲电话、单频组网话机、双频组网话机、无线电寻呼、无绳电话、无线话筒和蜂窝移动电话网等的使用频率均有具体的明确规定。

本章所关心的移动通信网，按规定工作在 VHF(Very High Frequency，甚高频)频段的，收发频差为 4.7 MHz；工作在 UHF(Ultra High Frequency，超高频)450 MHz 频段的，收发频差为 10 MHz；工作在 UHF 900 MHz 频段的，收发频差为 45 MHz；工作在 UHF 1800 MHz 频段的，收发频差为 95 MHz。并规定基站对移动台(下行链路)的发射频率要高接收频率要低，反之移动台对基站(上行链路)的发射频率要低接收频率要高。

国家统一管理频率的机构是国家无线电管理委员会，移动通信组网必须遵守国家有关的规定且接受当地无线电管理委员会的具体管理。

2. 无线信道

信道是对无线通信中发送端和接收端之间的通路的一种形象比喻，对于无线电波而言，它从发送端传送到接收端，其间并没有一个有形的连接，它的传播路径不可能只有一条，但是我们为了形象地描述发送端与接收端之间的工作，我们想象两者之间有一个看不见的道路衔接，把这条衔接通路称为信道。信道有一定的频率带宽，正如公路有一定的宽度一样。

无线信道中电波的传播不是单一路径来的，而是许多路径来的众多反射波的合成。由于电波通过各个路径的距离不同，因而各个路径的反射波到达时间也不同，也就是各信号的时延不同。当发送端发送一个极窄的脉冲信号时，移动台接收的信号由许多不同时延的脉冲组成，我们称为时延扩展。

同时，由于各个路径的反射波到达时间不同，相位也就不同。不同相位的多个信号在接收端叠加，有时叠加加强了信号（方向相同），有时叠加减弱了信号（方向相反）。这样，接收信号的幅度将急剧变化，即产生了快衰落。这种衰落是由多径引起的，所以称为多径衰落。

此外，接收信号除瞬时值出现快衰落之外，场强中值（平均值）也会出现缓慢变化。主要是由地区位置的改变以及气象条件变化造成的，以致电波的折射传播随时间变化而变化，多径传播到达固定接收点的信号的时延随之变化。这种气象等原因引起的信号变化，称为慢衰落。

综上所述，无线信道包括了电波的多径传播，时延扩展，衰落特性等。在移动通信中，我们要充分考虑这些特性以便采取相应的解决方案。

3. 有效利用技术

频谱资源是有限的，必须合理有效地利用频谱资源。频率的有效利用是根据其时间域、空间域和频率域的三维性质，从这三个方面考虑采用多种技术来设法提高它的利用率。

（1）信道的窄带化。这样可以得到更多的载波信道，可选的一种信道的配置方法如图7－4所示。

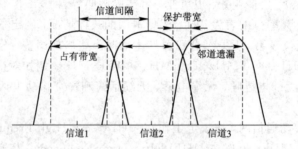

图 7－4　无线信道的配置

（2）复用技术。例如同频复用技术就是在某一地区（空间）使用某一频率之后，只要能够控制电波辐射的方向和功率，在相隔一定距离的另一地区可以重复使用这一频率。蜂窝移动通信网就是根据这一概念组成的。另外，时间复用技术是指在同一地区中，所有用户共用多个信道，某用户使用时则占用一个空闲信道，用完后该信道再被释放出来给大家共用。

（3）多址技术。应用宽带多址技术，可使一个载波信道上传输多个用户信息，从而增加了系统容量。

7.2.2 区域覆盖与网络结构

任何移动通信网都有一定的服务区域，无线电波辐射必须覆盖整个区域。由 VHF 和 UHF 的传播特性知道，一个基站能在其天线高度的视距范围内为移动用户提供服务，这样的覆盖区称为一个无线电区，或简称小区。通信网的服务范围若很大，或者地形很复杂，则需用几个小区才能覆盖整个服务区。例如公路、铁路、海岸等就需用若干个小区的带状网络才能进行覆盖，如图 7 - 5 所示。由几个小区组成一群，群内不能使用相同信道，不同的群间可采用"同频复用"技术，即信道再用的空间域频率有效利用技术。此外，影响小区组成方式的还有地形、地物和用户分布等等。一般来说，移动通信网的区域覆盖方式分为两类，一类是小容量的大区制，另一类是大容量的小区制。这种大小区制的概念在移动通信中很重要，在前面也多次提到过，下面再加以比较详细的讨论。

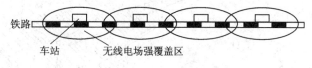

图 7 - 5 带状网络

1. 大区制

所谓大区是指在一个比较大的区域中，只用一个基站覆盖全地区的，不论是单工或双工工作，单信道还是多信道，都称这种组网方式为"大区制"，以别于后面所称的小区制。如图 7 - 6 所示，大区制的特点是只有一个基站，服务（覆盖）面积大，因此所需的发射功率也较大。大区制多用于专用网或小城市的公共网。由于只有一个基站，其信道数有限（因为可用频率带宽有限），因此容量较小，一般只能容纳数百至数千个用户。

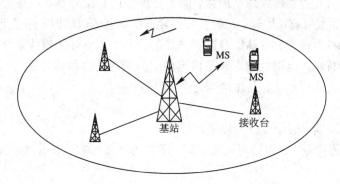

图 7 - 6 大区制的分集接收

2. 小区制

所谓小区是相对于大区而言的，由于大区制的主要缺点是系统容量不高，为了适合大城市或更大区域的服务，必须突破这一限制。采用小区制（Cellular System）组网方式，可以在有限的频谱条件下，达到大容量的目的，如图 7 - 7 所示。

小区制的概念如下：将所要覆盖的地区划分为若干小区，每个小区的半径可视用户的分布密度在 1～10 km 左右，在每个小区设立一个基站为本小区范围内的用户服务。这和大区制中的基站一样，本小区内能服务的用户数仍由这个基站的信道数来决定，但每一个小区和其他小区可再重复使用这些频率，称为频率再用(Frequency Reuse)。由于相隔远了，同信道干扰降至可以接受的程度，因此用有限的频率数就可以服务多个小区。用这种组网方式可以构成大区域大容量的移动通信系统，还可以形成全省、全国或更大的系统。

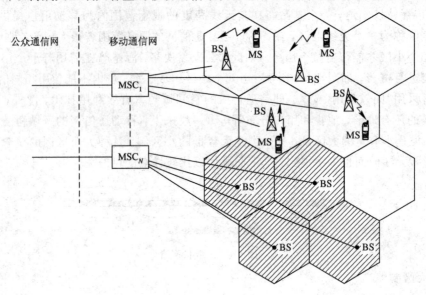

图 7-7 小区制蜂窝网

7.2.3 信令

1. 信令的功能及类型

作为一个电话通信系统或通信网络，除了要传输话音信号外，还有为建立通话所必需的非话音信号，如拨号音、忙音、回铃音等。对于移动电话通信网，除了上述信号外，还要有对信道进行选择的信号、对基地台进行选择的信号、必要时使用的紧急呼叫信号以及多区制网内为不间断通话而设的越区转换信道的信号等等。这些信号称为信令。可见，对于多频道公用的移动通信系统，上述信号是必不可少的。

1) 信令分类

按照功能的不同，信令可分为以下四种信号：

(1) 状态标志信号，它包括对频道示闲、示忙的频道标志，表示用户摘机、挂机状态用的信号标志等。

(2) 操作指令信号，这种信号用于启动某种特定的操作，如使用户振铃和向一个方向发回铃音的指令，给用户送拨号音的指令及转频指令等。

(3) 选择呼叫信号，这种信号用于识别用户，也称为本机识别。不同用户有自己的识别号码，用以接收选呼及主叫时作为计费依据等。

(4) 拨号信号，这种信号为主叫用户发给被叫用户的地址码，码的位数由编号计划决定。

2) 信令的形式

从信令的形式看，可分为模拟信令和数字信令两类。

(1) 模拟信令。模拟信令通常是用话音频带(300~3400 Hz)内的各种单音来表示各种信令。常见的有单音码(STMF，Single Tone Multi-Frequency)和双音码(DTMF，Dual Tone Multi-Frequency)信令。单音码信令是用若干单音来表示选呼、拨号、示忙、频道占用、用户摘机、挂机等。双音码信令是指由两个单音的组合表示一种信令功能。

模拟音频信令在市话网中原来就使用，为了与市话网接续方便，移动通信业务也沿用模拟音频信令。在系统中是采用音频表示一个信令，还是用两个音频代表一个信令，视不同的系统而异。

(2) 数字信令。上面介绍的模拟信令传输速度慢，占用设备时间长，容易模仿，也容易由于语音中带有某些频率成分而导致误动作。克服上述缺点的有效办法是采用数字信令。尤其是大规模集成电路的发展，使设计数字信令电路大大简化。由于其接续快，在中、大容量移动通信系统中得到广泛应用。因此，下面将着重介绍数字信令。

2. 数字信令的构成与传输特点

1) 数字信令构成

为便于收端解码，对所传输的数字信令必须按一定格式编排。一种典型的数字信令格式如图 7 - 8 所示。它包括前置码(P)、字同步(SW)、地址或数据(A 或 D)、纠错码等四部分。

前置码(P)	字同步(SW)	地址或数据(A或D)	纠错码

图 7 - 8　数字信令基本格式

(1) 前置码(P)，它又称位同步，用于提供位同步信息，使移动用户接收机比特同步，并确定每一码位的起始和终止时刻。为便于收端提取位同步信息，前置码一般采用 1010 ……间隔码。

(2) 字同步码(SW)，它是信息(报文)的起始位，也称帧同步。对于作同步码的码组，通常要求它具有尖锐的自相关函数，以便与随机的数字信息相区别。常用巴克码作为同步码。

(3) 地址和数据码(A 和 D)，它是要传送的信息内容，通常包括控制、选呼、拨号等信令。不同系统有不同的规定和位数。

(4) 纠错码(SP)，纠错码与信令共同构成纠错编码。它是在信令码元序列中加入监督码元，故也称差错控制编码。不同的编码方法有不同的检错或纠错能力，一般来说，监督码元所占比例越大，检(纠)错能力就越强。监督码元的多少常用多余度来衡量，但纠错或检错是以降低信息传输速率为代价来提高其传输可靠性的。常用的检(纠)错编码有奇偶监督码、二维奇偶监督码、正反码、汉明码等。

2) 数字信令传输特点

为了在无线信道上传输数字信令，必须进行调制。对于低速(小于几百 bit/s)的数字信令，常采用两次调制法，第一次采用 FSK(Frequency Shift Keying，频移键控)或 MSK (Minimum Shift Keying，最小移频键控)。对于速率较高的信令，要用基带数字信号对高频载波进行调相，数字信令和话音常使用同一个调相器。调相器输出的是等效调频波。在移动通信中，由于多径效应(特别是在城市内)对所传输的数字信号有展宽作用，因而，数字信令的传输速率不宜过高。

7.3　GSM 移动通信系统

第二代移动通信是以 GSM(Global System for Mobile Communication，全球移动通信系统)、窄带(N-CDMA, Narrow Band Code Division Multiple Access Mobile Communication)两大移动通信系统为代表的。GSM 移动通信系统是基于 TDMA(Time Division Multiple Access，时分多址)的数字蜂窝移动通信系统。GSM 是世界上第一个对数字调制、网络层结构和业务作了规定的蜂窝系统。GSM 是为了解决欧洲第一代蜂窝系统四分五裂的状态而发展起来的。在 GSM 之前，欧洲各国在整个欧洲大陆上采用了不同的蜂窝标准，对用户来讲，就不能用一种制式的移动台在整个欧洲进行通信。另外，由于模拟网本身的弱点，使得它的容量也受到了限制。为此欧洲电信联盟在 20 世纪 80 年代初期就开始研制一种覆盖全欧洲的移动通信系统，即现在被人们称为 GSM 的系统。如今 GSM 移动通信系统已经遍及全世界，即所谓"全球通"。目前我国的移动通信网就是以 GSM 系统为基础的移动通信网络系统。

7.3.1　GSM 系统概述

GSM 系统主要采用了时分多址(TDMA)技术，由此引出了许多不同的特点，并为移动用户提供广泛的业务功能。

1. TDMA 的基本概念

时分多址是在一个宽带的无线载波上，把时间分成周期性的帧，每一帧再分割成若干时隙(不论帧还是时隙都是互不重叠的)，每个时隙就是一个通信信道，分配给一个用户。

系统根据一定的时隙分配原则，使各个移动台在每帧内只能按指定的时隙向基站发射信号(突发信号)，在满足定时和同步的条件下，基站可以在各时隙中接收到各移动台的信号而互不干扰。同时，基站发向各个移动台的信号都按顺序安排在预定的时隙中传输，各移动台只要在指定的时隙内接收，就能在合路的信号(TDM 信号－时分多路信号)中把发给它的信号区分出来。由于 TDMA 系统发射数据是用缓存－突发法，因此对任何一个用户而言发射都是不连续的。

由于 TDMA 要考虑时间上的问题，因此我们要注意通信中的同步和定时问题，否则会因为时隙的错位和混乱而导致接收端移动台无法正常接收信息。

采用 TDMA 带来的优点是抗干扰能力增强，频率利用率有所提高，系统容量增大，基站复杂性减小。TDMA 用不同的时隙来发射和接收，因此不需双工器，同时，越区切换简单(和频分复用(FDMA, Frequency Division Multiple Access)相比较而言)。由于在 TDMA 中移动台是不连续地突发式传输，因此切换处理对一个用户单元来说是很简单的，因为它可以利用空闲时隙监测其他基站，这样越区切换可在无信息传输时进行，因而没有必要中断信息的传输，即使传输数据也不会因越区切换而丢失。

由于 TDMA 的诸多优点，因此我国在第二代移动通信系统(在这里指我国采用的 GSM 系统)中采用了 TDMA 技术。

2. 系统结构

GSM 移动通信系统是一种典型的基于 TDMA 的数字蜂窝移动通信系统，GSM 系统总体结构如图 7-9 所示，主要由以下功能单元组成：

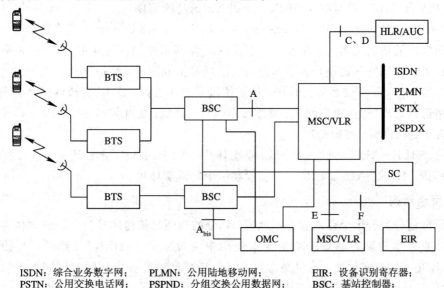

ISDN：综合业务数字网；	PLMN：公用陆地移动网；	EIR：设备识别寄存器；
PSTN：公用交换电话网；	PSPND：分组交换公用数据网；	BSC：基站控制器；
OMC：操作和维护中心；	SC：短信息业务中心；	BTS：基站收发信台

图 7-9 GSM 移动通信系统结构

（1）移动台（MS，Mobile Station）：包括移动设备（ME，Mobile Equipment）和用户识别模块（SIM，Subscriber Identity Model）。根据业务的状况，移动设备可包括移动终端（MT，Mobile Terminal）、终端适配功能（TAF，Terminal Adaptation Function）和终端设备（TE，Terminal Equipment）等功能部件。

（2）基站子系统（BSS，Base Station System）：在一定的无线覆盖区中，由移动业务交换中心（MSC，Mobile Switching Center）控制，与 MS 进行通信的系统设备。一个基站的无线设备可含一个或多个小区的无线设备。BSS 可分为基站控制器（BSC，Base Station Control）和基站收发信机设备（BTS，Base Transceiver Station）。BTS 包括无线传输所需的各种硬件和软件，如发射机，接收机，天线，接口电路及检测和控制装置；BSC 是 BTS 与 MSC 之间的连接点，为 BTS 与 MSC 之间交换信息提供接口，BSC 主要功能是进行无线信道管理，实施呼叫和通信链路的建立和拆除，并为本控制区内移动台的过区切换进行控制。

（3）移动交换中心（MSC，Mobile Switching Center）：对于位于它管辖区域中的移动台进行控制、交换的功能实体。MSC 为所管辖区域中 MS 的呼叫接续，所需检索信息的数据库。

（4）外来用户位置寄存器（VLR，Visitor Location Register）：存储与呼叫处理有关的一些数据，例如用户的号码，所处位置区的识别，向用户提供的服务等参数。

（5）本地用户位置寄存器（HLR，Home Location Register）：管理部门用于移动用户管理的数据库。每个移动用户都应在其归属位置寄存器注册登记。HLR 主要存储两类信息：有关用户的参数和有关用户目前所处位置的信息。

（6）设备识别寄存器（EIR，Equipment Identify Register）：存储有关移动台设备参数的数据库，主要完成对移动设备的识别、监视、闭锁等功能。

（7）鉴别中心（AUC，Authentication Center）：认证移动用户的身份和产生相应鉴权参数（随机数 RAND，符号响应 SRES，密钥 Kc）的功能实体。

（8）操作维护中心（OMC，Operations and Maintenance Center）：网络操作者对全网进行监控和操作的功能实体。当有服务请求及网络外部条件发生变化时，OMC 相应地进行一系列技术与管理方面的操作，当部分系统出现严重故障时，维护系统应在最短的时间内完成必要的操作，重新装载运行程序，使系统恢复正常工作。OMC 完成的网络管理功能主要有网络运营管理（包括用户管理、终端设备管理、计费、统计等），安全管理，操作与性能管理，系统变化控制，维护管理等。

通常，HLR、AUC 合设于一个物理实体中；VLR、MSC 合设于一个物理实体中。MSC、VLR、HLR、AUC、EIR 也都合设在一个物理实体中。

3. 网络结构

全国可划分为若干个移动业务本地网，划分的原则是长途区号为 2 位或 3 位的地区为一个移动业务本地网。每个移动业务本地网中应设立一个 HLR（必要时可增设 HLR，HLR 可以是有物理实体的，也可是虚拟的，即几个移动业务本地网共用同一个物理实体HLR，HLR 内部划分成若干个区域，每个移动业务本地网用一个区域，由一个业务终端来管理）和一个或若干个移动业务交换中心（MSC），还可以几个移动业务本地网共用一个MSC，如图 7 - 10 所示。省内 GSM 移动通信网由省内的各移动业务本地网构成，省内设若干个移动业务汇接中心（即二级汇接中心），汇接中心之间为网球网结构，汇接中心与移动端局之间成星状网。根据业务量的大小，二级汇接中心可以是单独设置的汇接中心（即不带客户，没有至基站的接口，只作汇接），也可兼作移动端局（与基站相连，可带客户）。省内 GSM 移动通信网中一般设置两三个移动汇接局较为适宜，最多不超过四个，每个移动端局至少应与省内两个二级汇接中心相连，如图 7 - 11 所示。任意两个移动交换局之间若有较大业务量时，可建立话音专线。

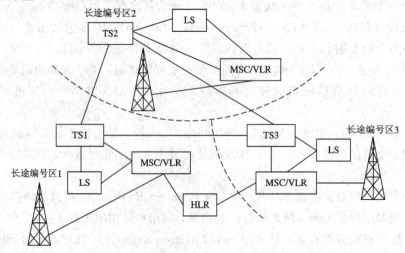

图 7 - 10　移动业务本地网由几个长途编号组成的示意图

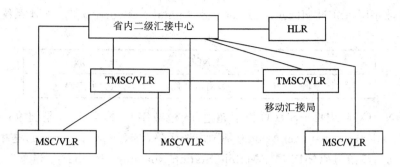

图 7 - 11　省内 GSM 移动通信网的网络结构

4. 识别号码

GSM 网络是十分复杂的，它包括交换系统，基站子系统和移动台。移动用户可以与市话网用户、综合业务数字网用户和其他移动用户进行接续呼叫，因此必须具有多种识别号码。

（1）国际移动用户识别码（IMSI，International Mobile Subscriber Identifier）。国际移动用户识别码是用于识别 GSM/PLMN（GSM/Public Land Mobile Network，GSM/公用陆地移动网络网）中的用户，简称用户识别码，根据 GSM 建议，IMSI 最大长度为 15 位十进制数字。IMSI 的构成如下：

MCC	MNC	MSIN/NMSI
3 位数字	1 或 2 位数字	10 或 11 位数字

MCC（Mobile Country Code）是移动国家码，3 位数字，如中国的 MCC 为 460。MNC（Mobile Network Code）是移动网号，最多 2 位数字，用于识别归属的移动通信网。MSIN 是移动用户识别码，用于识别移动通信网中的移动用户。NMSI（National Mobile Station Identify）是国内移动用户识别码，由移动网号和移动用户识别码组成。

（2）临时用户识别码（TMSI，Temporary Mobile Station Identify）。为安全起见，在空中传送用户识别码时用 TMSI 来代替 IMSI，因为 TMSI 只在本地有效（即在该 MSC/VLR 区域内），其组成结构由管理部门选择，但总长不超过 4 个字节。

（3）国际移动设备识别码（IMEI，International Mobile Equipment Identify）。IMEI 是惟一的，用于识别移动设备的号码，也用于监控被窃或无效的这一类移动设备。IMEI 的构成如下：

TAC	FAC	SNR	SP
6 位数字	2 位数字	6 位数字	1 位数字

TAC（Type Approval Code）是型号批准码，由欧洲型号批准中心分配，前 2 位为国家码。FAC（Final Assembly Code）是最后装配码，表示生产厂或最后装配地，由厂家编码。SNR（Serial Number）是序号码，独立地、惟一地识别每个 TAC 和 FAC 移动设备，所以同一个牌子的同一型号的 SNR 是不可能一样的。SP（Spare）是备用码，通常是 0。

（4）移动台 PSTN/ISDN 号码（MSISDN，Mobile Station Integerited Services Digital Network）。MSISDN 用于公用交换电信网（PSTN，Public Switched Telephone Network）

或综合业务数字网(ISDN, Integrited Services Digital Network)拨向 GSM 系统的号码,其构成如下:

CC	NDC	SN
国家码	国内地区码	用户码

MSISDN＝CC＋NDC＋SN(总长不超过 15 位数字),其中,CC 是国家码(如中国为86),NDC(National Department Code)是国内地区码,SN(Series Number)是用户号码。

(5) 移动台漫游号码(MSRN, Mobile Station Roaming Number)。当移动台漫游到另一个移动交换中心业务区时,该移动交换中心将给移动台分配一个临时漫游号码,用于路由选择。漫游号码格式与被访地的移动台 PSTN/ISDN 号码格式相同。当移动台离开该区后,被访位置寄存器(VLR)和原地位置寄存器(HLR)都要删除该漫游号码,以便再分配给其他移动台使用。MSRN 的分配过程是,市话用户通过公用交换电信网发送 MSISDN 号至 GMSC 和 HLR。HLR 请求被访 MSC/VLR 分配一个临时性漫游号码,分配后将该号码送至 HLR。HLR 一方面向 MSC 发送该移动台有关参数,如国际移动用户识别码(IMSI);另一方面 HLR 向 GMSC 告知该移动台漫游号码,GMSC 即可选择路由,完成市话用户→GMSC→MSC→移动台接续任务。

(6) 位置区识别码(LAI, Location Area Identity)。LAI 用于移动用户的位置更新。位置识别码的格式如下:

MCC	MNC	LAC
移动国家码	移动网号	位置区号码

MCC(Mobile Country Code)用来识别国家,与 IMSI 中的三位数字相同。MNC(Mobile Network Code)用来识别不同的 GSM PLMN 网,与 IMSI 中的 MNC 相同。LAC 用来识别一个 GSM PLMN 网中的位置区。LAC 的最大长度为 16 bit,一个 GSMP LMN 中可以定义 65 536 个不同的位置区。

(7) 小区全球识别码(CGI, Cell Global Identify)。CGI 是用来识别一个位置区内的小区。它是在位置区识别码(LAI)后加上一个小区识别码(CI, Cell Identify)。CGC＝MCC＋MNC＋LAC＋CI。CI 是小区识别码,用以识别一个位置区内的小区,最多为 16 bit。

(8) 基站识别码(BSIC, Base Station Identify Code)。BSIC 用于移动台识别不同的相邻基站,它采用 6 比特编码。

7.3.2 路由及接续

1. 移动用户呼叫固定用户

(1) 移动用户呼叫固定用户。主叫移动用户发起呼叫,如果被呼叫用户是固定用户,则系统直接将被呼用户号码送入固定网(PSTN, Public Switched Telephone Network),固定网将号码连接至目的,如图 7-12 所示。

这种连接方式与固定电话的区别仅仅在于发送端的移动性,就是说移动台先接入移动交换中心,移动交换中心再与固定电话网相连,之后就和平时的电话接续没有什么差别了,由固定电话网接到被呼叫的用户端。

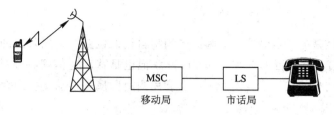

图 7 - 12 移动用户呼叫 MSC 所在地的固定用户

（2）移动用户呼叫外地的固定用户。始呼 MSC 分析(0)XYZ。若 XYZ 与所在 XYZ 不同，则接至长途局，由 PSTN 网进行接续，如图 7 - 13 所示。

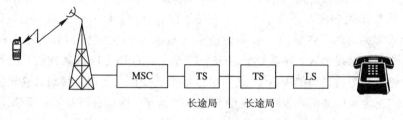

图 7 - 13 移动用户呼叫外地固定用户

2. 固定用户呼叫移动用户

下面说明在固定电话上呼叫移动台(手机)的过程。呼叫处理过程实际上是一个复杂的接续过程，包括交换中心间一些命令的交换和操作处理、识别定位呼叫的用户、选择线路和建立信道的连接等。下面详细介绍这一处理过程。

（1）固定网的用户拨打移动用户的电话号码。

（2）固定电话网(程控交换网)交换机分析用户所拨打的移动用户的号码。固定电话交换中心接到用户的呼叫后，根据用户所拨打的移动用户的号码分析得出此用户是要接入移动用户网，这样就将接续转接到移动网的网关移动交换中心（GMSC, Gateway Mobile Services Switching Center）。

（3）网关移动交换中心分析用户所拨打的移动用户的号码。因为移动交换中心没有被呼用户的位置信息，而用户的位置信息只存放在用户登记的归属寄存器(HLR)和访问登记表(VLR)中，所以移动交换中心分析用户所拨打的移动用户的号码后得到被呼用户所在的归属寄存器的地址和被呼用户的位置信息。这个过程称为归属寄存器查询。

（4）网关移动交换中心找到当前为被呼移动用户服务的移动交换中心。

（5）被呼用户所在的移动交换中心产生一个移动台漫游号码(MSRN)，并给出呼叫路由信息。这里由访问登记表分配的移动台漫游号码是一个临时移动用户号码。该号码在接续完成后即可释放给其他用户使用。

（6）移动交换中心与被呼叫的用户所在基站连接，完成呼叫。网关移动交换中心接收包含移动台漫游号码的信息，并分析它，得到被呼叫的话路信息。最后向被呼用户所在的移动交换中心发送携带有移动台漫游号码的呼叫建立请求消息，被呼用户所在的移动交换中心接到此消息，找到被呼叫用户，通过其所在基站完成呼叫。

3. 移动用户呼叫移动用户

始发 MSC 即为 GMSC，查询被叫移动用户的路由信息即 MSRN 移动台漫游号码，在移动网中选择路由。

4. 位置更新

由于移动台经常处于运动之中，因此必须将自己的位置登记到归属的移动交换局的存储器中，以便网络对移动台的寻呼工作，位置登记也是移动通信网必须具备的功能。位置更新是指当移动用户的位置发生变化时，移动用户所归属的移动交换局存储器对其位置重新登记更新的过程。

（1）同一基站控制的不同小区之间的移动。在某一小区内移动的用户处于开机空闲状态时，移动用户被锁定在该小区的广播控制信道（BCCH，Broadcast Control CHannel）载频上，该载频的零时隙有广播控制信道（BCCH）和公共控制信道（CCCH，Common Control CHannel）。当移动用户向离开这个小区的基站方向移动时，信号强度减弱。当移动到两个小区的理论边界附近时，移动用户台会因信号强度太弱而决定转到邻近小区的无线频率上，为了正确选择无线小区，移动台要对每个邻近小区的 BCCH 载频的信号强度进行连续测量。当发现新的基站发出的 BCCH 载频信号强度优于原小区时，移动台将锁定在这个新载频上，并继续接收广播消息及可能发给它的寻呼信息。移动台所接收的 BCCH 载频的信号并没有通知移动网络。如图 7 - 14 所示，移动台从小区 1 向小区 2 行驶。

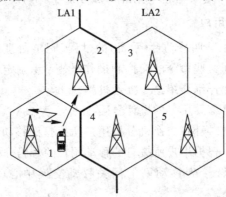

图 7 - 14　MS 从一小区移动到另一小区

（2）同一移动交换局控制的不同基站小区之间的移动。当移动用户由小区 2 向小区 3 移动时，这两个小区不属于同一位置区，如图 7 - 15 所示。因为移动用户不知道他所在地区的网络结构，为了告知移动用户所在的实际位置信息，系统通过空中接口的 BCCH 连续发送位置区识别码（LAI）。这样当移动用户由小区 2 进入小区 3 后，移动台通过接收 BCCH 可以知道已经进入新位置区。由于位置信息非常重要，因此位置区的变化一定要通知网络，这个过程称为"强制登记"。当移动台接收到新的位置区识别码（LAI）时，就向基站发出位置更新请求，基站收到后送到 MSC；MSC 分析请求，证实后更新位置，通知基站发出位置更新证实；移动台接收后，完成这次的位置更新。

（3）不同移动交换局的基站小区之间的移动（即漫游时位置更新）。当移动台进入新的 MSC/VLR 业务小区时，移动台接收到新的 MSC/VLR 号码和位置区识别码（LAI）后，向基站发出位置更新请求：新的 MSC/VLR 收到请求后向移动台的本地移动交换局 MSC/VLR 发出位置更新请求，本地局收到请求后进行位置更新，并通知新的 MSC/VLR，请求位置更新接收。若移动台是从另一旧的 MSC/VLR 移动到新的 MSC/VLR，则本地局还要通知旧的 MSC/VLR 进行位置删除，新的 MSC/VLR 通知其基站发出位置更新证实，而旧

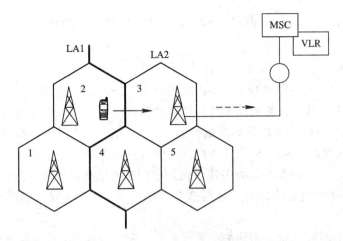

图 7-15 MS 从一个位置移动到另一个位置

的 MSC/VLR 则删除 VLR 中该移动台的漫游位置后，通知本地局位置删除接收，如图 7-16 所示。

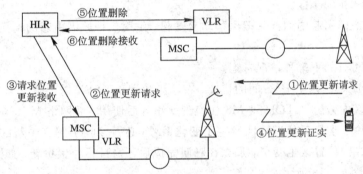

图 7-16 不同 MSC/VLR 区间漫游时位置更新

5．移动用户的激活和分离

移动用户开机后，空中接口启动搜索，当接收到频率校正和同步信息后，锁定到一个频率上，该频率上有广播信息和可能的寻呼信息。由于移动用户第一次被使用，因此对它进行业务处理的 MSC/VLR 没有这个移动用户的任何信息。若移动用户在它的数据存储器中找不到原来的位置区识别码(LAI)，应立即要求接入网络向 MSC/VLR 发出位置更新消息，通知系统在本位置区内的新用户信息，LAI 是在空中接口上连续发送的广播信息的一部分。这里，MSC/VLR 就认为此移动用户被激活，对移动用户的国际移动用户识别码(IMSI)的数据做"附着"标记，数据激活状态的移动用户便有 IMSI"附着"标记。

当移动用户关机时，移动用户将向网络发送最后一次信息，其中包括分离处理请求。MSC/VLR 接收到"分离"消息后，就在该用户对应的 IMSI 上做"分离"标记。

当移动用户向网络发送"IMSI"分离消息时，若无线链路质量很差，系统就不能正确的译码；由于没有证实消息发送给移动用户，则系统认为移动用户仍处在"附着"状态。为了解决这个问题，系统应采取强制登记措施，如要求移动用户每 30 分钟登记一次，就叫周期性登记。若系统没有接到某移动用户的周期性登记信息，则该用户所处的 VLR 就以"分离"在移动用户上做标记。周期性登记过程只有证实了该登记消息，且移动用户接收到证实消息后才停止向系统发登记消息，系统通过 BCCH 通知移动用户的周期性登记的时间周期。

6. 越区切换

当移动用户处于通话状态时，如果出现用户从一个小区移动到另一个小区的情况，为了保证通话的连续，系统需要对该 MS 的连接控制也从一个小区转移到另一个小区。这种将正在处于通话状态的 MS 转移到新的业务信道上（新的小区）的过程称为"切换"（Handover）。因此，从本质上说，切换的目的是实现蜂窝移动通信的"无缝隙"覆盖，即当移动台从一个小区进入另一个小区时，要保证通信的连续性。切换的操作不仅要识别新的小区，而且要分配给移动台在新小区的话音信道和控制信道。通常，有以下两个原因引起一个切换：

（1）信号的强度或质量下降到由系统规定的一定参数以下，此时移动台被切换到信号强度较强的相邻小区。

（2）由于某小区业务信道容量全被占用或几乎全被占用，这时移动台被切换到业务信道容量较空闲的相邻小区。

由第一种原因引起的切换一般由移动台发起，由第二种原因引起的切换一般由上级实体发起。

切换过程可分如下三种情况考虑。

（1）同一 BSC 的两个 BTS 间的切换。在这种情况下，BSC 需要建立与新 BTS 间的链路，并在新小区内分配一 TCH 供 MS 切换到此小区后使用，而网络 MSC 对这种切换不做进一步了解。由于切换后邻近小区发生了变化，MS 必须接收了解有关新的邻近小区的信息。若 MS 所在的位置区也变了，那么在呼叫完成后还需进行位置更新，如图 7-17 所示。其切换流程如图 7-18 所示。

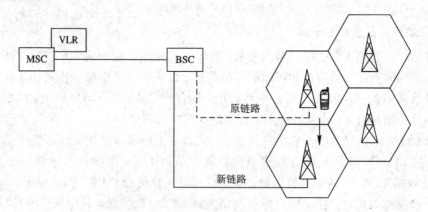

图 7-17 同一 BSC 的两个 BTS 间的切换

（2）同一 MSC/VLR 业务区的不同 BSC 间的切换。在这种情况下，网路很大程度地参与了切换过程，如图 7-19 所示。BSC 需向 MSC 请求切换，然后再建立 MSC 与新的 BSC、BTS 的链路，选择并保留新小区内空闲 TCH 供 MS 切换后使用，然后命令 MS 切换到新频率的新 TCH 上。切换成功后 MS 同样需要接收了解周围小区信息，由于位置区发生了变化，在呼叫完成后还须进行位置更新。其切换流程如图 7-20 所示。

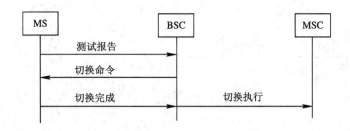

图 7 - 18 同一 BSC 间的切换流程图

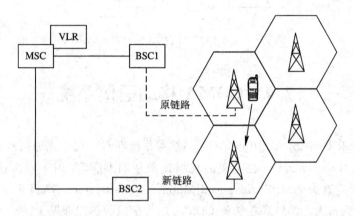

图 7 - 19 同一 MSC/VLR 但不同 BSC 间的切换

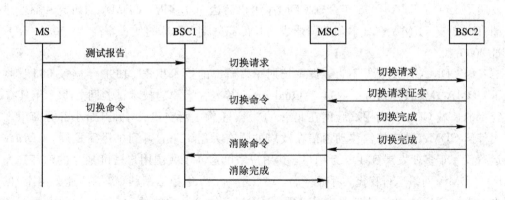

图 7 - 20 连接同一 MSC 的 BSC 间的切换流程图

（3）不同 MSC/VLR 业务区间的切换。这是一种最复杂的情况，切换前需进行大量的信息传递。这种切换由于涉及两个 MSC，我们称切换前 MS 所处的 MSC 为服务交换机（MSC1），切换后 MS 所处的 MSC 为目标交换机（MSC2），如图 7 - 21 所示。MS 原所处的 BSC 根据 MS 送来的测量信息，如果需要切换就向 MSC1 发送切换请求，MSC1 再向 MSC2 发送切换请求。MSC2 负责建立与新的 BSC 和 BTS 的链路连接，MSC2 向 MSC1 回送无线信道确认。根据越区切换号码（HON），两交换机之间建立通信链路，由 MSC1 向 MS 发送切换命令，MS 切换到新的 TCH 频率上，由新的 BSC 向 MSC2，MSC2 向 MSC1 发送切换完成指令。MSC1 控制原 BSC 和 BTS 释放原 TCH。

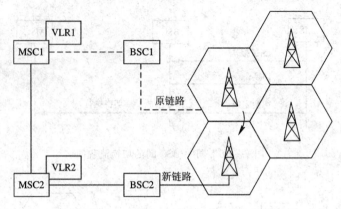

图 7 - 21　不同 MSC/VLR 交换之间的切换

7.4　CDMA 移动通信系统

CDMA(Code Division Multiple Access)技术早已在军事抗干扰通信研究中得到广泛应用。1989 年 11 月，Qualcomm 在美国的现场试验证明 CDMA 用于蜂窝移动通信的容量大，并经理论推导其为 AMPS(Advanced Mobile Phone System，高级移动电话系统)容量的 20 倍。这一振奋人心的结果很快使 CDMA 成为全球的热门课题。1995 年香港和美国的 CDMA 公用网开始投入商用。1996 年韩国用自己的 CDMA 系统开展大规模商用，头 12 个月发展了 150 万用户。1998 年全球 CDMA 用户已达 500 多万，CDMA 的研究和商业进入高潮。2003 年 CDMA 在日本和美国形成增长的高峰期，全球的增长率高达 250%，用户已超过 2000 万。

我国 CDMA 的发展并不迟，也有长期军事研究的技术积累。1993 年国家 863 计划开展了 CDMA 蜂窝技术研究。1994 年 Qualcomm 首先在天津建技术试验网。1998 年具有 14 万容量的长城 CDMA 商用试验网在北京、广州、上海、西安建成，并开始小部分商用。

韩国 CDMA 数字蜂窝移动通信在政府的强有力组织下，得到了迅猛发展。CDMA 网络运营仅一年多便发展到 400 万用户，其用户密度远高于我国用户密度最大的珠江三角洲地区。CDMA 网络运行稳定，呼通率高，语音清晰，发生掉话断线(包括高速公路上)的情况少。韩国 CDMA 的运营情况充分证明了 CDMA 技术是成熟的，其系统容量和话音质量较目前其他蜂窝系统(GSM、TDMA、PDC(Personal Digital Communication，个人数字通信)、TACS(Total Access Communication System，全接入通信系统)、AMPS)是最优的。

据预测，未来几年 CDMA 用户将以超过 100% 的增长速度发展，远快于 GSM 40% 的发展速度。韩国 CDMA 运营仅一年，即超过模拟网 AMPS 的 200 万用户；日本 CDMA 用户在 2000 年超过 PDC；美国 CDMA 用户在 2002 年达到 4200 万，超过 AMPS 的 3600 万、D-AMPS 的 2200 万和 GSM 的 1100 万，成为全美最大的蜂窝系统。到 2008 年全世界的 CDMA 将成为第一大蜂窝系统。

无线通信在未来的通信中起到越来越重要的作用，CDMA 将成为 21 世纪主要的无线接入技术。WCDMA(Wide Band - CDMA，宽带码分多址)较 WTDMA(Wide Band -

TDMA，宽带时分多址）有更多优越性。WCDMA 将成为目前各种第二代移动通信系统（GSM、IS-95、PDC 等）的交汇点，但未来的第三代移动通信系统的统一将要经过一个艰苦的过程。

7.4.1 CDMA 系统概述

1. CDMA 基本原理

CDMA 给每一用户分配一个惟一的码序列（扩频码），并用它对承载信息的信号进行编码。知道该码序列用户的接收机对收到的信号进行解码，并恢复出原始数据，这是因为该用户码序列与其他用户码序列的互相关性很小。由于码序列的带宽远大于所承载信息的信号的带宽，编码过程扩展了信号的频谱，因此也称为扩频调制，其所产生的信号也称为扩频信号。CDMA 通常也用扩频多址（DSSSMA，DSSS（Direct Sequence Spread Spectrum，直接序列扩频）Multiple Access，直接序列扩频多址接入）来表征。对所传信号频谱的扩展给予 CDMA 以多址能力。CDMA 蜂窝通信系统的原理如图 7-22 所示。扩频通信中用的伪随机码常常采用 m 序列，这是因为它具有容易产生和自相关特性优良的优点。其归一化自相关函数只有 1 和 $-1/K$ 两个值，K 是 m 序列的长度，只有在收发端伪随机序列相位相同时才能恢复发送信号。码分多址技术就是利用了这一点，可以采用不同相位的相同 m 序列作为多址通信的地址码。由于 m 序列的自相关特性与长度有关，作为地址码，其长度应尽可能长，以供更多用户使用。同时，可以获得更高的处理增益和保密性，但是其长度又不能太长，否则不仅使电路复杂，也不利于快速捕获与跟踪。

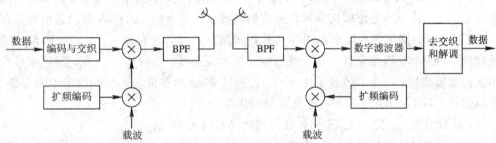

图 7-22　CDMA 扩频通信系统原理

（1）地址码的选择。在 CDMA 蜂窝系统中，综合采用了二种码。一种是长度为 2^{15} 的 PN 码，它通过在长度为 $2^{15}-1$ 的 m 序列 14 个连"0"输出后再加入一个"0"获得。它用于区分不同的基站信号，不与基站保持同步，但使用的 PN 码序列相位偏移不同。规定每个基站的 PN 码相位偏移只能是 64 的整数倍，因而有 512 个值可被不同基站使用。使用相同序列、不同相位作为地址码，便于搜索与同步。另一种是长度为 $2^{42}-1$ 的 PN 序列，它在前向信道中用于信号的保密，在反向信道中用于区分不同的移动台。这样长的码有利于信号的保密，同时基站知道特定移动台的长码及其相位，因而不需要对它进行搜索与捕获。

CDMA 蜂窝系统将前向物理信道划分为多个逻辑信道，即一个导频信道、一个同步信道（必要时可以改作业务信道，因为移动台在获得同步后不需再监听同步信道）、7 个寻呼信道（必要时可以改作业务信道）和 55 个前向业务信道（最多 63 个），划分的方法是采用 Walsh 序列对信号进行调制。由于 Walsh 序列的正交性，不同信道的信号是正交的，同时区分不同移动台用户。相邻基站可以使用相同的 Walsh 序列，虽然可能不满足正交性，但可以由 PN 短码提供区分。在反向链路中，Walsh 序列用于对信号进行正交码多进制调制，以提高通信链路的质量。反向信道由 PN 码来区分，不同用户的接入信道长码由公用掩码产生，反向业务信道的长码掩码与移动台有关。

（2）扩频码速率的选择。CDMA 蜂窝系统扩频码（在前向链路中是 Walsh 序列，在反向链路中是 PN 长码）的速率规定为 1.2288 MHz，这个规定考虑了频谱资源的限制、系统容量、多径分离的需要和基带数据速率等多个因素。

在美国，FCC（Federal Communications Commission，（美国）联邦通信委员会）规定划分给蜂窝通信的频谱带宽为单向 25 MHz，并分配给两家公司，每家分得单向频谱带宽总计为 12.5 MHz，其中最窄的一段带宽为 1.5 MHz。为获得最大适应性，信号带宽应小于 1.5 MHz。选择 1.2288 MHz 的码速率，滤波后可获得 1.25 MHz 的带宽。在 12.5 MHz 宽频带内可以划分出 10 条信道。

决定 CDMA 数字蜂窝系统容量的主要因素是：系统的处理增益、信号比特能量与噪声功率谱密度比、话音占空比、频率重用效率、每小区的扇区数目。为了取得高的系统处理增益，获得高的系统容量，扩频码速率应当尽可能高。通常，陆地移动通信环境的多径延迟为 $1 \sim 100$ μs。为了充分发挥扩频码分多址技术，实现多径分离的作用，要求扩频码序列的持续时间小于 1 μs，也就是扩频码速率应大于 1 MHz。选择 1.2288 MHz 的另一个原因是，这个速率可以被基带数据速率 9.6 kb/s 整除，且除数为 2 的幂指数（$128 = 2^7$）。

2. CDMA 系统的主要优点

与 FDMA 和 TDMA 相比，CDMA 具有许多独特的优点，其中一部分是扩频通信系统所固有的，另一部分则是由软切换和功率控制等技术所带来的。CDMA 移动通信网是由扩频、多址接入、蜂窝组网和频率再用等几种技术结合而成，含有频域、时域和码域三维信号处理的一种协作。因此它具有抗干扰性好，抗多径衰落，保密安全性高，同频率可在多个小区内重复使用，所要求的载干比（C/I）小于 1，容量和质量之间可作权衡取舍等属性。这些属性使 CDMA 比其他系统有非常重要的优势。

（1）系统容量大。理论上 CDMA 移动网比模拟网大 20 倍。

（2）系统容量的灵活配置。在 CDMA 系统中，用户数的增加相当于背景噪声的增加，会造成话音质量的下降。但对用户数并无限制，操作者可在容量和话音质量之间折衷考虑。另外，多小区之间可根据话务量和干扰情况自动均衡。

（3）系统性能质量更佳。这里指的是 CDMA 系统具有较高的话音质量，声码器可以动态地调整数据传输速率，并根据适当的门限值选择不同的电平级发射。同时门限值根据背景噪声的改变而变，这样即使在背景噪声较大的情况下，也可以得到较好的通话质量。另外，CDMA 系统"掉话"的现象明显减少。CDMA 系统采用软切换技术，"先连接再断开"，这样完全克服了硬切换容易掉话的缺点。

（4）频率规划简单。用户按不同的序列码区分，所以，不同 CDMA 载波可在相邻的小区内使用，网络规划灵活，扩展简单。

（5）延长手机电池寿命。采用功率控制和可变速率声码器，会延长手机电池使用寿命。

3. CDMA 存在的问题

（1）CDMA 鉴权问题。CDMA 标准中已经详细规定了 CDMA 鉴权的场合和需要的参数，但由于网络现状，许多系统目前不支持鉴权功能，许多手机既没有鉴权算法也无法输入。

（2）CDMA 国际漫游问题。CDMA 技术起源于美国，目前北美均使用 10 位 MIN 码进行漫游，在这 10 位 MIN 码中是不含移动国家码的，为了尽快实现 CDMA 的国际漫游，E‐FAST(International Forum on AMPS Standards Technology)将 MIN 码的第一位为 0 和 1 预留给国际，供美洲之外的其他 CDMA 运营者国际漫游时使用。这在 IS‐41 不支持 IMSI(International Mobile Subscriber Identifier，国际移动用户标识符)之前（IS‐95 和 IS‐634 是支持 15 位 IMSI 号码的），也不失为一个权宜之计，尤其是对于急切需要国际漫游的国家而言。但从长远来讲 MIN 码预留给国际的号码很少，再加上这些号码经过按国家的分配、国内各地区的分配，号码利用率很低，很难满足 CDMA 的发展需要，况且使用 MIN 进行国际漫游会带来许多额外的工作。因为最终国际漫游是要靠 IMSI 来实现的，到那时，所有签约漫游国家的数据就需要修改，各国国内 GT 翻译（地址翻译）数据也需要修改，这就给 CDMA 的国际漫游带来很大困难。

这些问题的解决不仅要依赖于技术的进步，同时也离不开 CDMA 标准的进一步统一。随着技术的进步和国际协作的进一步发展，相信在不久的将来，CDMA 系统的上述缺点会逐步得到解决。

7.4.2　CDMA 系统结构

1. 网络结构

CDMA 系统网络结构符合典型的数字蜂窝移动通信的网络结构，如图 7‐23 所示。

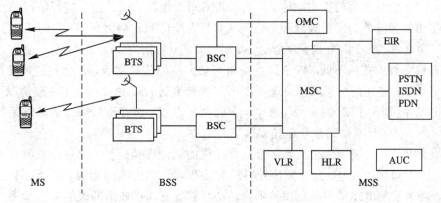

MS：移动台；　　　　HLR：归属用户位置寄存器；　BSS：基站子系统；　AUC：鉴权中心；
MSS：交换子系统；　EIR：移动设备识别寄存器；　BTS：基站收发信机；　PSTN：公用电话网；
BSC：基站控制；　　ISDN：综合业务数字网；　　MSC：移动交换中心；　PDN：公用数据网；
OMC：操作维护中心；VLR：采访用户位置寄存器

图 7‐23　CDMA 系统网络结构

CDMA 系统由三大部分组成：

（1）基站子系统含 BTS(Base Transceiver Station，基站收发信机) 和 BSC(Base Station Controller，基站控制器)；

（2）交换子系统含 MSC、EIR、VLR、HLR、AUC(相应的英文和中文含义与 GSM 系统相同；

(3) 移动台子系统含手持机和车载台。

基站子系统(BSS)是移动通信系统中与无线蜂窝网络关系最直接的基本组成部分。在整个移动网络中基站主要起中继作用。基站与基站之间采用无线信道连接，负责无线发送、接收和无线资源管理。而主基站与移动交换中心(MSC)之间常采用有线信道连接，实现移动用户之间或移动用户与固定用户之间的通信连接。说得更通俗一点，基站之间主要负责手机信号的接收和发送，把收集到的信号简单处理之后传送到移动交换中心，通过交换机等设备的处理，再传送给终端用户，也就实现了无线用户的通信功能。所以基站系统能直接影响到手机信号接收和通话质量的好坏。

一个基站的选择，需从性能、配套、兼容性及使用要求等各方面综合考虑，其中特别注意的是基站设备必须与移动交换中心相兼容或配套，这样才能取得较好的通信效果。基站子系统主要包括两类设备：基站收发台(BTS)和基站控制器(BSC)。

(1) 基站收发台。大家常看到房顶上高高的天线，它就是基站收发台的一部分。一个完整的基站收发台包括无线发射/接收设备、天线和信号处理部分。基站收发台可看作是一个无线调制解调器，负责移动信号的接收、发送处理。一般情况下在某个区域内，多个子基站和收发台相互组成一个蜂窝状的网络，通过控制收发台与收发台之间的信号相互传送和接收来达到移动通信信号的传送，这个范围内的地区也就是我们常说的网络覆盖面。如果没有了收发台，那就不可能完成手机信号的发送和接收。基站收发台不能覆盖的地区也就是手机信号的盲区。所以基站收发台发射和接收信号的范围直接关系到网络信号的好坏以及手机是否能在这个区域内正常使用。

基站收发台在基站控制器的控制下，完成基站的控制与无线信道之间的转换，实现手机通信信号的收发与相关的控制功能。收发台可对每个用户的无线信号进行解码和发送。

基站使用的天线分为发射天线和接收天线，且有全向和定向之分，一般可有下列三种配置方式：发全向、收全向方式；发全向、收定向方式；发定向、收定向方式。从字面上我们就可以理解每种方式的不同，发全向主要负责全方位的信号发送；收全向自然就是全方位的接收信号了；定向的意思就是只朝一个固定的角度进行发送和接收。一般情况下，频道数较少的基站(如位于郊区)常采用发全向、收全向方式，而频道数较多的基站采用发全向、收定向的方式，且基站的建立也比郊区更为密集。

基站发射机工作原理是：把由频率合成器提供的载频已调信号，分别经滤波进入双平衡变频器，并获得射频信号，此射频信号再经滤波和放大后进入驱动级，然后加到功率放大器模块。功率控制电路采用负反馈技术自动调整前置驱动级或推动级的输出功率以使驱动级的输出功率保持在额定值上。也就是把接收到的信号加以稳定再发送出去，这样可有效地减少或避免通信信号在无线传输中的损失，保证用户的通信质量。

(2) 基站控制器。基站控制器包括无线收发信机、天线和有关的信号处理电路等，是基站子系统的控制部分。主要包括四个部件：小区控制器(CSC, Cell Supervision Control)、话音信道控制器(VCC, Voice Channel Controller)、信令信道控制器(SCC, Signalling Channel Controller)和用于扩充的多路端接口(EMPI, Extended MultiPath Interface)。一个基站控制器通常控制几个基站收发台，通过收发台和移动台的远端命令，基站控制器负责所有的移动通信接口管理，主要是无线信道的分配、释放和管理。当你使用移动电话时，它负责为你打开一个信号通道，通话结束时它又把这个信道关闭，留给其他人使用。除此之外，还对本控制区内移动台的越区切换进行控制，如你在使用手机时跨入另一个基站的信号收发范围时，控制器又负责在两个基站之间相互切换，并始终保持与移动交换中心的连接。

控制器的核心是交换网络和公共处理器（CPR，Common PRocessor）。公共处理器对控制器内部各模块进行控制管理，并与操作维护中心（OMC，Operation Management Center）相连接。交换网络将完成接口和接口之间的 64 kb/s 数据/话音业务信道的内部交换。控制器通过接口设备数字中继器（DTC，Digital Transmit Command）与移动交换中心相连，通过接口设备终端控制器（TCU，Terminal Control Unit）与收发台相连，构成一个简单的通信网络。

在整个 CDMA 移动通信系统中，基站子系统是移动台与移动中心连接的桥梁，其地位极其重要。整个覆盖区中基站的数量、基站在蜂窝小区中的位置，基站子系统中相关组件的工作性能等因素决定了整个蜂窝系统的通信质量。基站的选型与建设，已成为组建现代移动通信网络的重要一环。

移动交换中心是 CDMA 网络的基本组成部分，连接 CDMA 网络到 PSTN，并控制 BSC，HLR 等之间的 CDMA 通信。MSC 基本上是 ISDN 交换。调整和设置到手机的通话和从手机来的通话，需要有一个内部工作功能（IWF，Internal Work Function）来适应使用在特殊 PSTN/PLMN 中的 CDMA 特殊速率。

归属寄存器/识别中心（HLR/AC）存储和管理 CDMA 用户信息，包括用户位置和服务文件。识别数据也存放在这个分系统中，这是一个寄存 CDMA 用户数据的数据库。

短信息服务（SMS - MC，Short Message Service - Message Control）在提供短信息服务中使用，它在用户需求的基础上存储、发送短信息。SMS - MC 利用 CCS7（Common Channel Signaling No. 7，七号共路信令）直接与 MSC 互通。

操作维护与管理中心（OMC）是用于蜂窝网络日常管理以及为网络工程和规划提供数据库的集中化设备。通常，OMC 同时管理移动交换中心（MSC）和各基站系统 BSS，也可配置为只负责管理由许多 BSS 构成的无线子系统，这种配置的 OMC 称为无线操作及维护中心（OMC - R）。同样 OMC 用于管理 MSC 时，就称之为 OMC - S。

除了 OMC 以外，本地维护设备（LMF，Local Management Function）提供技术人员对 BTS 操作和维护的另一种途径。这对于尚未与 OMC 接通的新安装的 BTS 来说更为有用。当 BTS 与 OMC 接通后，LMF 也可作为远端终端。

2. 接口标准

在 MS、BSS 和 MSS 三大部分中，存在着几个重要接口。

（1）空中接口。基站与移动台之间的信号互通。此接口遵守 IS - 95A 标准，考虑我国实际情况，可以不考虑兼容 AMPS 系统的部分，同时参考 J - STD - 008、TSB74 标准。

（2）A 接口。基站子系统与交换子系统的接口，主要传递移动台管理、基站管理、移动性管理、接续管理等功能。此接口标准各公司不统一，考虑各种因素，可以采用以摩托罗拉的接口标准 A＋为基础形成的 IS - 634 标准。

（3）A$_{bis}$ 接口。基站子系统中基站控制器与基站收发信机之间的接口，支持对 BTS 无线设备的控制。此接口之间的物理层采用直接互联的方法，由于此接口无统一标准，将参考有关设备的接口制定自己的标准。

（4）交换子系统内部功能实体之间的接口。此类接口将连接 MSC、VLR、HLR、EIR、AUC，标准将主要参照 IS-41C。

7.4.3　CDMA 系统的功能结构

1. CDMA 移动功能

CDMA 移动通信系统（CMS，CDMA Mobile System）的服务由基本服务及操作、维护和管理服务（OAM）组成。基本服务又分为初级服务和辅助服务。初级服务包含话音、数据和短信息服务等。辅助服务（包括前向呼叫、会议呼叫和识别主叫用户）是附加服务并向用户提供选项。OAM 服务确保向用户提供高质量的基本服务。CMS 功能结构是基于 CDMA 技术的，如图 7-24 所示。

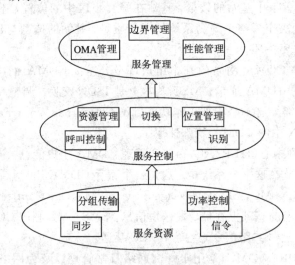

图 7-24　CDMA 功能结构

CDMA 的功能结构主要由三个部分组成，顶层是服务管理，中间层是服务控制，底层是服务资源。顶层用来管理功能需求，以确保系统容量和可靠性，另外两层用来处理功能需求以提供 CMS 基本服务。

2. 服务资源功能

（1）传输和同步。传输是服务资源组中最重要的功能，传输系统模型如图 7-25 所示。系统无线传输的性能是系统性能的关键，CDMA 是干扰受限系统，为使无线链路干扰最小，采用数据率为 1~8 kb/s 不同长度的消息传输。每 20 ms 移动站发送一次消息，这些消息使用弱脉冲或消隐脉冲方法与信令信号相结合，通过 BS 中的快速消息链路来传输。这样就保证了基站收发信机（BTS）和基站控制器（BSC）之间，不引起超传输延迟，可以提高 BS 的完整性，同时保证 BS 主干网效率最大。在软切换中，两个或三个 BTS 向一个选择器有序地传送消息，一个选择器在接收同样信息的消息中选择最佳的消息。对于话音服务，将无线链路的不同长度消息在声码器中转换成 PCM 并传送至移动交换机（MX），MX 经 DSBTN 消除话音中回波并将话音传送至移动台（MS）。对于数据服务，从 MS 传送的消息在 BSC 中转换成 64 kb/s 格式的数据流。为了在公共交换电话网（PSTN）中传输数据，数据被转换成音频带宽数据并经调制解调器送至 PSTN。为了在 ISDN 或邮件交换公用数据网(PSPDN,Packet Switched Public Data Network)中传输数据,数据以 64 kb/s 的 IS-DN 型格式送入ISDN 或 PSPDN。

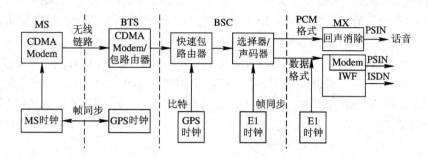

图 7-25 传统系统模式框图

时间同步是传输所必需的。BTS 需要绝对时间以获取从 MS 发送的 CDMA 信号。在软切换中,可能在选择器中发生邮件指令不匹配,这是由于 BS 消息路径队列延迟。为防止这种不匹配,所有 BTS 和 BSC 必须同步,可以采用装配到 BTS 和 BSC 上的 GPS 接收机产生的分配时钟信号来保持同步,采用 E1 发送 2 位帧同步使 DSC 和 MX 同步。

MS 利用帧同步与 DTS 同步,一个 MS 从它的 BTS 接收帧信号,在帧信号中,25 个同步信道超帧在每隔偶数秒内与 GPS 时钟同步发送,同步信道超帧长 80 ms 并由 3 个同步信道帧组成。

(2)功率控制。功率控制对无线链路性能有很大的影响。功率经 MS 和 BTS 适当发送以增大链路容量,发送功率必须尽可能低且足以维持所需的帧误码率(FER,Frame Error Rate),图 7-26 为功率控制图。

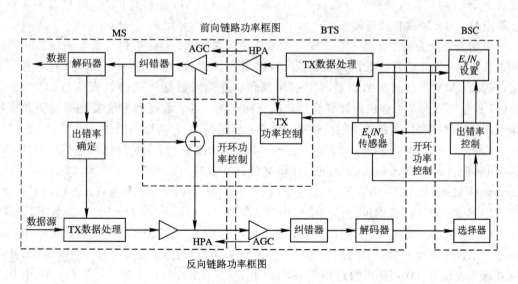

图 7-26 功率控制框图

MS 发送功率由两个转换链路控制机构调整:开环功率控制和闭环功率控制。闭环功率控制由内环功率控制和外环功率控制组成。在开环功率控制中,接收信号长度增加,发送功率降低,反之亦然。这样发送功率长度总长和接收信号强度保持常量。BTS 期望从所有的 MS 来的信号强度保持相等。只有在前向/后向链路中传送失效相同时，开环功率控制才有效。然而，前向和反向链路间路径失衡就不能保证在 BS 中均衡地接收信号强度。内环功率控制补偿功率水准的偏差，通过 BTS 命令每 1.25 ms 执行一次。如果从 MS 接收的功率级比在 BTS 预设的 E_b/N_0 小，BTS 向 MS 发出降低发送功率信号。BTS 的预定值由外功率控制调整。根据 Vilerbi 译码器邮件的帧质量，由 BSC 选择器每 20 ms 执行一次。当在选择器中实际帧误码率低于要求的 FER 门限时，表明系统连续地运行好于所要求，这时选择器控制相关 BTS 以降低设定值。前向链路功率控制由 BSC 直接控制。BTS 发送功率通过检测 MS 要求的 FER 来调整。BSC 选择器从相关的 MS 接收 FER 信息。MS 周期地或当 PER 超出门限级时发送信息。如果 FER 太高，选择器从相关的 BTS 增加向相关 MS 的发送功率。

3. 服务控制和管理功能

（1）呼叫控制。这里主要讨论主服务呼叫控制，主服务是指话音、数据和短信息服务。话音服务是主服务中最重要的。呼叫过程分为移动台主叫时的请求过程和基站的选呼过程，即移动始方呼叫和移动末端呼叫。MS 首先向它的蜂窝 BTS 发送呼叫初始信息，开始发端呼叫。如果 BTS 对呼叫具有有效的信道，BTS 发送起始 MS 的 Walsh 编码及与有效信道一致的帧位移。然后，BTS 请求它的 BSC 连接。BSC 在请求时分配一个选择器。一旦选择器确定了初始 MS，BSC 请求 MX 建立呼叫连接，MX 要求发送初始 MS 的识别状态，根据从 AC 接收的确认，MX 接收呼叫且将 MS 连接到目的地。

在末端呼叫，末端 MS 的路径信息由 HLR 发送，MX 清除终端 MS 归属域，请求一致的 BSC 广播呼叫，BSC 依次发送相应的 BTS 的广播呼叫请求，然后 BTS 呼叫 MS，在终点 MS 收到应答的广播呼叫请求后，BTS 分配一个 Walsh 编码并为 MS 分配帧位移，BSC 接收 BTS 呼叫应答并为呼叫分配一个选择器，在确认与 MS 连接后，BSC 向它的 MX 发送传播应答，MX 完成有效连接。

数据服务分为两个步骤：第一步与 MX 移动终端连接，连接进程与话音通信的呼叫控制进程相同；第二步建立数据通信协议。数据通信包括 G3 电传服务和异步数据服务，如文件传输。MX 通过调制解调器与 PSTN 通信，或采用数据传输协议直接与 PSPDN 和 ISDN 通信。与 MX 相连的内部联合功能执行同样的连接。数据服务需要终端设备和模拟调制器，驻存在模拟调制器中的应用接口部分（AIP）与 IWF 的调制源建立连接。

CMS 提供两种 SMS(Short Message Service)电话服务：蜂窝传播呼叫电话服务(CPT, Cellular Paging Telecommunications)和蜂窝信息电话服务(CMT, Cellular Message Tele-communications)。CPT 最大传输 63 个字符。CMT 最大传输 255 个字符，包括控制信息。利用控制信道以及话务信道的信令信息传送短信息，只用话务信道传送话音和数据。

（2）切换。CMS 提供三种类型的切换：更软切换、软切换和硬切换。更软切换指的是在同一小区中两个相邻扇区之间的切换，它在一个信道卡中实现。信道卡利用 RAKE 接收机处理无线信号。软切换指的是相邻小区之间的切换，由选择器来执行，它从 2～3 个 BTS 的传送包中选择最好的数据包，送入相应的译码器。硬切换在需要以下三种状态之一时发生：不同的频率分配、不同的帧设置分配及 MX 区域的变化。每种状态都由相应的选择器选择。MX 区域在 MX 处发生变化，前两种情形发生在得不到相同频带或帧设置的信道时。移动协助切换和网络控制切换技术使得在没有复杂系统导频引导的情形下，频率的切换成为可能。这用到了如 MS－BTS 周期延迟、前向功率控制、接收信号强度一类的信息来执行软切换。CMS 也可利用导频方式，进行频率切换。

（3）鉴权。鉴权用于保护并确认每个用户要求携带一个秘密数据，只有当这个秘密数据与鉴权中心（AC）存储的数据相匹配时，才会提供服务。秘密数据可在登记或重新请求尝试时更换。这个秘密数据由一个随机数、一个鉴权信息及一个呼叫历史记录组成。数据由鉴权中心在鉴权时进行检查。随机数用来防止鉴权算法的泄露，它由基站管理器产生，同时被 BTS 和 AC 利用。

（4）定位管理。CMS 若要询问并获得用户位置的信息，定位的登记是基于时间、地点、距离、开/关机、指令、参数改变及业务信道登记。业务信道登记发生在切换之后，它由 VLR 和 HLR 存储并且管理。当 VLR 把它局限于相应 MX 区域内的用户时，HLR 包含服务区域内的所有用户。当用户由一个 MX 区域到另一个区域时，VLR 接收来自 HLR 的通知而进行改变。

（5）资源管理。CMS 无线链路资源需要进行管理来优化链路容量和服务质量。CMS 通过优先等级保存一些信道用于软切换。优先等级的目标是使保存的信道得到有效的利用。当一个 MS 通过目的小区的弱导频请求切换时，它被分派一个无优先级的信道。当一个 MS 通过目的小区的强导频请求切换时，它就被分派一个有优先级的信道。保存的信道也会在紧急情况下分派给 MS。切换信道的管理使得频率切换很少发生。频率切换在不能进行软切换时才发生。

（6）OAM 管理。OAM 管理有四种功能：程序下载、结构管理、故障管理和说明。BS 程序和结构信息由 BSM 转移到 BS 控制块。系统故障、错误由故障管理检测、分离并且恢复。当检测到系统故障或功能错误时，告警器立即产生一个告警信号。告警信号使 CMS 操作器发现故障发生的地点和时间，说明信息在 HLR 中存储并且管理。

这些 OAM 功能是通过运行在操作系统（OS）底层的数据基础和库函数来完成的。数据基础包含资源、移动性、操作状态等信息。呼叫处理信息也包含在数据基础中，库函数提供 OS 支持语言的系统程序。在 BS 上的 OAM 信息被采集并由 BSM 管理。这些信息也被操作维护中心采集并且管理，以便响应网络 OAM。

（7）小区边界管理。小区边界管理用于优化系统性能和扩大 BS 总容量。它包括呼吸、扩张、收缩及业务负载消减等。呼吸，在正常操作期间，平衡前向链路切换边界和反向链路切换边界，使链路容量最大化。扩张，在小区最初激活时，表明 BS 发送功率的逐渐增长。突然激活导致前向链路背景总能量的突然增长。这就导致前向链路质量的下降，并引起相邻小区的呼叫丢失。扩张允许其他小区的 BTS 调整它们的发送功率，以保持链路质量在可以接受的水平。收缩是扩张的反过程，即在小区被抵制时逐渐减少有效辐射功率（EPR，Effective Power Record）。业务负载消减，就是在相邻小区中通过调整小区半径，平衡用户业务负载。负载多的 BTS 缩减覆盖区域，负荷低的相邻 BTS 增加覆盖区域。

（8）性能测试。性能测试对于正确的 CMS 操作是非常必要的。CMS 测试链路的性能参数，CDMA 系统分析工具（CSAT，CDMA System Analysis Tool）收集并分析执行数据。在 CSAT 中共有两种类型的特性参数：性能分析参数和业务分析参数。业务分析参数包括每单位间隔电话呼叫尝试和批准的次数、呼叫的话音活力、单位间隔的切换次数及切换参数。性能分析参数包括前向和反向链路的 FER、触发错误率、BTS 和 MS 的接收 E_b/N_0，每个操作中的指峰数及每个指峰中的信号能量。它也提取功率控制特性参数、功率控制门限值和前向业务信道的传输增益。

7.5 第三代移动通信系统

7.5.1 3G 主要技术标准

与前两代系统相比，第三代移动通信系统的主要特征是可提供丰富多彩的移动多媒体业务，其传输速率在高速移动环境中支持 144 kb/s，步行慢速移动环境中支持 384 kb/s，静止状态下支持 2 Mb/s。其设计目标是为了提供比第二代系统更大的系统容量、更好的通信质量，而且要能在全球范围内更好地实现无缝漫游及为用户提供包括话音、数据及多媒体等在内的多种业务，同时也要考虑与已有第二代系统的良好兼容性。

目前国际电联接受的 3G 标准主要有以下三种：WCDMA、CDMA 2000 与 TD-SCDMA。CDMA 是 Code Division Multiple Access(码分多址)的缩写，是第三代移动通信系统的技术基础。第一代移动通信系统采用频分多址(FDMA)的模拟调制方式，这种系统的主要缺点是频谱利用率低，信令干扰话音业务。第二代移动通信系统主要采用时分多址(TDMA)的数字调制方式，提高了系统容量，并采用独立信道传送信令，使系统性能大为改善，但 TDMA 的系统容量仍然有限，越区切换性能仍不完善。CDMA 系统以其频率规划简单、系统容量大、频率复用系数高、抗多径能力强、通信质量好、软容量、软切换等特点显示出巨大的发展潜力。

1. WCDMA

WCDMA 全称为 Wide band CDMA，是基于 GSM 网发展出来的 3G 技术规范，是欧洲提出的宽带 CDMA 技术，它与日本提出的宽带 CDMA 技术基本相同，目前正在进一步融合。该标准提出了 GSM(2G)→GPRS→EDGE→WCDMA(3G)的演进策略。GPRS 是 General Packet Radio Service(通用分组无线业务)的简称，EDGE 是 Enhanced Data rate for GSM Evolution(增强数据速率的 GSM 演进)的简称，这两种技术被称为第 2.5 代移动通信技术。目前中国移动正在采用这一方案向 3G 过渡，并已将原有的 GSM 网络升级为 GPRS 网络。

2. CDMA 2000

CDMA 2000 是由窄带 CDMA(CDMA IS-95)技术发展而来的宽带 CDMA 技术，由美国主推。该标准提出了 CDMA IS-95(2G)→CDMA 20001x→CDMA 20003x(3G)的演进策略。CDMA 20001x 被称为第 2.5 代移动通信技术。CDMA 20003x 与 CDMA 20001x 的主要区别在于应用了多路载波技术，通过采用三载波使带宽提高。目前中国联通正在采用这一方案向 3G 过渡，并已建成了 CDMA IS95 网络。

3. TD-SCDMA

TD-SCDMA 全称为 Time Division-Synchronous CDMA(时分同步 CDMA)，是由我国大唐电信公司提出的 3G 标准，该标准提出不经过 2.5 代的中间环节，直接向 3G 过渡，非常适用于 GSM 系统向 3G 升级。但目前大唐电信公司还没有基于这一标准的可供商用的产品推出。

7.5.2　三个技术标准的比较

WCDMA、CDMA 2000 与 TD-SCDMA 都属于宽带 CDMA 技术。宽带 CDMA 进一步拓展了标准的 CDMA 概念，在一个相对更宽的频带上扩展信号，从而减少由多径和衰减带来的传播问题，具有更大的容量，可以根据不同的需要使用不同的带宽，具有较强的抗衰落能力与抗干扰能力，支持多路同步通话或数据传输，且兼容现有设备。WCDMA、CDMA2000 与 TD-SCDMA 都能在静止状态下提供 2 Mb/s 的数据传输速率，但三者的一些关键技术仍存在着较大的差别，性能上也有所不同。

1. 双工模式的比较

WCDMA 与 CDMA 2000 都是采用 FDD(Frequency Division Duplex，频分数字双工)模式，TD-SCDMA 则采用 TDD(Time Division Duplex，时分数字双工)模式。FDD 是将上行(发送)和下行(接收)的传输使用分离的两个对称频带的双工模式，需要成对的频率，通过频率来区分上、下行，对于对称业务(如话音)能充分利用上、下行的频谱，但对于非对称的分组交换数据业务(如互联网)时，由于上行负载低，频谱利用率则大大降低。TDD 是将上行和下行的传输使用同一频带的双工模式，根据时间来区分上、下行并进行切换，物理层的时隙被分为上、下行两部分，不需要成对的频率，上、下行链路业务共享同一信道，可以不平均分配，特别适用于非对称的分组交换数据业务(如互联网)。TDD 的频谱利用率高，而且成本低廉，但由于采用多时隙的不连续传输方式，因此基站发射峰值功率与平均功率的比值较高，会造成基站功耗较大，基站覆盖半径较小，同时也会造成抗衰落和抗多卜勒频移的性能较差，当手机处在高速移动的状态下时通信能力较差。WCDMA 与 CDMA 2000 能够支持移动终端在时速 500 km 左右时的正常通信，而 TD-SCDMA 只能支持移动终端在时速 120 km 左右时的正常通信。TD-SCDMA 在高速公路及铁路等高速移动的环境中处于劣势。

2. 码片速率与载波带宽的比较

WCDMA(FDD-DS)采用直接序列扩频方式，其码片速率为 3.84 Mchip/s。CDMA 20001x 与 CDMA 20003x 的区别在于载波数量不同，CDMA 20001x 为单载波，码片速率为 1.2288 Mchip/s，CDMA 20003x 为三载波，其码片速率为 $1.2288 \times 3 = 3.6864$ Mchip/s。TD-SCDMA 的码片速率为 1.28 Mchip/s。码片速率高能有效地利用频率选择性分集以及空间的接收和发射分集，并有效地解决多径问题和衰落问题，WCDMA 在这方面最具优势。

载波带宽方面，WCDMA 采用了直接序列扩谱技术，具有 5 MHz 的载波带宽。CDMA 20001x 采用了 1.25 MHz 的载波带宽，CDMA 20003x 利用三个 1.25 MHz 载波的合并形成 3.75 MHz 的载波带宽。TD-SCDMA 采用三载波设计，每载波具有 1.6 MHz 的带宽。载波带宽越宽，支持的用户数就越多，在通信时发生拥塞的可能性就越小，在这方面 WCDMA 具有比较明显的优势。

TD-SCDMA 系统仅采用 1.28 Mchip/s 的码片速率，采用 TDD 双工模式，因此只需占用单一的 1.6 MHz 带宽，就可传送 2 Mb/s 的数据业务。而 WCDMA 与 CDMA 2000 要传送 2 Mb/s 的数据业务，均需要两个对称的带宽，分别作为上、下行频段，因而 TD-SCDMA 对频率资源的利用率是最高的。

3. 天线技术的比较

智能天线技术是 TD-SCDMA 采用的关键技术，已由大唐电信申请了专利，目前 WCDMA 与 CDMA 2000 都还没有采用这项技术。智能天线是一种安装在基站现场的双向天线，通过一组带有可编程电子相位关系的固定天线单元获取方向性，并可以同时获取基站和移动台之间各个链路的方向特性。TD-SCDMA 智能天线的高效率是基于上行链路和下行链路的无线路径的对称性（无线环境和传输条件相同）而获得的。智能天线还可以减少小区间及小区内的干扰。智能天线的这些特性可显著提高移动通信系统的频谱效率。

4. 越区切换技术的比较

WCDMA 与 CDMA2000 都采用了越区"软切换"技术，即当手机发生移动或是目前与手机通信的基站话务繁忙而使手机需要与一个新的基站通信时，并不先中断与原基站的联系，而是先与新的基站连接后，再中断与原基站的联系，这是经典的 CDMA 技术。"软切换"是相对于"硬切换"而言的。FDMA 和 TDMA 系统都采用"硬切换"技术，先中断与原基站的联系，再与新的基站进行连接，因而容易产生掉话。由于软切换在瞬间同时连接两个基站，对信道资源占用较大。而 TD-SCDMA 则采用了越区"接力切换"技术，智能天线可大致定位用户的方位和距离，基站和基站控制器可根据用户的方位和距离信息，判断用户是否移动到应切换给另一基站的临近区域，如果进入切换区，便由基站控制器通知另一基站做好切换准备，达到接力切换目的。接力切换是一种改进的硬切换技术，可提高切换成功率，与软切换相比可以减少切换时对邻近基站信道资源的占用时间。

在切换的过程中，需要两个基站间的协调操作。WCDMA 无需基站间的同步，通过两个基站间的定时差别报告来完成软切换。CDMA 2000 与 TD-SCDMA 都需要基站间的严格同步，因而必须借助 GPS(Global Positioning System，全球定位系统)等设备来确定手机的位置并计算出到达两个基站的距离。由于 GPS 依赖于卫星，CDMA 2000 与 TD-SCDMA 的网络布署将会受到一些限制，而 WCDMA 的网络在许多环境下更易于部署，即使在地铁等 GPS 信号无法到达的地方也能安装基站，实现真正的无缝覆盖。而且 GPS 是美国的系统，若将移动通信系统建立在 GPS 可靠工作的基础上，将会受制于美国的 GPS 政策，有一定的风险。

5. 与第二代系统的兼容性的比较

WCDMA 由 GSM 网络过渡而来，虽然可以保留 GSM 核心网络，但必须重新建立 WCDMA 的接入网，并且不可能重用 GSM 基站。CDMA 20003x 从 CDMA IS95、CDMA 20001x 过渡而来，可以保留原有的 CDMA IS95 设备。TD-SCDMA 系统的的建设只需在已有的 GSM 网络上增加 TD-SCDMA 设备即可。三种技术标准中，WCDMA 在升级的过程中耗资最大。

7.5.3 第三代移动通信系统关键技术

1. 初始同步与 Rake 多径分集接收技术

CDMA 通信系统接收机的初始同步包括 PN 码同步，符号同步、帧同步和扰码同步等。CDMA 2000 系统采用与 IS-95 系统相类似的初始同步技术，即通过对导频信道的捕获来建立 PN 码同步和符号同步，通过同步(Sync)信道的接收来建立帧同步和扰码同步。WCDMA 系统的初始同步则需要通过"三步捕获法"进行，即通过对基本同步信道的捕获来建立 PN 码同步和符号同步，通过对辅助同步信道的不同扩频码的非相干接收，来确定扰码组号等，最后通过对可能的扰码进行穷举搜索，来建立扰码同步。

移动通信是在复杂的电波环境下进行的，如何克服电波传播所造成的多径衰落现象是移动通信的另一基本问题。在 CDMA 移动通信系统中，由于信号带宽较宽，因而在时间上可以分辨出比较细微的多径信号。对分辨出的多径信号分别进行加权调整，使合成之后的信号得以增强，从而可在较大程度上降低多径衰落信道所造成的负面影响。这种技术称为 Rake 多径分集接收技术。

为实现相干形式的 Rake 接收，需发送未经调制的导频(Pilot)信号，以使接收端能在确知已发数据的条件下估计出多径信号的相位，并在此基础上实现相干方式的最大信噪比合并。WCDMA 系统采用用户专用的导频信号，而 CDMA 2000 下行链路采用公用导频信号，用户专用的导频信号仅作为备选方案用于使用智能天线的系统，上行信道则采用用户专用的导频信道。

Rake 多径分集技术的另外一种极为重要的体现形式是宏分集及越区软切换技术。当移动台处于越区切换状态时，参与越区切换的基站向该移动台发送相同的信息，移动台把来自不同基站的多径信号进行分集合并，从而改善移动台处于越区切换时的接收信号质量，并保持越区切换时的数据不丢失，这种技术称为宏分集和越区软切换。WCDMA 系统和 CDMA 2000 系统均支持宏分集和越区软切换功能。

2. 高效信道编译码技术

第三代移动通信的另外一项核心技术是信道编译码技术。在第三代移动通信系统主要提案中(包括 WCDMA 和 CDMA 2000 等)，除采用与 IS-95 CDMA 系统相类似的卷积编码技术和交织技术之外，还建议采用 Turbo 编码技术及 RS 卷积级联码技术。

Turbo 编码器采用两个并行相连的系统递归卷积编码器，并辅之以一个交织器。两个卷积编码器的输出经并串转换以及凿孔(Puncture)操作后输出。相应地，Turbo 解码器由首尾相接、中间由交织器和解交织器隔离的两个以迭代方式工作的软判输出卷积解码器构成。虽然目前尚未得到严格的 Turbo 编码理论性能分析结果，但从计算机仿真结果看，在交织器长度大于 1000、软判输出卷积解码采用标准的最大后验概率(MAP, Maximum A Posterior)算法的条件下，其性能比约束长度为 9 的卷积码提高 1~2.5 dB。目前 Turbo 码用于第三代移动通信系统的主要困难体现在以下几个方面：

(1) 由于交织长度的限制，无法用于速率较低、时延要求较高的数据(包括话音)传输；

(2) 基于 MAP 的软判输出解码算法所需计算量和存储量较大，而基于软判输出 Viterbi 的算法所需迭代次数往往难以保证；

（3）Turbo 编码在衰落信道下的性能还有待于进一步研究。

RS 编码是一种多进制编码技术，适合于存在突发错误的通信系统。RS 解码技术相对比较成熟，但由 RS 码和卷积码构成的级联码在性能上与传统的卷积码相比较提高不多，故在未来第三代移动通信系统中采用的可能性不大。

3. 智能天线技术

从本质上来说，智能天线技术是雷达系统自适应天线阵在通信系统中的新应用。由于其体积及计算复杂性的限制，目前仅适应于在基站系统中的应用。智能天线包括两个重要组成部分：一是对来自移动台发射的多径电波方向进行到达角（DOA，Direction of Arrival）估计，并进行空间滤波，抑制其他移动台的干扰；二是对基站发送信号进行波束形成，使基站发送信号能够沿着移动台电波的到达方向发送回移动台，从而降低发射功率，减少对其他移动台的干扰。智能天线技术用于 TDD 方式的 CDMA 系统是比较合适的，能够起到在较大程度上抑制多用户干扰，从而提高系统容量的作用。其困难在于由于存在多径效应，每个天线均需一个 Rake 接收机，从而使基带处理单元复杂度明显提高。

4. 多用户检测技术

在传统的 CDMA 接收机中，各个用户的接收是相互独立进行的。在多径衰落环境下，由于各个用户之间所用的扩频码通常难以保持正交，因而造成多个用户之间的相互干扰，并限制了系统容量的提高。解决此问题的一个有效方法是使用多用户检测技术，通过测量各个用户扩频码之间的非正交性，用矩阵求逆方法或迭代方法来消除多用户之间的相互干扰。

从理论上讲，使用多用户检测技术能够在很大程度上改善系统容量，但一个较为困难的问题是对于基站接收端的等效干扰用户等于正在通话的移动用户数乘以基站端可观测到的多径数。这意味着在实际系统中等效干扰用户数将多达数百个，这样即使采用与干扰用户数成线性关系的多用户抵消算法仍使得其硬件实现过于复杂。如何把多用户干扰抵消算法的复杂度降低到可接受的程度是多用户检测技术能否实用的关键。

5. 功率控制技术

在 CDMA 系统中，由于用户共用相同的频带，且各用户的扩频码之间存在着非理想的相关特性，用户发射功率的大小将直接影响系统的总容量，因此使得功率控制技术成为 CDMA 系统中的最为重要的核心技术之一。

常见的 CDMA 功率控制技术可分为开环功率控制、闭环功率控制和外环功率控制三种类型。开环功率控制的基本原理是根据用户接收功率与发射功率之积为常数的原则，先行测量接收功率的大小，并由此确定发射功率的大小。开环功率控制用于确定用户的初始发射功率，或用户接收功率发生突变时的发射功率调节。开环功率控制未考虑到上、下行信道电波功率的不对称性，因而其精确性难以得到保证。闭环功率控制可以较好地解决此问题，通过对接收功率的测量值及与信干比门限值的对比，确定功率控制比特信息，然后通过信道把功率控制比特信息传送到发射端，并据此调节发射功率的大小。外环功率控制技术则是通过对接收误帧率的计算，来确定闭环功率控制所需的信干比门限。外环功率控制通常需要采用变步长方法，以加快上述信干比门限的调节速度。在 WCDMA 和 CDMA 2000 系统中，上行信道采用了开环、闭环和外环功率控制技术，下行信道则采用了闭环和外环功率技术，但两者的闭环功率控制速度有所不同，前者为 1600 次每秒，后者为 800 次每秒。

7.6　集群移动通信系统

7.6.1　集群移动通信系统的定义

集群通信系统是一种高级移动调度系统，代表着通信体制之一的专用移动通信网发展方向。CCIR(International Radio Consulative Committee，国际无线电咨询委员会)称之为 Trunking System(中继系统)，为了与无线通信的中继系统区别，自 1987 年以来，更多译者将其翻译成集群系统。追溯到它的产生，集群的概念确实是从有线电话通信中的"中继"概念而来的。1908 年，E. C. Molina 发表的"中继"曲线的概念等级，证明了一群用户的若干中继线路的概率可以大大提高中继线的利用率。把"集群"这一概念应用于无线电通信系统，则信道可视为中继。"集群"的概念还可从另一角度来认识，即与机电式(纵横制式)交换机类比，把有线的中继视为无线信道，把交换机的标志器视为集群系统的控制器，当中继为全利用度时，就可认为是集群的信道。集群系统控制器能把有限的信道动态地、自动地最佳分配给系统的所有用户，这实际上就是信道全利用度或我们经常使用的术语"信道共用"。

综上所述，所谓集群通信系统，即系统所具有的可用信道为系统的全体用户共用，且具有自动选择信道功能。它是共享资源、分担费用、共用信道设备及服务的多用途、高效能的无线调度通信系统。

图 7 - 27 为一个典型的集群移动通信系统的框图。

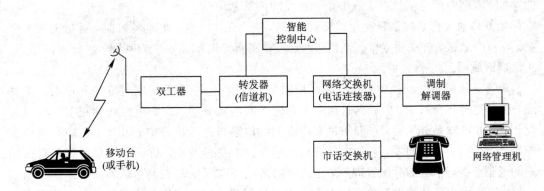

图 7 - 27　集群移动通信系统框图

7.6.2　集群移动通信系统的特点

(1) 共用频率。将原来分配给各部门专有的频率加以集中，供各家共用。

(2) 共用设施。由于频率共用，就有可能将各家分建的控制中心和基站等设施集中起来。

（3）共享覆盖区。将各家邻近覆盖区的网络互连起来，从而获得更大覆盖区。

（4）共享通信业务。利用网络有组织地发送各种专业信息为大家服务。

（5）分担费用。共同建网可以大大降低机房、电源等建网投资，也可减少运营人员，并可分摊费用。

（6）改善服务。由于多信道共用，可调剂余缺、集中建网，可加强管理、维修，因此提高了服务等级，增加了系统功能。

（7）具有调度指挥功能。

（8）兼容有线通信。

（9）智能化，微机软件化，增加了系统功能。

（10）具有控制、交换、中继功能。

总之，集群通信系统是资源共享，费用分担，向用户提供优良服务的多用途、高效能而又廉价的先进无线调度通信系统。

7.6.3 集群移动通信系统的网络结构

通常人们习惯按照覆盖区半径大小、服务区的几何形状来对系统的网络结构分类。按照覆盖区半径的大小，分成大区网、中区网、小区网；按照服务区的几何形状，分成框状网、带状网、蜂房状网等等。根据国内外各种资料来看，集群通信系统的网络结构有下列四种方式：

（1）单区、单点、单中心网络。

（2）单区、多点、单中心网络。

（3）多区、多中心网络。

（4）多区、多层次、多中心网络。

这里所谓"中心"是指具有控制、交换功能的通信中心，它同时具有与市内电话网连接的功能；所谓"点"是指具有无线电信号收发功能的基地站。

集群移动通信系统是智能化的调度系统。为了节省投资，在建网初期，通常采用大区制。在一个地区，首先建立单区系统，然后根据需要，以单区系统为基础，进行多区联网，扩展成区域网。

单区系统的控制交换中心仅有单区控制器，亦称支区控制器，它可管理和控制一个基站，也可管理几个基站。区域网是由多个单区网联网构成的，这些单区网的覆盖区可以彼此相连、亦可以是分散的，它们通过有线或无线传输与区域控制中心相连。该中心具有主控制器，亦称中央控制器。它负责处理越区移动台的身份登记，负责本区移动台与有线用户的通信业务，信道的分配管理等。区域网的形成还与系统的控制方式有关。如果采用集中控制，则可方便地把多个单区网互联而形成区域网；对分布控制方式的系统，欲把多个单区网连接起来，必须增设无线网络终端（RNT，Radio Network Terminal），只有通过它才能把多个单区网连接起来，形成区域网。如 Motorola 公司的智慧网（SMARTNET）。智慧网单区系统结构示意图如图 7 - 28 所示。

SMARTNET（智慧网）包括 SMARTNET 智慧网 II 型和 STARSITE（智慧站）两种集群移动通信系统。SMARTNET 与 STARSITE 的主要区别是系统容量和系统功能不同，但两种集群移动通信系统所采用的先进的微处理技术和电信技术是相同的。

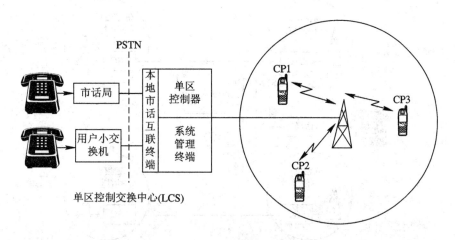

图 7 - 28　智慧网单区系统结构示意图

SMARTNET Ⅱ具有较大的信道容量和全部集群功能，最大可以提供 28 个话音信道，最多可配接 21 条电话线，可容纳 48 000 个单机识别码，4000 个通话组码。

STARSITE 信道容量有限，最大可提供 5 个话音信道，最多可分配接 3 条电话线，可容纳 16 000 个单机识别码和 2000 个通话组识别码，STARSITE 具有 SMARTNET Ⅱ所具有的功能。

SMARTNET 系统所适用的频段非常广泛，分别为 VHF 频段(136～158 MHz，146～176 MHz)和 UHF 频段(403～430 MHz，450～470 MHz，806～866 MHz，896～941 MHz)。集群方式采用准传输集群，专用控制信道集中控制技术。信令方式为不公开的专用数字信令，以 3600 b/s 速率传输，调制方式为 FSK 调制。为了解决争用控制而组成时隙结构，使用 78 b 字组格式。在话音信道上还传输 150 b/s、21 b 字组格式的信令，作为移动台提供联络和拆线用的亚音频信令。为了保护信息的正确性，信令传输采用 BCH 码纠错技术。

SMARTNET 系统可提供单呼、群呼、自动重发、繁忙排队、回叫、多层优先等级、动态重组、自我诊断、故障弱化等功能，还可在指定信道上实现数据传输。该系统采用全双工或半双工方式，基地站以全双工方式操作，移动台可全双工也可半双工。为了扩展覆盖范围，可增设常规中继站，用有线或无线链路将几个基本系统联网而构成大网，增设一个系统主控制器管理大网，一个大网通常可达 15 个基本系统。

智慧网区域网结构示意图如图 7 - 29 所示。把四个覆盖区互不相连的单区系统，通过有线或无线联网构成区域网，增设了系统控制交换中心(MSC，Management Switching Center)。MSC 包括中央控制器、系统管理终端和中央市话互联终端。单区控制交换中心(LSC，Local Switching Center)只负责控制和管理本区用户同移动台间的通信。如果处于不同单区系统的两个移动台进行通信，则必须由中央控制器进行处理。同样，对漫游移动台的接续，也必须通过中央控制器。而且，通过中央控制器还可增设十个有线调度台，且其中之一可以选作系统的总调度台，使系统的功能更加完善。

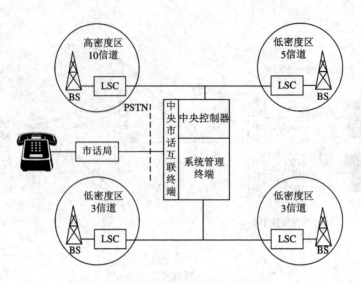

图 7-29 智能网区域结构示意图

7.6.4 集群移动通信系统的信令

在集群通信系统中多个用户共用少数几个无线信道，为了确保通信中的保密和有序，保证系统有机协调地工作，系统必须要有完善的控制功能并遵循某些规定。这样就需要一些用来表示控制和状态的信号及指令。

为了与集群通信系统中用于通话的有用信号加以区别，我们把话音信号以外用于控制系统正常工作的非话音信号及指令系统称为"信令"。各种各样的信令组合成集群通信系统的信令系统，它可以称为集群通信系统的神经。由信令系统可决定集群通信系统功能的好坏，信令系统复杂是移动通信系统与普通通信系统的重要区别，同时，集群通信系统为了实现其强大的调度功能，信令系统会更加复杂。

集群通信系统的信令主要有下列两种分类方式：一是按信令功能可分为控制信令、选呼信令、拨号信令三种；另一种是按信令形式可分为模拟信令和数字信令两大类。

集群通信系统中控制技术包括空闲信道的检测以及通话信道的指配和控制，还包括利用微处理机的通信控制等。控制和信令是不可分的，一种性能优良的信令系统会大大提高整个集群通信系统的效率。对信令的要求主要是便于无线传输，实现起来简单，组合数量多，且与市话兼容性好等。

（1）控制信令。控制信令用来控制基地台与移动台之间信道的连接、断开以及移动台无线信道的转换。此外，还用来作为监控和状态显示。它包括各种状态监视信号、空闲信号、分配信道、拆线、强插、强拆、限时、位置登记、报警信令等。

信令可以利用专用信令信道传输，也可以通过话音信道传输。

（2）选呼信令。选呼信令用来控制移动台按自己的身份码接入系统，它包括单呼、组呼、群呼信令等。一个集群通信系统拥有许多移动用户，为了在众多用户中呼出其中某一用户而不致造成一呼百应的状态，给每个移动台规定一个确定的地址码，其他控制台按照地址码选呼，这样就可建立与该移动用户的通信。对选呼信令的要求是，组成结构简单且能获得尽量多的号码数，同时又要求可靠性高，抗干扰性能好。

（3）拨号信令。拨号信令是移动用户通过基地台呼叫另一移动用户或市话网用户而使用的信令。因此要求拨号信令与市话网具有兼容性，并适于在无线信道中传输。

7.7 数字集群移动通信

7.7.1 数字集群移动通信系统的特点

模拟集群移动通信网的主要问题是：频率利用率低；所能提供的业务种类受限，不能提供高速率数据服务；保密性差，容易被窃听；移动设备成本高，体积大，网络管理控制存在一定的问题等等。采用数字通信可进一步发挥集群通信的优点。

1. 频谱利用率高

模拟的集群移动通信网也可实现频率复用，从而提高了系统容量，但是随着移动用户数量急剧增长，模拟集群网所能提供的容量已不能满足用户需求。问题的关键是模拟集群系统频谱利用率低，模拟调频技术很难进一步压缩已调信号频谱，从而就限制了频谱利用率的提高。与此相比，数字系统可采用多种技术来提高频谱利用率，例如用低速话音编码技术，这样在信道间隔不变的情况下可增加话路，还可采用高效数字调制解调技术，压缩已调信号带宽，从而提高频谱利用率。另外，模拟网的多址方式只采用频分多址（FDMA），即一个载波话路传一路话音。而数字网的多址方式可采用时分多址（TDMA）和码分多址（CDMA），即一个载波传多路话音。尽管每个载波所占频谱较宽，但由于采用了有效的话音编码技术和高效的调制解调技术，总的看来，数字网的频谱利用率比模拟网的利用率提高很多。数字系统在提高频谱利用率方面有着不可低估的前景，因为低速话音编码技术和高效数字调制解调技术仍在不断发展着。

频谱利用率高，可进一步提高集群系统的用户容量。对于集群移动通信来说，系统容量一直是所关心的首要问题，所以不断提高系统容量以满足日益增长的移动用户需求是集群移动系统从模拟网向数字网发展的主要原因之一。

2. 信号抗信道衰落的能力提高

数字无线传输能提高信号抗信道衰落的能力。对于集群移动系统来说，信道衰落特性是影响无线传输质量的主要原因，须采用各种技术措施加以克服。在模拟无线传输中主要的抗衰落技术是分集接收，在数字系统中，无线传输的抗衰落技术除采用分集接收外，还可采用扩频、跳频、交织编码及各种数字信号处理技术。由此可见，数字无线传输的抗衰落技术比模拟系统要强得多。所以数字网无线传输质量较高，也就是说数字集群移动通信网比模拟集群移动通信网的话音质量要好。

3. 保密性好

数字集群移动通信网用户信息传输时的保密性好。由于无线电传播是开放的，容易被窃听，无线网的保密性比有线网差，因此保密性问题长期以来一直是无线通信系统设计者重点关心的问题。

在模拟集群系统中，保密问题难以解决。当然模拟系统也可以用一些技术实现保密传输，如倒频技术或是模/数/模方式，但实现起来成本高、话音质量受影响。由此，模拟系统保密非常困难。利用目前已经发展成熟的数字加密理论和实用技术，对数字系统来说，极易实现保密。

采用数字传输技术，才能真正达到用户信息传输保密的目的。

4. 多种业务服务

数字集群移动通信系统可提供多业务服务。也就是说除数字话音信号外，还可以传输用户数据、图像信息等。由于网内传输的是统一的数字信号，容易实现与综合数字业务网ISDN(Integrated Service Digital Network)的接口，这就极大地提高了集群网的服务功能。

在模拟集群网中，虽也可传输数字，但是必须占用一个模拟传输话路进行传输。首先在基带对数据信息进行数字调制形成基带信号，然后再调制到载波上形成调频信号进行无线传输，采用这种二次调制方式，数据传输速率一般在 1200 b/s 或是 2400 b/s 以下。这么低的速率远远满足不了用户的要求。目前，计算机网及各种数字网已经十分发达，用户的数据服务要求日益增加，因此采用数字传输方式的数字集群移动通信发展前景广阔。

5. 网络管理和控制更加有效和灵活

数字集群移动通信网能实现更加有效、灵活的网络管理与控制。对任何一种通信系统网络管理与控制都是至关重要的，它影响到是否能有效地实现系统所提供的各种服务。在模拟集群系统中，管理与控制依靠网内所传输的各种信令来实现，模拟集群网的管理与控制信令是以数字信号方式传输的，而网内的用户信息是模拟信号，这种信令方式与信号方式的不一致，增加了网内的管理与控制的难度。在数字集群网中，在用户话音比特源中插入控制比特是非常容易实现的，即信令和用户信息统一成数字信号，这种一致性克服了模拟网的不足，给数字集群系统带来极大的好处。因而，全数字系统能够实现高质量的网络管理与控制。

7.7.2　数字集群移动通信的关键技术

集群通信系统数字化的关键技术主要有：数字话音编码，数字调制技术，多址技术，抗衰落技术等。

1. 数字话音编码

在数字通信中，信息的传输是以数字信号形式进行的，因而在通信的发送端和接收端，必须相应地将模拟信息转换为数字信号或将数字信号转换成模拟信号。

在通信系统中使用的模拟信号主要是话音信号和图像信号，信号的转换过程就是话音编码/话音解码和图像编码/图像解码。

在集群移动通信中，使用最多的信息是话音信号，所以话音编码的技术在数字集群移动通信中有着极其重要的关键作用。话音编码为信源编码，是将模拟话音信号变成数字信号以便在信道中传输。这是从模拟网到数字网至关重要的一步。高质量、低速率的话音编码技术与高效率数字调制技术同时为数字集群移动通信网提供了优于模拟集群移动通信网的系统容量。话音编码方式可直接影响到数字集群移动通信系统的通信质量、频谱利用率和系统容量。话音编码技术通常分为波形编码、声源编码和混合编码三类。混合编码能得到较低的比特率。在众多的低速率压缩编码中，比如，子带编码 SBC(SubBand Coding)、残余激励线性预测编码 RELP(Residual Excited Linear Prencdictive coding)、自适应比特分配的自适应预测编码 SBC－AB、规则激励长时线性预测编码 RPE－LTP、多脉冲激励线性预测编码以及码本线性预测编码 CELP(Code Excited Linear Prediction coding)等，欧洲 GSM 选择了 RPE－LTP 编码方案，码率为 8 kb/s；美国和日本的数字蜂窝业选用了矢量和线性预测（VSELP, Vector Sum Excited Linear Prediction）作为标准的数字编码方式，VSELP 使用 4.8 kb/s 数字信息可提高话音质量。话音编码技术发展多年，日趋成熟，形成的各种实用技术在各类通信网中得到了广泛应用。

（1）波形编码是将时间域信号直接变换成数字代码，其目的是尽可能精确地再现原来的话音波形。其基本原理是在时间轴上对模拟话音信号按照一定的速率来抽样，然后将幅度样本分层量化，并使用代码来表示。解码就是将收到的数字序列经过解码和滤波恢复到原模拟信号。脉冲编码调制（PCM）以及增量调制（ΔM）和它们的各种改进型均属于波形编码技术。对于比特速率较高的编码信号（16～64 kb/s），波形编码技术能够提供相当好的话音质量，对于低速话音编码信号（16 kb/s），波形编码的话音质量显著下降。因而，波形编码在对信号带宽要求不太严的通信中得到应用，对于频率资源相当紧张的移动通信来说，这种编码方式显然不适合。

（2）声源编码又称为参量编码，它是对信源信号在频率域或其他正交变换域提取特征参量，并把其变换成数字代码进行传输。其反过程为解码，就是将收到的数字序列变换后恢复成特征参量，再依据此特征参量重新建立话音信号。这种编码技术可实现低速率话音编码，比特速率可压缩 2～4.8 kb/s。线性预测编码 LPC(Linear Predictive Coding) 及其各种改进型都属参量编码技术。

（3）混合编码是一种近几年提出的新的话音编码技术，它是将波形编码和参量编码相结合而得到的，以达到波形编码的高质量和参量编码的低速率的优点。规则码激励长期预测编码 RPE－LPT 即为混合编码技术。混合编码数字话音信号中既包括若干话音特征参量又包括部分波形编码信息，它可将比特率压缩到 4～16 kb/s，其中在 8～16 kb/s 内能够达到的话音质量良好，这种编码技术最适于数字移动通信的话音编码技术。

在数字通信发展的大力推动之下，话音编码技术的研究非常迅速，提出了许多编码方案。无论哪一种方案其研究的目标主要有两点：第一是降低话音编码速率，其二是提高话音质量。前一目的是针对话音质量好但速率高的波形编码，后一目的是针对速率低但话音质量却较差的声源编码。由此可见，目前研制的符合发展目标的编码技术为混合编码方案。

由于无线移动通信的移动信道频率资源十分有限，又考虑到移动信道的衰落会引起较高信道误比特率，因而编码应要求速率较低并应有较好的抗误码能力。对于用户来说，应要求较好的话音质量和较短的迟延。归纳起来，移动通信对数字语言编码的要求有如下几条：

· 速率较低，纯编码速率应低于 16 kb/s；

· 在一定编码速率下话音质量应尽可能高；

· 编解码时延应短，应控制在几十毫秒之内；

· 在强噪声环境中，应具有较好的抗误码性能，从而保证较好的话音质量；

· 算法复杂程度适中，应易于在大规模集成电路上实现。

2. 数字调制技术

数字调制解调技术是集群移动通信系统中接口的重要组成部分，在不同的小区半径和应用环境下，移动信道将呈现不同的衰落特性。数字调制技术应用于集群移动通信需要考虑的因素有：

(1) 在瑞利衰落条件下误码率应尽量低。

(2) 占用频带应尽量地窄。

(3) 尽量用高效率的解调技术，以降低移动台的功耗和体积。

(4) 使用的 C 类放大器失真要小。

(5) 提供高传输速率。

在给定信道条件下，寻找性能优越的高效调制方式一直是重要的研究课题。数字移动通信系统有两类调制技术：一是线性调制技术；另一类是恒定包络数字调制技术。前者如 PSK(Phase Shift Keying，相移键控)、16QAM(Quadrature Amplitude Modulation)，后者如 MSK(Minimum phase Shift Keying，最小相移键控)、GMSK(Gaussian-filtered Minimum Shift Keying，高斯滤波最小移位键控，也称连续相位调制技术) 等。

目前国际上选用的数字蜂窝系统中的调制解调技术有正交振幅调制(QAM)、正交相移键控(QPSK，Quadrature Phase Shift Keying)、高斯最小频移键控(QMSK，Quadrature Frequency Shift Keying)、四电平频率调制(4L - FM，4 Level - Frequency Modulation)、锁相环相移键控(PLL - QPSK，Phase Locked Loop - Quadrature Phase Shift Keying)、相关相移键控(COR - PSK，CORrelation - Phase Switch Keying)等。西欧 GSM 采用 GMSK 调制技术，北美和日本采用较先进的 $\frac{\pi}{4}$ QPSK。APCD(Associate Police Communication Department，(美国)联合公安通信官方机构)选择的是正交相移键控兼容(QPSK - C)。QPSK - C 频谱效率高并且具有灵活性，它使用调制技术在 12.5 kHz 带宽的无线信道上发送 9.6 b/s 信息，同时提供与未来线性技术的正向兼容性，这将使系统达到更高的频谱效率。

美国 Motorola 公司新研制生产的 800 MHz 数字集群移动通信系统，是在 16QAM 调制技术基础上，自己研发的 M16QAM 技术。

3. 多址方式

在蜂窝式移动通信系统中，有许多移动用户要同时通过一个基站和其他移动用户进行通信，因而必须对不同移动用户和基站发出的信号赋予不同的特征，使基站能从众多移动用户的信号中区分出是哪一个移动用户发来的信号，同时各个移动用户又能识别出基站发出的信号中哪个是发给自己的信号，解决上述问题的办法称为多址技术。

数字通信系统中采用的多址方式有：

(1) 频分多址(FDMA)。

(2) 时分多址(TDMA，有窄带 TDMA 和宽带 TDMA)。

(3) 码分多址(CDMA)。

(4) 由频分多址、时分多址和码分多址组合而成的混合多址(时分多址/频分多址 TDMA/FDMA、码分多址/频分多址 CDMA/FDMA 等)。

在以往的模拟通信系统中一律采用 FDMA，其频率利用率低。在现在的数字通信系统中，广泛采用 TDMA 技术，提高了频率利用率，且便于利用现代大规模集成电路技术实现低成本的硬件设计，便于实现信道容量动态分配，提高信道利用率。TDMA 的缺点是可实现的载波信道数有限。西欧 GSM 和美国的用户都采用 FDMA/TDMA 相结合的窄带体制。CDMA 因具有更多的优点而被各国注意。CDMA 用于移动信道，具有抗信道色散和抗干扰性能，因此，在第三代移动通信系统中，CDMA 技术得到了广泛应用。在数字集群移动通信系统中，采用的多址方式其发展历程与上述各系统相似。

习　　题

1. 什么叫移动通信？移动通信的特点有哪些？
2. 构成移动通信的设备主要有哪些？
3. 单工通信与双工通信有什么区别？
4. 移动通信网为什么采用六边形的小区覆盖？
5. 数据通信中为什么要采用多路复用技术？
6. 我国现行的数字移动通信系统采用的是什么体制？
7. GSM 移动通信系统的结构是怎样的？它们的主要功能是什么？
8. 简述 GSM 系统中移动台位置更新的过程。
9. 简述在同一 MSC 业务区不同 BSC 间切换的过程。
10. CDMA 蜂窝移动通信系统的基本原理是什么？
11. 第三代移动通信系统有哪些优点？
12. 什么是数据通信的同步传输和异步传输？
13. 第三代移动通信系统采用了哪些关键技术？
14. 第三代移动通信系统有哪三大标准？
15. 数字集群移动通信系统有什么好处？
16. 移动通信的主要外部干扰有哪些？

第八章　现代通信系统实训

8.1　概　　述

近年来通信技术、计算机技术日新月异，特别是在无线移动通信技术、程控交换技术、卫星通信技术、光纤通信技术等方面取得了迅速发展。针对不断发展的新技术，高等院校通信专业的课程设置也在不断更新，实验手段在不断发展。现代通信系统课程所涉及的通信系统与技术众多，如程控、光纤、微波、卫星、移动、网络等，而每一个通信系统及其中的关键技术在通信领域中都十分重要。下面所述的实训内容，各院校可根据自己在通信领域各个研究方向的特点有选择地实施。

8.2　现代通信系统实训

8.2.1　实训内容简介

1. 光纤通信系统实验

1）电终端实验

（1）户环路接口实验；

（2）双音多频检测实验；

（3）PCM 编码实验；

（4）信号复接（E1 传输系统）实验；

（5）信号解复接（E1 的同步与解复接）实验；

（6）电终端与光终端接口（HDB3）实验。

2）光终端实验

（1）数据接口实验；

（2）码型变换（CMI 编码）实验；

（3）码型变换（CMI 译码）实验；

（4）5B6B 编码实验；

（5）5B6B 译码实验；

（6）加扰实验；

（7）接收码流扰码实验；

（8）光发送系统实验；

（9）光接收系统及测试实验；

（10）模拟锁相环实验；

（11）同步始终提取（数字锁相环）实验；

（12）波分复用光纤传输特性测试实验；

（13）光无源器件（光耦合器、光衰减器等）特性测试实验。

3）系统实验

（1）电话（PCM）光纤传输系统实验；

（2）步数据光纤传输系统实验；

（3）光纤传输系统误码测量实验；

（4）光纤监测设备系统实验（光功率、误码、码型）。

2. 程控交换系统实验

实验一　程控交换实验系统及控制单元实验；

实验二　用户线接口电路及二/四线变换器实验；

实验三　程控交换 PCM 编码实验；

实验四　多种信号及铃流信号发生器实验；

实验五　双音多频 DTMF 接收实验；

实验六　交换网络原理（含人工模拟话务台）系统实验；

实验七　程控交换原理系统编程调试实验；

实验八　中继接口通信实验；

实验九　时间表调度实验；

实验十　用户摘挂机识别实验；

实验十一　脉冲收号实验；

实验十二　位间隔识别实验；

实验十三　软计时实验；

实验十四　数字程控交换信号实验；

实验十五　交换网络接续实验。

3. 移动通信实验

实验一　M 序列的产生与特点；

实验二　Gold 序列的产生与特点；

实验三　频率合成器技术；

实验四　白噪声信道特性的测量；

实验五　多径信道特性测量；

实验六　第二代移动通信：GMSK 窄带数字调制技术；

实验七　第二代移动通信：GMSK 窄带数字解调技术；

实验八　第二代移动通信：$\frac{\pi}{4}$DQPSK 窄带数字调制技术；

实验九　第二代移动通信：$\frac{\pi}{4}$DQPSK 窄带数字解调技术；

实验十　第二代移动通信：窄带移动通信数字调制信号在白噪声环境下的性能；

实验十一　第二代移动通信：窄带移动通信数字调制信号在衰落环境下的性能；

实验十二　第三代移动通信：直接序列扩频通信(DS/CDMA)地址码的搜索；

实验十三　第三代移动通信：直接序列扩频通信(DS/CDMA)地址码的捕获；

实验十四　第三代移动通信：DS/CDMA 的多址通信；

实验十五　第三代移动通信：DS/CDMA 在白噪声环境下的性能；

实验十六　第三代移动通信：DS/CDMA 的抗干扰性能测试；

实验十七　第三代移动通信：DS/CDMA 的抗衰弱性能；

实验十八　第三代移动通信：Rake 信道接收机；

实验十九　蓝牙扩频通信：跳频序列的产生与特性；

实验二十　蓝牙扩频通信：跳频信号的产生与特性；

实验二十一　蓝牙扩频通信：跳频(FH/CDMA)扩频技术；

实验二十二　蓝牙扩频通信：跳频(FH/CDMA)同步技术；

实验二十三　蓝牙扩频通信：FH/CDMA 的抗干扰性能测试；

实验二十四　蓝牙扩频通信：FH/CDMA 在白噪声环境下的性能；

实验二十五　蓝牙扩频通信：FH/CDMA 的多址通信；

实验二十六　蓝牙扩频通信：FH/CDMA 的抗衰弱性能。

4. 通信终端系统实验

实验一　用户环路接口实验

让学生掌握用户环路接口的主要功能，了解常用接口器件的主要性能、特点，熟悉交换机的控制过程，并对状态音信号、馈电功能、振铃功能、摘挂机功能进行测量。

实验二　CODEC 实验(用户接口编译码实验)

掌握 PCM 编译码器在程控交换器中的作用，熟悉单片 PCM 编译码集成电路(TP3067)的使用方法，并进行采样信号、编码码字、频响特性、电平特性等测量，熟悉 PCM 电路设计时电路增益的设计方法和设计原则。

实验三　双音频(DTMF)检测实验

加强学生对用户接口地址信令的认识与理解，熟悉信令通道与话音通道处理上的独立性，通过对 DTMF 信号波形的观测，DTMF 信号的检测与编码测量，DTMF 信号的灵敏度检测等指标测量来掌握 DTMF 信号的基本原理。

实验四　程控交换接续过程实验(主叫实验)

让学生掌握主叫用户的呼叫过程，了解在主叫呼叫中的信令处理过程。通过正常通话、被叫忙呼叫、被叫久不应等呼叫过程让学生掌握被叫用户在接续过程中信号音的变化，被叫用户在接续过程中状态的变化，被叫状态对主叫的影响。

实验五　回波返损实验

让学生了解回波产生的原因及其对通信的影响，掌握回波返损的测量方法，熟悉在实际通信中消除回波影响的方法。

实验六　空分交换实验

让学生了解空分交换网络的组成，通过测量熟悉空分交换网络的空分方法。

实验七　事件调度实验

让学生了解事件调度表在程控交换机中的作用，测量事件调度的次序关系。

实验八　电话网损耗分配实验

让学生了解掌握网络损耗的设计方法，了解网络损耗在电话网中的分配方法。测量并计算通程净损耗量，找出感觉舒适度与通程损耗曲线。

实验九　模拟锁相环实验

在本实验箱中设计由数字门电路实现的全数字锁相环。让学生建立全数字锁相环的概念，通过测量来掌握数字锁相环的基本特征，数字模拟锁相环的性能指标及使用场合。

实验十　全数字锁相环实验

在本实验箱中设计由数字门电路实现的全数字锁相环。让学生建立全数字锁相环的概念，通过测量来掌握数字锁相环的基本特征，熟悉模拟数字锁相环的性能指标及使用场合。

实验十一　AMBE(多带激励)低速话音编码实验

AMBE 是声码器的一种，可以在 $1.5 \text{ kb/s} \sim 4.8 \text{ kb/s}$ 速率下得到较好的语音质量。在 4.8 kb/s 和 4.0 kb/s 速率上其语音质量已经达到和超过 ITU - TG.72632 和 G.7298 的性能指标，达到长话质量。该声码器已用于 INMASAT、TCO 等多种卫星移动通信系统，以前的 IRIDIUM 系统也采用此类声码器。本实验的目的是让学生熟悉 AMBE 编译码模块组成及其编译码信号的性能、特点。

实验十二　帧成形及其传输实验/信道复接

在本实验箱上采用了类似 ATM 的传输方式：定长组帧、固定报头与信息格式。本实验的目的是让学生了解帧的概念、帧的结构、帧组成过程，学习掌握对帧的基本分析和测量方法。

5．通信信道实验

1）通信信道实验系统基本要求

通信信道实验系统应包括加性噪声信道、瑞利衰落信道、二径衰落信道、非线性信道、硬限幅信道、光纤信道及常用接口电路。图 8 - 1 是一个通信信道实验系统的框图。

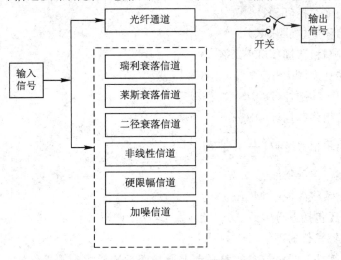

图 8 - 1　通信信道实验系统框图

2）实验内容

实验一　模拟信号光纤传输系统实验

让学生了解模拟光纤传输系统的主要指标，模拟光纤传输系统的噪声来源，了解发光端机的发光管特性，掌握如何在光纤信道中传输模拟信号，掌握发光端机中传输模拟信号时的驱动电路设计，了解弱信号光检测器的原理，学习光接收机的组成。

实验二　数字信号光纤传输系统实验

让学生了解数字光纤传输系统的主要技术指标，如何在光纤信道中进行数字信号的传输，熟悉发送光端机在传输数字信号时的驱动电路，了解数字信号光检测器的原理及数字光接收机的组成。

实验三　白噪声特性测量

让学生学习并掌握白噪声的性质和特点，掌握噪声对通信系统的影响。

实验四　瑞利衰落信道特性测试与仿真

让学生了解瑞利衰落的机理，掌握瑞利衰落信道的特性。

实验五　莱斯衰落特性测试与仿真

让学生了解莱斯衰落的机理，掌握莱斯衰落信道的特性。

实验六　二径衰落特性测试与仿真

让学生了解二径衰落的机理，掌握二径衰落信道的特性。

实验七　非线性信道、硬限幅信道特性测量

让学生了解非线性信道产生的原因，掌握一般非线性信道的特性。

6. 无线传输技术/软件无线电技术系统实验

随着数字通信技术的日益发展和广泛应用，数字调制技术得到了迅速发展。数字调制技术的研究主要是围绕着节省频谱和高效率地利用可用频带展开的。根据不同的传输信道，推出各种各样的新型调制方法。无线传输技术/软件无线电技术系统实验一般在软件无线电技术实验平台上进行，软件无线电技术实验平台应采用软件无线电技术来实现多种制式的通信系统功能，如以下九种均为目前的常规制式：

- 二进制频移键控（FSK）
- 二进制相移键控（BPSK）
- 差分二进制相移键控（DBPSK）
- 四相相移键控（QPSK）
- 差分四相相移键控（DQPSK）
- 四相交错相移键控（OQPSK）
- $\frac{\pi}{4}$ 差分四相相移键控 $\left(\frac{\pi}{4}\ \text{DQPSK}\right)$
- 最小频移键控（MSK）
- 高斯最小频移键控（GMSK）

实验平台上还包括差分编码、卷积编码、维特比译码等技术，学生通过实验能对信道传输技术有一个较完整的理解。

学生可以在软件无线电技术实验平台上通过键盘选择相应的工作模式与设置，设置项目见表 8 - 1。

项　目	调制方式选择	输入数据选择	工作方式选择
选择内容	FSK 传输系统 BPSK 传输系统 DBPSK 传输系统 QPSK 传输系统 DQPSK 传输系统 OQPSK 传输系统 MSK 传输系统 GSMK 传输系统 $\frac{\pi}{4}$DQPSK 传输系统	外部数据信号 全 1 码 全 0 码 0/1 码 特殊码序列 m 序列	匹配滤波 硬判解调

7. 通信网络实验系统实验

1）系统描述

通信技术从最初简单的无线电报技术到目前的移动通信技术、程控交换技术、卫星通信技术、光纤通信技术，技术水平与规模都取得了飞速发展。特别是近 20 年来半导体技术在制造工艺上的突破，大大加速了通信领域的发展。面对不断发展的新技术、日益复杂的通信网络，对从事通信领域方面设计与技术维护的科技工作者提出了更高的要求，从而也要求高等院校通信专业的课程设置需要进行不断的更新，实验手段也要适应不断发展的技术要求。

通信网络实验能将通信专业高年级学生所学知识进行综合和提高，为走向工作岗位奠定扎实的基础。通信网络实验系统针对电信网中信号传输的过程及技术，为学生建立信号在电信网网络里是如何进行传输的，即信号传输主要经过哪些设备，这些设备对信号要进行哪些处理，在设备处理中关键技术是哪些，实际设计中会出现什么问题。为学生怎样解决这些问题提供了一个动手实践的机会。

2）实验介绍

（1）通信信道实验。参见前面通信信道实验部分。

（2）通信终端实验。参见前面通信终端实验。

（3）无线传输技术/软件无线电技术实验。参见前面无线传输技术/软件无线电技术系统实验。

（4）通信网络实验系统部分实验介绍：

实验一　出/入中继实验

让学生掌握中继电路的组成，了解中继线路与一般用户电路的区别，使学生对通信网络工程有一个完整的概念。

实验二　系统定时实验

让学生熟悉系统同步的基本概念，了解通信网络中时钟同步的作用，掌握常用同步的实现方法。

实验三　接收帧同步实验

让学生了解帧同步的概念，掌握帧同步的过程与方法。

实验四　移动通信终端实验

让学生熟悉移动通信终端在移动无线信道下的特性，了解移动通信终端的编码特性。

实验五　卫星通信终端实验

让学生熟悉卫星终端在卫星信道下的性能，卫星信道的延时、误码特性。

实验六　系统故障设置实验

让学生根据故障现象，运用所学知识分析解决故障，提高分析问题、解决问题的能力，进一步加强学生动手能力的培养。

（5）通信网络实验系统部分二次开发实验介绍：

实验一　键盘扫描程序实验

让学生熟悉键盘扫描程序的基本过程，掌握抖动消除的基本方法，能够正确响应按键的输入。

实验二　液晶显示实验

让学生学习并掌握液晶显示的基本程序设计过程，学习模块化程序设计，学会基本字符、汉字字库制作方法，并可按要求在指定位置显示数字及汉字。

实验三　用户操作界面编程实验

让学生学习一个完整应用程序的设计过程，为了便于对程序进行维护，要求采用工程文件方式来组织程序，对每个子程序有较清晰的接口关系、较完整的上下文保护措施。

实验四　DSP信号处理实验

让学生掌握DSP信号处理的基本方法，学习数字化滤波器的设计及进行一定的仿真，熟悉通信信道硬件设计方法，为完成后面实验奠定基础。

实验五　DDS波形产生实验

让学生掌握FPGA实现的基本方法，学习FPGA如何使用全局时钟，掌握利用FPGA实现DDS（直接数字信号合成技术）功能。

实验六　FPGA实现帧形成实验

让学生熟悉帧形成的基本过程，掌握利用FPGA产生一个帧信号（仿E1帧结构）输出。

实验七　FPGA实现帧同步实验

让学生进一步掌握FPGA编程的基本方法，熟悉帧同步的基本方法，对输入的帧信号设计同步电路。

实验八　调制解调实验

该实验是一项综合实验，是对"调制解调技术"、"DSP技术"、"FPGA技术"、"编程技术"等课程的一个综合应用，让学生学习在FPGA中实现对信号的调制以及在DSP中实现对信号的解调。

实验九　摘挂机检测（振铃状态）编程实验

让学生学习并掌握用户接口电路的基本组成及摘挂机检测的基本过程，培养学生采用状态图进行编程的能力，同时掌握如何在振铃状态下对用户摘挂机进行检测。

实验十　双音多频检测编程实验

让学生学习并掌握DSP信号处理的基本方法及双音多频检测的基本过程，培养学生采用状态图进行编程的能力，同时掌握如何对双音多频进行检测及抖动的消除。

实验十一　空分交换控制编程实验

让学生学习并掌握设计空分交换的基本方法，进一步深入学习模块化程序设计，结合上面实验结果，完成本地交换功能。

实验十二　电话会议编程实验

会议电话是电话网中的一项重要业务，其基本过程是由网络业务员根据用户的要求进行通信网络资源的调配，其信令过程较为复杂。本实验让学生学习掌握会议电话的基本过程及掌握大型程序的模块化编程方法，同时将前面的实验知识进行综合运用，实现电话会议功能。

8.2.2　实训内容举例

实训一　电话交换呼叫处理通信系统综合实验

1. 实验原理

一般程控交换机组成如图 8-2 所示，它主要由用户接口电路、话路网络（交换网络）、控制系统、出/入中继器、话务台等功能模块组成。从图中可以看出，话音通道与信令通道是两个独立的通道，它们在用户接口电路出口处分离，话音通道去话路网络（交换网络），信令通道去控制系统的扫描器。

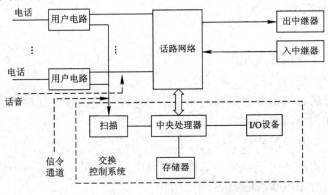

图 8-2　程控交换机组成框图

学生应通过实训熟悉程控交换的工作过程，掌握电话的接续处理原理。下面简要介绍我们所使用的一个程控交换实验系统平台，该程控交换实验系统平台设有一个简易的程控交换处理系统（省略了出/入中继器和话务台），由它组成的电话呼叫处理实验系统框图如图 8-3 所示。

对于用户接口上的信令，可分为线路信令与地址信令（也称之为记发器信令）。线路信令主要反映了用户话机的状态（摘机或挂机），此类信令一般由 SLIC 电路检测（该方面已包括在前面的实验中）；地址信令主要是用户发出的拨号信息，该类信令一般由双音多频（DTMF）检测器进行检测。

用户线上的地址信令存在两种技术标准：脉冲拨号方式和 DTMF 方式。本系统中采用 CM8870 器件进行 DTMF 信号的检测。

话音编码采用 PCM 编码，本系统中采用 MC14LC5540 器件完成 PCM（或 ADPCM）编码。

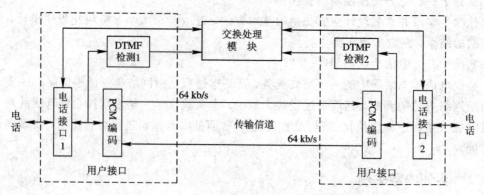

图 8-3 电话呼叫处理系统实验电路框图

连接于电话网中的两台电话在进行通信时，必须按照一定的规程进行，例如号码编号、用户线信令、接续程序等等。在该实验中要求学生对电话在接续中的信令交换过程有一个较清楚的认识。

2．实验仪器

（1）程控交换实验系统一台。

（2）20 MHz 双踪示波器一台。

（3）电话机二部。

3．实验目的

（1）了解程控交换的基本原理。

（2）熟悉用户扫描器的结构。

（3）理解话音通道与信令通道如何在电路中进行传输和独立处理。

（4）掌握主叫用户的呼叫过程。

（5）了解在主叫呼叫时的信令处理过程。

（6）掌握主叫因被叫用户的状态在接续过程中信号音的变化。

（7）被叫状态对主叫状态的影响。

4．实验内容

准备工作：

（1）将本实验系统上电话 1 模块内发、收增益选择跳线开关 K101、K102 设置在 N 位置（左端），电话 2 模块内发、收增益选择跳线开关 K201、K202 设置在 N 位置（左端）。

（2）ADPCM1 模块内输入信号选择跳线开关 K501 设置在 N 位置（左端），发、收增益选择跳线开关 K502、K503 设置在 N 位置（左端），输入数据选择跳线开关 K504 设置在 ADPCM2 位置（中间）；ADPCM2 模块内输入信号选择跳线开关 K601 设置在 N 位置（左端），发、收增益选择跳线开关 K602、K603 设置在 N 位置（左端），输入数据选择跳线开关 K604 设置在 ADPCM1 位置。

（3）DTMF1 模块内增益选择跳线开关 K301 设置在 N 位置（左端），DTMF2 模块内增益选择跳线开关 K401 设置在 N 位置（左端）。

（4）将二部电话机分别接入 PHONE1 和 PHONE2 插座。

（5）加电后通过菜单设置在 PCM 编码方式。用示波器测量 DSP＋FPGA 模块测试点 TPMZ07 是否有脉冲信号，若有则系统运行正常。

下面所有实验均在第一个用户模块上进行测试，第一个用户模块在本实验系统平台的左方中间位置。

1）通话状态呼叫处理过程

测量信令交互过程如图 8 - 4 所示。二部话机插入 PHONE1 和 PHONE2 位置，并均处于挂机状态。

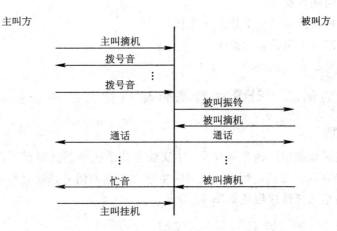

图 8 - 4　通话信令交互过程

（1）话机 1 摘机。电路上测试 TP103 由高电平变为低电平，测试 TP107 为连续的 450 Hz 的方波信号（注：实际交换机设备应为正弦波信号），同时主叫话机 1 能听到拨号音。

（2）话机 1 拨对端话机 2。电路上测试 TP107 有回铃信号，主叫电话 1 能听到回铃音，在被叫话机 2 处可听到振铃信号。测量回铃信号的通/断时间，记录测量结果。

（3）话机 2 摘机。电路上测试 TP107 回铃音信号消失，主叫话机 1 能听到回铃音消失，同时被叫话机振铃信号消失。当对方讲话时可观察到对方的语音信号，此时双方都可听到对方的讲话。注意观察话音信号的波形变化（频率、音节等）。

（4）话机 2 挂机：电路上测试 TP107 为忙音信号，被叫话机 1 处可听到忙音：测量忙音信号的通/断时间，记录测量结果。

（5）话机 1 挂机：电路上测试 TP103 由低电平变为高电平，通话结束。

2）被叫忙呼叫处理过程

被叫先处于摘机状态，此时话机 1 拨对端号码 2，将听到忙音。对于该过程的信令交互与描述由学生自己组织。

3）主叫拨网内空号后呼叫处理过程

主叫话机 1 错拨非本地交换局内的号码时将听到忙音。对于该过程的信令交互与描述由学生自己组织。

4）被叫久叫不应呼叫超时处理过程

被叫振铃后不应答，当振铃超时后将听到忙音，对于该过程的信令交互与描述由学生自己组织。

5) 主叫摘机长时间不拨号超时处理过程

主叫摘机后，听到拨号音但长时间不拨号，当超时后主叫将听到忙音。对于该过程的信令交互与描述由学生自己组织。

5. 实验报告

（1）用户摘机的检测过程。

（2）主叫信号音的变化规律。

（3）画出主叫状态变化图。

（4）被叫用户在接续过程中状态的变化。

（5）被叫状态对主叫状态的影响。

（6）画出被叫状态变化图。

实训二　计算机数据传输通信系统综合测试

1. 实验原理

利用计算机进行通信已经非常普及。本实验是让学生熟悉计算机通信的基本过程；通过传输信道误码对数据通信的影响，加深学生建立数据通信对系统指标的概念和要求。计算机数据传输通信系统连接组成如图8-5所示。

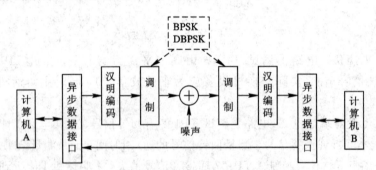

图8-5　计算机数据传输系统实验组成方框图

2. 实验仪器

（1）无线传输技术/软件无线电技术实验系统一台。

（2）20 MHz 双踪示波器一台。

（3）计算机二台。

3. 实验目的

（1）熟悉计算机与信道传输设备（DCE）的连接方法。

（2）熟悉 RS-232 接口的信号关系。

（3）掌握计算机通信的基本设置和操作方法。

（4）熟悉信道传输误码对计算机数据通信的影响。

4. 实验内容

准备工作：

（1）关闭计算机电源，将两台计算机串行通信端口（通常是 COM1 口：DB9）通过数据电缆连接到 CZR 型无线传输技术/软件无线电技术实验系统的终端 A 模块异步数据的 JF01 接口(左上方)和终端 B 模块异步数据的 JG01 接口(右上方),插入时需使用电缆转换接头,并注意插入方向。

(2) 将汉明编码模块输入数据选择跳线开关 KC01 设置为异步数据 AS 位置(左 2),并将工作方式选择开关 KWC01 设置为 00000000 状态,旁通汉明编码器功能。

(3) 将汉明译码工作方式选择开关 KW03 设置在 OFF 位置(右端),旁通汉明译码器,数据和时钟跳线开关选择设置 CH 位置(左端)。

(4) 将噪声模块输出噪声电平选择开关 SW001 设置为输出电平最小(10000001)。

(5) 用中频电缆连接 K002 和 JL02,建立中频自环。

(6) 实验箱设备加电,用示波器检查两台实验设备测试点 TPMZ07 是否都有脉冲,若有即可进入系统设备(通过菜单选择调制方式为"BPSK 传输系统",调制器输入信号为"外部数据信号",工作方式设定为"匹配滤波")。

1) 计算机数据接口与实验箱信号连接关系

计算机与 CZR 型无线传输技术/软件无线电技术实验系统数据端口信号线连接电缆信号关系参见图 8-6。计算机与无线传输技术/软件无线电技术实验系统的信号采用 RS-232 接口电平,从实验箱终端 A 异步数据接口模块的 TPF01 可以测量到计算机 A 发送给实验箱的数据信号(RS-232 电平),TPF02 是将接收到的该信号经接口芯片 UF01 (MAX232)转换为 TTL 电平数据信号;实验箱终端 B 异步数据接口模块测试点 TPF03 是经过信道传输后解调的数据(TTL 电平),该信号通过接口芯片 UG01(MAX232)转换为 RS-232 电平(TPG04)送给对端计算机。

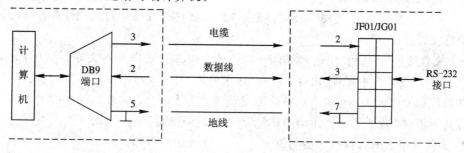

计算机 A/B

图 8-6 计算机与无线传输技术/软件无线电技术实验系统数据端口信号线连接图

由计算机 B 通过实验箱终端 A 异步数据接口模块→终端 A 异步数据接口模块→计算机信道是一条直通信道,信号测试点分别是 TPG01(RS-232 电平:计算机 B 发送数据)→TPG02(TTL 电平:经接口芯片 UG01 转换的计算机 B 发送数据)→TPF03(TTL 电平:经线路传输送给计算机 A 接收数据)→TPF04(RS-232 电平:经接口芯片 UF01 转换送给计算机 A 接收信号)。

在数据(或文件)传输时,可用示波器观测相应测试点的信号。

2) 计算机通信软件的设置与使用

启动微机后,可以通过"开始→程序→附件→通讯→超级终端",运行"Hypertrm. exe"软件。用户通过它可以很方便地与远端计算机建立联系。(没有预装"超级终端"通信软件,需通过"Win95/Win98/Win2000"系统盘安装。)

基本设置：

(1)"新建连接"。在"名称"框输入新连接的名称，并可在"图标"列表中选出一个图标表示该连接对象，然后单击"确定"按钮。

(2)"连接时使用"。进入连接对话框，因采用直接线路连接，需在"连接时使用"下拉菜单中选择"直接连接到串口1"(注：视实际计算机连接接口而定)，然后单击"确定"按钮。

(3)"端口设置"。进入端口设置对话框，该处参数要求两台计算机设置必须一致，设置完成后单击"确定"按钮。"超级终端"运行后，可以在"文件"菜单下选用"保存"命令，把刚才创建的连接设置项保存下来，计算机自动在"超级终端"文件夹中增加刚创建的服务对象，便于下次启动该连接。端口设置如表8-2所示。

表 8 - 2 端 口 设 置

"波特率"——110	"数据位"——8
"奇偶校验"——无	"停止位"——1
"流量控制"——无(或 Xon/Xoff)	

(4)"属性设置"。为方便显示，可以在"超级终端"窗口的"文件"菜单下选用"属性"命令，选择"设置"栏后，单击"ASCII 码设置"命令，激活"以换行符作为发送结尾"和"本地显示键入的字符"，其余选项默认，然后单击"确定"按钮返回。

•"键盘对话"。在信道连接正常之后，进入"超级终端"窗口，不管用户在"超级终端"窗口中敲入什么，都会通过信道发送到对端。同样，另一个人在对端所敲入的信息，也会出现在自己的"超级终端"窗口中。

•"大量信息发送"。选用"编辑"菜单下"粘贴到主机"命令，可以把保存在剪贴板中的大量信息发送出去。

•"文件交换"。选用"传送"菜单下的"发送文件"或"发送文本文件"可以与对端计算机交换文件。"发送文本文件"内容可以在"超级终端"窗口显示出来。

如果计算机间无法通信，请检查计算机设置、连接电缆、实验箱各跳线开关设置、菜单设置是否正确，检查和设置正确后，重新启动"超级终端"。

3) 不同速率下的计算机通信测量

(1) 改变数据传输速率。在"超级终端"窗口的"文件"菜单下选用"属性"命令，选择"连接到"栏上的"配置"命令，"波特率"改为300，单击"确定"按钮返回(双方计算机必须进行同样的设置)。双方计算机可进行"键盘对话"、"大量信息发送"、"文件交换"通信，观测数据传输有无错误和正常通信(主要观测计算机 A 至 B 方向传输，计算机 B 至 A 方向传输(未经过调制器信道))。

(2) 继续增加数据传输速率。分别改变"波特率"为1200、2400、4800，重复上述测量步骤，测量速率对计算机通信文件传输的影响(文件传输速度的变化、文件有无差错等)，测量时可以使用示波器观测终端模块 A(或 B)中各测试点信号，记录测量结果。本实验箱终端模块串口设计波特率为2400。

4) 信道误码对计算机通信的影响

(1) 将双方计算机的传输速率设置在 2400 波特。双方计算机可进行"键盘对话"、"大量信息发送"、"文件交换"通信，此时两计算机之间的信息传递应无错误。

（2）将噪声模块输出噪声电平增加一挡，使开关 SW001 为（10000010），降低信噪比。测量信道误码对计算机通信文件传输的影响（文件有无差错），记录测量结果。

（3）继续降低信噪比，重复上述测量步骤，记录测量结果。

5）将调制方式设置为 DBPSK 方式重复上述所有实验

仔细比较 DBPSK 与 BPSK 性能的差异。

6）采用两台无线传输技术/软件无线电技术实验系统实现双向调制信道数据传输

使用两台无线传输技术/软件无线电技术实验系统的终端，A 模块分别与两台计算机连接，将终端 B 模块 RS-232 数据端口外部自环，用电缆连接两台实验箱中频信号接口，即可实现两台计算机的双向调制信道数据传输。该项目可根据需要来做。具体实施在老师的指导下由学生自己组织完成。

7）常见故障的设置与分析查找

通过断开中频测试信号、解调器相干载波失锁（开环及改变频差）、调制输入数据信号选择错误、计算机端口选择错误、计算机参数设置错误、计算机数据传输速率设置不匹配等不同类型故障，让同学根据观测故障现象和测量数据分析故障原因，培养学生分析问题和解决问题的能力。具体测试在老师的指导下由学生自己组织完成。

5. 实验报告

（1）分析总结各项测试结果；

（2）叙述信道传输误码对计算机数据通信的影响；

（3）画出计算机 RS-232 接口信号关系；

（4）在传输信道误码下，由学生自己编写一个程序，完成两台计算机之间的正常通信。

实训三　移动衰落信道通信系统综合测试

1. 实验原理

本实验是将 ADPCM（或 CVSD）话音编码信号通过 BPSK（或 DBPSK）调制在移动衰落信道（瑞利衰落、莱斯衰落）中传输，体验通话质量。通过通话所反映出的现象及各种测试结果，让学生建立移动通信的基本概念。移动衰落信道实验的设备连接组成如图 8-7 所示。

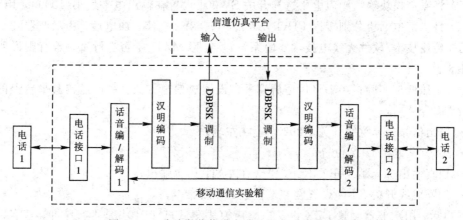

图 8-7　移动衰落信道实验的设备连接组成框图

2. 实验仪器

(1) 移动通信实验箱一台。

(2) 信道实验平台一台。

(3) 20 MHz 双综示波器一台。

3. 实验目的

(1) 建立移动通信的基本概念。

(2) 熟悉移动衰落信道的特征。

(3) 熟悉不同调制信号在移动信道传输的特征。

4. 实验内容

准备工作：

(1) 将移动通信实验箱与信道实验平台在中频上进行自环连接：移动通信实验箱的 K002 与信道实验平台的 S001 相连（发支路）；本综合实验箱的 JL02 与信道仿真平台的 B002 相连（收支路）。

(2) 将移动通信实验箱上电话 1 的模块内发、收增益选择跳线开关 K101、K102 设置在 N 位置（左端），电话 2 模块内发、收增益选择跳线开关 K201、K202 设置在 N 位置（左端）；DTMF1 模块内增益选择跳线开关 K301 设置在 N 位置（左端），DTMF2 模块内增益选择跳线开关 K401 设置在 N 位置（左端）；ADPCM1 模块内输入信号选择跳线开关 K501 设置在 N 位置（左端），发、收增益选择跳线开关 K502、K503 设置在 N 位置（左端），输入数据选择跳线开关 K504 设置在 ADPCM2 位置（中间）；ADPCM2 模块内输入信号选择跳线开关 K601 设置在 N 位置（左端），发、收增益选择跳线开关 K602、K603 设置在 N 位置（左端），输入数据选择跳线开关 K604 设置在 CH 位置（左端）。

(3) DTMF1 模块内增益选择跳线开关 K301 设置在 N 位置（左端），DTMF2 模块内增益选择跳线开关 K401 设置在 N 位置（左端）。

(4) 将汉明编码模块跳线开关 SWC01 中 ADPCM、H～EN 短路器插入，其余拔除（00110000），将汉明译码模块跳线开关输入数据和时钟选择跳线开关 KW01、KW01 设置在直通 LOOP 位置（右边），汉明译码使能开关 KW03 设置在工作 ON 位置（左端）。

(5) 将噪声模块输出噪声电平选择开关 SW001 设置在输出电平最小（10000001）。

(6) 将二部电话机分别接入 PHONE1 和 PHONE2 插座。加电后，用示波器测量测试点，无线传输技术/软件无线电技术实验系统设备 TPMZ07 是否有脉冲，若有则说明系统运行正常。

(7) 参照信道实验指导书将信道仿真平台设置成信道方式。在信道实验平台上的跳线器的设置如下：

· 输出信号选择跳线开关 K202 设置在左端；

· JL02 设置在 1～2 位置；

· 仿真输出选择跳线开关 K201 设置在左端：仿真输出；

· 加噪跳线开关 K104 设置在左端位置：不加噪声。

加电后，用示波器测量 CZX 设备白噪声模块测试点 TP101 是否有脉冲，若有则系统运行正常。

注：系统中电话机 1 至电话机 2 方向的信号传输经过衰落信道传输，ADPCM2 至 ADPCM1 信道传输设置为直通。

1）BPSK 调制信号经莱斯衰落信道传输性能定性观测

移动通信实验箱通过菜单选择调制方式为"DBPSK 传输系统"，调制器输入信号为"外部数据信号"，工作方式设定为"匹配滤波"、"ADPCM"编码。

信道实验平台通过菜单选择"莱斯衰落"信道模型。

（1）通过电话拨号使两端电话处于正常通话状态，如不能通话请检查实验箱参数设置、电缆连接、各跳线器设置是否正确，重新复位实验箱。通过电话机 1 讲话，听 ADPCM1 至 ADPCM2 方向经过传输信号通信是否受衰落信道的影响，记录测量结果。

（2）用示波器监测实验信道仿真平台通道模块输出测试点 TP203 波形，观测 DBPSK 调制信号经衰落信道传输后的变化情况。

（3）用示波器监测无线传输技术/软件无线电技术实验系统测试模块抽样检测点 TPN04 波形，观测 DBPSK 信号经衰落信道传输后解调抽样判决点信号的变化情况；用发时钟测试点 TPM01 信号做同步，观测解调器位同步时钟测试点 TPMZ07 信号的变化情况。

2）BPSK 调制信号经瑞利衰落信道传输性能定性观测

实验系统通过菜单选择调制方式为"DBPSK 传输系统"；信道实验仿真平台通过菜单选择"瑞利衰落"信道模型；其余不变。实验步骤参见"DBPSK 调制信号经莱斯衰落信道传输性能定性观测"一节，由学生自己组织完成。

注意与"莱斯衰落"信道模型的测试结果做比较。电话在通信一段时间断线后可重新拨号建立话音信道。

思考：电话在传输一段时间后为什么会断线？

3）将话音编码设置为 CVSD 方式重复上述所有实验

注意仔细比较 CVSD 与 ADPCM 编码方式受衰落信道传输影响的性能差异。

4）常见故障的设置与分析查找

通过断开中频电缆、参数设置错误、调制输入数据信号选择错误、跳线器设置不正确等不同类型故障，让学生根据观测故障现象和测量结果分析故障原因，培养学生分析问题和解决问题的能力。具体测试在老师的指导下由学生自己组织完成。

5．实验报告

（1）根据测量结果分析和总结 DBPSK 与 BPSK 的衰落信道传输的性能。

（2）叙述移动衰落信道的特征。

附录 英汉词汇对照

ACC	Account Card Calling	记账卡呼叫业务
ACM	Address Complete Message	地址收全消息
AIS	Alarm Indication Signal	故障管理功能有告警指示信号
AMI	Alternative Mark Inversion	传号交替取反
AMPS	Advanced Mobile Phone Service	(美国)先进移动通信系统
AN	Access Network	接入网
ANM	Answer Message	应答消息
APC	Automatic Power Control	功率自动控制电路
APCD	Associate Police Communication Department	(美国)联合公安通信官方机构
ASK	Amplitude Shift Keying	幅度键控
ATD	Asynchronous Time Division	异步时分
ATM	Asynchous Transfer Mode	异步传输模式
AUC	Authentication Center	鉴别中心
BCCH	Broadcast Control Channel	广播控制信道
B-ICI	B-ISDN Inter-Carrier Interface	宽带互联接口
BIP	Bit Interleaved Parity	比特交织奇偶校验
B-ISDN	Broadband-Integrated Services Digital Network	宽带综合业务数字网络
BRI	Basic Rate Interface	基本速率接口
BS	Base Station	基站
BSC	Base Station Controller	基站控制器
BSIC	Base Station Identify Code	基站识别码
BSS	Base Station System	基站子系统
BTS	Base Transceiver Station	基站收发信机
CATV	Cable Television	有线电视
CC	Continuous Conform	连续性检验
CCCH	Common Control CHannel	公共控制信道
CCIR	International Radio Consulative Committee	国际无线电咨询委员会
CCITT	International Telegraph and Telephone Consultative Committee	国际电报电话咨询委员会
CCS7	Common Channel Signaling No. 7	七号共路信令

CDV	Cell Delay Variation	信元时延偏差
CES	Circuit Emulation Service	电路仿真
CGI	Cell Global Identify	小区全球识别码
CI	Cell Identify	小区识别码
CLP	Cell Lost Priority	信元丢失优先级
CLS	Controlled Load Service	无连接数据业务
CMS	CDMA Mobile System	CDMA 移动通信系统
CMT	Cellular Message Telecommunications	蜂窝信息电话服务
CODEC	Coder – DECoder	调制—解调
COR-PSK	CORrelation-Phase Switch Keying	相关相移键控
CPG	Call Progress	呼叫进展
CPR	Common PRocessor	公共处理器
CPT	Cellular Paging Telecommunications	蜂窝传播呼叫电话服务
CRS	Cell Relay Service	信元中继业务
CS	Convergence Sublayer	会聚子层
CSAT	CDMA System Analysis Tool	CDMA 系统分析工具
CSC	Cell Supervision Controller	小区控制器
CSMA/CD	Carrier Sense Multi-Access/Collision Detection	载波侦听多路访问/冲突检测方式

D – AMPS	Digital Adanced Mobile Phone System	数字高级移动电话系统
DOA	Direction of Arrival	到达角
DPSK	Diffential Phase Shift Keying	差分相移键控
DS	Direct Sequence	直接序列
DSS2	Digital Subscriber Signalling System No. two	B - ISDN 数字用户信令 2
DSSS	Direct Sequence Spread Spectrum	直接序列扩频
DTC	Digital Transmit Command	数字中继器
DTMF	Dual Tone Multiple Frequency	双音多频
DWDM	Dense Wavelength Division Multiplexing	密集波分复用
DXI	Data Exchange Interface	数据交换接口
EDGE	Enhanced Data rate for GSM Evolution	增强数据速率的 GSM 演进
EIR	Equipment Identify Register	设备识别寄存器
EIRP	Equivalent Isotropic Radiated Power	等效全向辐射功率
EMPI	Extended MultiPath Interface	多路端接口
EPR	Effective Power Record	有效辐射功率

FAC	Final Assembly Code	最后装配码
FCC	Federal Communications Commission	(美国)联邦通信委员会
FDD	Frequency Division Duplex	频分数字双工
FDDI	Fiber Distributed Data Interface	光纤分布式数据接口
FDMA	Frequency Division Multiple Access	频分多址
FER	Frame Error Rate	帧误码率

FERF	Far Endpoint Receive Failure	远端接收故障信号
FH	Frequency Hopping	跳频
FPH	FreePHone	被叫集中计费业务
FR	Frame Relay	帧中继
FSK	Frequency Shift Keying	频移键控
FTTB	Fiber To The Building	光纤到大楼
FTTC	Fiber To The Curb	光纤到路边
FTTH	Fiber To The Home	光纤到户
GFC	Generic Flow Control	通用流量控制
GII	Global Information Infrastructure	全球信息基础设施
GMSK	Gaussian-filtered Minimum Shift Keying	高斯滤波最小移位键控
GPRS	General Packet Radio Service	通用分组无线业务
GSM	Global System for Mobile Communication	全球移动通信系统
GSM/PLMN	GSM/Public Land Mobile Network	GSM/公用陆地移动网络网
HDB	High Density Bipolar	高密度双极性(码)
HDTV	High Definition TeleVision	全数字高清晰度电视
HEC	Header Error Check	信头差错检验
HEC	Header Error Control	信头差错控制
HFC	Hybrid Fiber Coax	光纤同轴混合网络
HLR	Home Location Register	本地用户位置寄存器
IAA	IAM Achnowledge	IAM 响应消息
IAM	Initial Address Message	初始地址消息
IAR	IMA Reject	IAM 拒绝消息
ICIP – CLS	Intercarrier Service Protocol – Connectless Server	互通业务协议无连接业务
IDN	Integrated Digital Network	综合数字网
IDU	In Door Unit	室内单元
IMEI	International Mobile Equipment Identify	国际移动设备识别码
IMSI	International Mobile Subscriber Identifier	国际移动用户识别码
ISDN	Integrated Service Digital Network	综合服务数字网络
ISO	International Standards Organization	国际标准化组织
ISUP	ISDN User Part	ISDN 用户部分 ISUP
ITSO	International Telecommunications Satellite Organization	国际电信卫星组织
ITU	International Telecommunication Union	国际电信联盟
IWF	Internal Work Function	内部工作功能
IWU	Interworking Unit	网间互通单元
LAI	Location Area Identity	位置区识别码

LAN	Local Area Network	局域网
LMDS	Local Multipoint Distribution Service	本地多点分配业务
LMF	Local Management Function	本地维护设备
LPC	Linear Predictive Coding	线性预测编码
LSC	Local Switching Center	单区控制交换中心
LT	Loopback Test	环回测试
MAN	Metropolitan Area Network	城域网
MCC	Mobile Country Code	移动国家码
MDF	Main Distributing Frame	总配线架
MFC	Multi-Frequency Code	多频制信令
MMF	Multi Mode Fiber	多模光纤
MNC	Mobile Network Code	移动网号
MPSK	Multi Quadrature Phase Shift Keying	多进制相移键控
MQAM	Multi Quadrature Amplitude Modulation	多进制正交幅度调制
MS	Mobile Station	移动台
MSC	Mobile Switching Center	移动业务交换中心
MSC	Management Switching Center	控制交换中心
MSISDN	Mobile Station Integerited Services Digital Network	移动台 PSTN/ISDN 号码
MSK	Minimum Shift Keying	最小移频键控
MSRN	Mobile Station Roaming Number	移动台漫游号码
MT	Mobile Terminal	移动终端
MTP-3	Message Transfer Part-3	消息传送部分第三层
MTSO	Mobile Telephone Switching Office	移动交换局
MTX	Mobile Telephone eXchange	移动交换机
NCC	Network Control Center	网络控制中心
N - CDMA	Narrow Band Code Division Multiple Access Mobile Communication	窄带码分多址
NDC	National Department Code	国内地区码
NII	National Information Infrastructure	国家信息基础设施
N - ISDN	Narrowband-Integrated Services Digital Network	窄带综合业务数字网络
NMSI	National Mobile Station Identify	国内移动用户识别码
NMT - 900	Nordic MobileTelephone - 900	(北欧)NMT - 900 移动电话系统
NNI	Network Node Interface	网络节点接口
NPC	Network Parameter Control	网络参数控制
NRZ	Non-Return-to-Zero	单极性不归零(码)
OAM	Operations，Administration and Maintenance	处理操作、管理和维护
ODU	Out Door Unit	室外单元
OMC	Operation Management Center	操作维护中心

OSI	Open System Interconnection	开放系统互连
PBX	Private Branch eXchange	小交换机
PCM	Pulse Code Modulation	脉冲编码调制
PCS	Personal Communication Service	个人通信业务
PDC	Personal Digital Communication	个人数字通信
PDH	Pseudo-synchronous Digital Hierarchy	准同步数字系列
PLCP	Physical Layer Convergence Protocol	物理层会聚协议
PLL – QPSK	Phase Locked Loop – Quadrature Phase Shift Keying	锁相环相移键控
PLMN	Public Land Mobile Network	公用陆地移动网
PM	Physical Media	物理媒体
POH	Path Overhead	通道开销
PRI	Primary Rate Interface	基群速率接口
PSK	Phase Shift Keying	相移键控
PSPDN	Packet Switched Public Data Network	邮件交换公用数据网
PSTN	Public Switched Telephone Network	公用交换电信网
PVC	Permanent Virtual Circuit	永久虚连接
QAM	Quadrature Amplitude Modulation	正交幅度调制
QMSK	Quadrature Frequency Shift Keying	高斯最小频移键控
QoS	Quality of Service	服务质量
QPSK	Quadrature Phase Shift Keying	四相相移系统
REL	Release	释放
RELP	Residual Excited Linear Prencdictive coding	码本线性预测编码
RES	Resume	暂停恢复
RLC	Release Complete	释放结束
RNT	Radio Network Terminal	无线网络终端
SAM	Subsequence Address Message	后续地址消息
SAP	Service Access Point	业务接入点
SAR	Segment And Reassemble	分段和重装
SBC	SubBand Coding	子带编码
SCC	Signalling Channel Controller	信令信道控制器
SCE	Services Creation Equipment	业务生成设备
SCP	Services Control Point	业务控制点
SCPC	Single Channel Per Carrier	单路单载波
SDH	Synchronous Digital Hierarchy	同步数字系列
SDL	Standard Description Language	规范描述语言
SIM	Subscriber Identity Model	用户识别模块

SIP	SMDS Interface Protocol	SMDS 接口协议
SLIC	Subscriber Line Interface Circuit	用户线接口电路
SMDS	Switched Multimegabit Data Service	交换的多兆比特数据业务
SMF	Single Mode Fiber	单模光纤
SMP	Services Management Point	业务管理点
SMS – MC	Short Message Service – Message Control	短信息服务
SN	Service Network	业务节点
SN	Series Number	用户号码
SNI	Service Network Interface	业务节点接口
SNR	Serial Number	序号码
SOH	Section Overhead	区段开销
SP	Signal Point	信号点
SPC	Store Program Control	存储程序控制
SSCF	Service Specific Coordination Function	业务特定协调功能
SSCOP	Service Specific Connection Oriented Protocol	业务特定面向连接协议
SSCS	Service Specific Convergence Sublayer	业务特定会聚子层
SSP	Services Switch Point	业务交换点
STM	Synchronous Transfer Mode	同步时分复用
STMF	Single Tone Multi-Frequency	单音码(信令)
STP	Signal Transfer Point	信号转接点
SUS	Suspend	暂停
SVC	Switched Virtual Channel	交换虚连接
TAC	Type Approval Code	型号批准码
TACS	Total Access Communication System	全接入通信系统
TAF	Terminal Adaptation Function	终端适配功能
TC	Transmission Convergence	传输会聚
TCP/IP	Transmission Control Protocol/Internet Protocol	传输控制协议/互联网协议
TCU	Terminal Control Unit	设备终端控制器
TDD	Time Division Duplex	时分数字双工
TDMA	Time Division Multiple Access	时分多址
TE	Terminal Equipment	终端设备
TH	Time Hopping	跳时
TMN	Telecommunication Management Network	电信管理网
TMSI	Temporary Mobile Station Identify	临时用户识别码
TR	Trail Trace	尾部跟踪
TSI	Time Slot Interchange	时隙交换
UHF	Ultra High Frequency	超高频
UNI	Use Network Interface	用户网络接口
UPT	Universal Personal Telecommunication	通用个人通信

VCC	Voice Channel Controller	话音信道控制器
VHF	Very High Frequency	甚高频
VLR	Visitor Location Register	外来用户位置寄存器
VPI	Virtual Path Identifier	虚通道标识
VPN	Virtual Private Network	虚拟专用网业务
VSAT	Very Small Aperture Terminal	甚小孔径终端
VSELP	Vector Sum Excited Linear Prediction	矢量和线性预测
WAC	Wide Area Centrex	广域集中用户交换机
WAN	Wide Area Network	广域网
W – CDMA	Wide Band – CDMA	宽带码分多址
WDM	Wavelength Division Multiplexing	波分复用技术
W – TDMA	Wide Band – TDMA	宽带时分多址

参 考 文 献

1　陈显治等. 现代通信技术. 北京：电子工业出版社，2001

2　[美] Theodore S. Rappaport. 无线通信原理与应用. 蔡涛等译. 北京：电子工业出版社，2004

3　张卫钢. 通信原理与通信技术. 西安：西安电子科技大学出版社，2003

4　[美] Wayne Tomasi. 高级电子通信系统. 第六版. 王曼珠等译. 北京：电子工业出版社，2004